반값으로 다녀온
크루즈 여행

반값으로 다녀온 크루즈 여행

발행일	2017년 10월 21일			
지은이	권 영 희			
펴낸이	손 형 국			
펴낸곳	(주)북랩			
편집인	선일영	편집	이종무, 권혁신, 전수현, 최예은	
디자인	이현수, 김민하, 한수희, 김윤주	제작	박기성, 황동현, 구성우	
마케팅	김회란, 박진관, 김한결			
출판등록	2004. 12. 1(제2012-000051호)			
주소	서울시 금천구 가산디지털 1로 168, 우림라이온스밸리 B동 B113, 114호			
홈페이지	www.book.co.kr			
전화번호	(02)2026-5777	팩스	(02)2026-5747	

ISBN   979-11-5987-677-6 03980 (종이책)   979-11-5987-678-3 05980 (전자책)

이 도서의 국립중앙도서관 출판예정도서목록(CIP)은 서지정보유통지원시스템 홈페이지(http://seoji.
nl.go.kr)와 국가자료공동목록시스템(http://www.nl.go.kr/kolisnet)에서 이용하실 수 있습니다.
(CIP제어번호: CIP2017025867)

휴양과 관광을 동시에 누리는
'바다 위 호텔' 크루즈의 모든 것

반값으로 다녀온
크루즈 여행

권영미 지음

북랩 book Lab

CONTENTS

크루즈에 대한 모든 것 ··· 7

일본 후쿠오카 나가사키 크루즈(2001년 2월 21~26일) ··· 67

알래스카 크루즈(2006년 8월 4~11일) ··· 83

서부 지중해 크루즈(2008년 11월 2~9일) ··· 121

동부 지중해 크루즈(2008년 11월 10~17일) ··· 165

노르웨이 피오르드 크루즈(2009년 5월 31일~6월 7일) ··· 205

멕시코 리비에라 크루즈(2010년 1월 25일~2월 1일) ··· 257

싱가포르와 방콕, 코사무이 크루즈(2013년 3월 11~16일) ··· 301

호주와 뉴질랜드 크루즈(2014년 2월 13~27일) ··· 321

싱가포르와 푸켓, 페낭 크루즈(2014년 11월 12~17일) ··· 389

터키와 그리스 크루즈(2015년 6월 1~12일) ··· 413

일본 홋카이도 크루즈(2016년 10월 11~16일) ··· 469

에필로그 ··· 497

이 책을 쓰게 된 건 여러 가지 이유가 있다. 기록을 남기는 습관도 있고 크루즈에 대해 궁금히 여기는 분들에게 정보를 나누어 주고 싶었다. 그리고 무엇보다도 엄마가 어디 가서 무엇을 하는지 궁금히 여기는 딸들에게 보여주기 위해서 쓴 부분이 크다.

크루즈 여행을 갈 때마다 늘 남편과 딸들, 사위들이 고마웠다. 그리고 나의 세 오빠는 여동생이 무엇을 하고 지내며 행복한지 자주 관심이 많았다. 오빠들에게, 가족들에게 최선을 다해 잘 지낸다는 소식을 전하려고 이 책을 출간하게 되었다.

앞장서서 평생 나에게 잘해 주시는 하나님은 한결같은 축복을 주셨다. 그분에게도 나의 사랑을 바친다.

또한, 북랩 손형국 대표님을 비롯한 담당자 분들에게 감사를 드리고 싶다. 책을 내게 된 것은 다 그분들 덕분이다.

크루즈에 대한 모든 것

크루즈 여행

바다 위에 '떠다니는 리조트', 크루즈란 말만 들어도 가슴이 설렌다. 크루즈 여행은 아름다운 노을을 배경으로 풀장 옆에서 들려주는 아름다운 음악에 몸을 맡기고 바닷바람을 맞으며 여유를 누리기에 적합한 여행이다. 유람선을 타고 여러 국가와 도시를 방문하여 관광하는 동시에 멋진 선내 부대시설과 유흥을 즐길 수 있다. 잠자는 동안 다음 목적지에 도착하면 모든 짐을 크루즈에 두고 편하게 관광을 즐긴다. 지중해 크루즈 여행 중이라면 차와 호텔의 예약 없이 크루즈 하나로 오늘은 베네치아를 둘러보고 내일은 두브로브니크를 관광할 수 있다.

일반적으로 페리가 1만 톤에서 3만 톤 사이인데 반해 세계 최대 크루즈인 로열 캐리비안 오아시스호의 경우 7배가 넘는 22만 톤이다. 총 탑승객이 5,400명이며 승무원 수만 2,115명에 이른다. 수영장, 조깅코스, 스파, 카지노, 암벽등반, 극장, 미니 골프, 뷔페 및 정찬 레스토랑까지 이용할 수 있는 모든 것이 포함되어 비용 대비 효과가 좋은 여행이다. 크루즈 안에서만 생활해도 하루를 즐겁게 보낼 수 있을 만큼 완벽한 시설을 갖추고 있다.

동남아와 지중해, 알래스카 크루즈는 비행기를 타고 출발 항구에 가서 크루즈를 시작해야 하는 불편함이 있지만, 그것을 이용하여 출발지 여행을 포함한다면 1석2조 관광 경험을 확대할 수 있다.

출처: 로열 캐리비안 크루즈 한국총판

대세는 크루즈다

세계 크루즈 여행의 현황과 전망을 살펴보면 세계 관광 산업에서 가장 빠르게 성장하고 있는 사업이 크루즈 여행이다. 2007년에 약 1,600만 명이었던 크루즈 관광객이 2020년에는 2,630만 명에 이를 것으로 OSC(Ocean Shipping Consultants)가 전망하고 있다. 북미 1,720만 명(65.5%), 유럽 710만 명(27%), 아시아 200만 명(7.6%)이 이용할 것으로 보는데 미국의 약 75만 명이 향후 5년 내에 크루즈 관광을 희망한다고 했다.

우리나라도 현재 크루즈 여행자가 증가하고 있다. 아직까지는 우리나라에서 떠나는 크루즈 여행은 한, 중, 일 세 나라 정도로 한정되어 있지만, 최근에는 러시아 극동의 블라디보스토크도 차츰 방문자가 늘어가고 있다.

한국으로 온 유람선 승객들의 수도 2005년 3만 명에서 2015년 88만 명, 2016년 195만 명으로 증가했다. 2016년에는 20개 선사의 31척 유람선이 791회 입항하여 기항지에서 2조 465억 원을 소비했고 생산 유발효과는 3조4천 억, 고용유발 24,000명으로 추산되었다. 도착 항구인 부산, 인천 속초, 동해에는 40인승 관광버스가 52,000대 운영되었고 부두사용료 등 항만 수입도 197억 원이라 한다. 정부에서도 전용부두의 기반시설을 조성하고 접안시설도 확장하여 해외 크루즈 관광객을 적극적으로 유치하면서, 앞으로는 국적 크루즈 선사를 육성한다고 하였다.

단체관광객은 여행사에서 안내하겠지만, 개별관광객에게도 기항지를 둘러볼 수 있는 여행 정보와 교통 편의를 제공해야 한다. 택시와 밴 기사 겸 영어로 가이드까지 할 수 있는 인력도 필요하다. 항구도시는 진정으로 관광객을 환영하는 분위기로 좋은 인상을 남기는 것이 중요하고 북춤과 사물놀이, 또는 한국무용과 우리나라만이 보여줄 수 있는 문화 프로그램으로 재미와 호기심을 충족시켜 줄 문화 예술 인력과 이벤트가 개발되어야 한다.

10만 톤에서 22만 톤까지의 대형 유람선이 접안 할 수 있는 인프라도 필요하고 인근 유적지까지 포함해서 체험할 것이 많은 항구 도시로 만드는 것도 무시하면 안 된다. 자연과 문화 체험이 풍부한 곳이라면 접안 시설이 되어 있지 않더라도 외항에 대형 유람선을 정박시킨 후 텐더(tender boat)라는 작은 배로 실어 나르는 수도 많기 때문이다.

K-pop도 좋고 쇼핑센터도 좋지만 크루즈 여행의 증가로 인해 기항지 관광객들로부터 일자리 창출 기회를 찾고 전에 없던 경제적 도움이 되는 길을 찾아야 할 것이다. 크루즈 관광객을 송출하고 맞아들이는 기회가 증가하는 현재 이 책은 저자가 크루즈 관광에서 경험한 것을 나누고 크루즈 관광에 대한 의문점을 풀어주는 데 적합한 길잡이가 될 것이다.

크루즈에 관한 일반적인 질문

1. 크루즈 여행이라면 좀 비싸지 않을까요?

출발 항구가 해외라면 항공료까지 포함하므로 비싸다고 생각할 수 있지만, 어차피 해외여행이라는 것은 항공료가 기본적으로 포함되어 있습니다. 크루즈는 숙박과 식사뿐 아니라 간식, 후식에 엔터테인먼트(유흥과 오락)가 포함되어 있습니다. 매일 밤 공연과 파티, 이벤트와 스포츠 활동이 무료라서 오히려 일반 해외여행보다 싸다고 할 수 있습니다. 물론 한국사람 입맛에 꼭 맞는 음식이 나온다고 볼 순 없지만, 정찬 식당에서의 한 끼 식사비는 우리나라 레스토랑에서 먹는다면 삼만 원 이상의 가치가 있다는 사람도 있습니다. 국제적인 수준의 요리사와 분위기를 감안하고 24시간 무료 룸서비스까지 온갖 대접을 받는 셈 치고는 비싼 것이 아닙니다.

비행기를 타고 멀리 간 김에 출발 항구가 로스앤젤레스라면 데스밸리와 그랜드 캐니언을 가 볼 수 있고 베네치아에서 배가 떠난다면 그 기회에 베네치아 심층 관광, 시애틀이라면 마운트 레이니어를 관광하면 가격 대비 실속을 누릴 수 있습니다. 가격은 대중 크루즈부터 초호화 크루즈까지 다양한 크루즈 중 자신의 경제 사정에 맞춰 선택하면 됩니다.

2. 유람선의 크기가 클수록 크루즈 가격이 비싸집니까?

배의 크기가 크다고 해서 가격이 비싼 것은 아닙니다. 초호화 크루즈는 대부분 중소형인 2~5만 톤 크기가 많습니다. 배의 크기가 작으면 작은 항구에 들리기 쉽고 목적지도 다양합니다. 조용하고 편안한 분위기에서 세심하고도 극진한 서비스를 받을 수 있습니다. 유람선도 호텔과 마찬가지로 등급이 있는데 별 5~6개 유람선 중에는 창문이 없는 내부 선실은 아예 없고 모두 발코니가 있는 선실로만 이루어진 것도 있습니다.

로열 캐리비언 선사의 오아시스호는 세계에서 가장 큰 22만 톤이며 보통 대형은 11~16만 톤, 중대형 유람선은 6~10만 톤급이 있습니다. 대형 유람선에서는 수영장과 암벽타기, 미니 골프장과 같은 스포츠 활동, 쇼핑, 놀이시설이 잘 갖춰져 있고 배가 덜 흔들려 처음 가는 사람이나 아동을 동반한 가족이 이용하기에 좋습니다.

3. 종교 활동은 있습니까?

선사에 따라서는 성직자를 초청하여 영어로 예배를 드리는 서비스를 제공하기도 합니다. 각 선사의 홈페이지에 들어가서 알아볼 수 있는데 오아시스호와 사파이어 프린세스호에는 선상 예배당이 있습니다.

마리너호 스카이라이트채플
출처: 로얄 캐리비언 크루즈 한국총판

4. 크루즈는 누가 가면 좋은가요?

물론 누구든지 크루즈를 갈 수 있지만 제가 경험한 바로는 일정에 얽매이기 싫은 사람, 많은 활동을 하고 싶은 사람, 지치고 힘들어서 아무것도 하고 싶지 않은 사람, 신혼 여행자, 은퇴자, 아동이 있는 가족 동반자, 타 문화를 접하고 싶은 사람, 회사 포상휴가와 단체 여행자에게 적합하다고 생각합니다. 그러고 보면 모든 사람에게 다 해당이 되는 것 같습니다.

5. 얼마나 많은 사람이 같은 객실에 머물 수 있습니까?

일반적으로 크루즈 객실은 2명의 승객을 위해 설계되었지만, 3~4인 가족이 함께 머물 수 있는 선실도 많습니다. 5인까지 머물 수 있는 선실도 있는데 인기가 많아 미리 예약을 서둘러야 합니다. 가족끼리 옆방을 오갈 수 있도록 벽 사이에 문을 단 선실도 있습니다. 우리는 3명과 4명이 한 선실에서 지낸 적이 있었는데 아무래도 넓은 곳보다는 불편하다고 느낄 수도 있겠지만, 예전에 방 한 칸에 온 가족이 함께 지냈던 어릴 때를 생각하고 자식들과 또 친한 친구와 같은 방에서 지내니 오히려 기분이 좋기도 했습니다.

6. 오션 뷰 객실이나 발코니, 스위트 객실은 추가 비용을 낼만합니까?

선실은 기본적으로 내측 선실과 오션 뷰 선실, 발코니 선실, 미니 스위트 선실, 스위트 선실 등으로 구분이 되는데 선실 등급에 따라 크루즈 내 시설을 이용하는 데 차별이 있는 것은 아닙니다. 모든 선실에는 화장실과 샤워 시설 등이 완비돼 있습니다.

오너스위트
출처: 로얄 캐리비언 크루즈 한국총판

발코니 선실 1
출처: 로얄 캐리비언 크루즈 한국총판

발코니 선실 2
출처: 로얄 캐리비언 크루즈 한국총판

오션 뷰
출처: 로얄 캐리비언 크루즈 한국총판

창문이 없는 내측 선실은 객실 내에서 많은 시간을 보내지 않고 잠만 자기 위해서 방을 이용한다면 안성맞춤입니다. 오션 뷰 선실은 창문을 열 순 없으나 창문을 통해 바깥을 볼 수 있습니다. 발코니 선실에 머무는 승객은 발코니에 나가 바닷바람도 쐬고 출발 항구와 도착 항구, 노을을 선실에서 볼 수 있고 좀 더 개인적인 시간을 가지기 좋을 것입니다. 경제적으로 허락하면 사정에 따라 추가 비용을 내더라도 좋은 선실을 선택할 수 있습니다. 보통 1주일 크루즈 여행을 기준으로 여행 기간에 따라 다르겠지만 7박 8일 기준 내측 선실보다 오션 뷰는 $200~300 정도 비싼 편입니다. 발코니는 $500에서 $1,000 정도 더 비싸기도 합니다.

저 같은 경우는 내측 신실에 많이 있었는데 전혀 불편을 느끼지 않았습니다. 크루즈 온 것만 해도 감사하다며 바람 쐬고 싶으면 갑판으로 나갔습니다.

지중해 크루즈에선 발코니 선실에 있었는데 당시 내측 선실은 매진이었고 발코니 선실도 값이 매우 저렴했습니다. 모든 사람이 가격 대비 효과를 따지는 우리 부부와 같지 않을 것입니다. 요새 건조된 선박 내측 선실은 가상현실같이 벽에 창문을 붙여놓고 바다가 보이는 착각을 일으키는 그런 시설도 해 놓았다고 합니다.

7. 크루즈를 특별히 싸게 가는 방법이 있습니까?

여행사를 거치지 않고 직접 유람선사 홈페이지에 들어가 예약하고, 직항하는 우리나라 비행기보다 경유하는 외국 비행기 표를 사면 싸게 갈 수 있습니다. 유람선사에서 두 번째 승객은 반값으로, 한 명 값으로 두 명이 가는 특별 할인 행사 기간을 맞출 수도 있고, 선실에 가족이나 친구 4명이 함께 잔다면 3, 4번째 승객은 무료로 팁만 더 주면 되는 할인도 있습니다. 여행 시기에 따라 성수기와 비수기 가격이 다릅니다. 여러 가지 선택의 여지가 있으니 자신에게 맞는 것을 찾으면 됩니다. 싸게 열 번 가는 것보다 초호화로 한 번 가겠다는 사람도 있으니 각자의 사정에 따라 다양한 선택이 가능합니다.

8. 유람선에 가면 어느 나라 사람들을 만날 수 있습니까?

동남아 크루즈에서 36개국, 지중해 크루즈에선 56개국 사람들이 배를 타고 있다고 했습니다. 승선 첫날 밤 쇼에 가면 사회자가 승객에게 어느 나라에서 왔는지 물어봅니다. 미국, 영국, 프랑스, 캐나다, 호주 하면 자기 나라가 호명될 때마다 고함을 지르며 즐거워합니다.

지난번 싱가포르에서 방콕, 코사무이 가는 크루즈를 탔는데 "코리아" 해서 우리 일행을 포함한 한국인들이 "아악", "야아" 하고 고함을 질렀습니다. 그때 싸이의 '강남스타일'이 나오고 중국 여성, 영국 남성 사회자 둘이서 음악에 맞춰 말춤을 춰서 흐뭇했었습니다.

배 안에서는 국제어인 영어는 다 통용이 되고 중국인이 많은 배에선 중국어 서비스가 있었습니다. 중국, 일본인들은 단체 관광객이 많아 가이드가 함께 있는 것을 보았지만, 대개는 개별 여행 승객이 많았습니다. 식당에서 자리가 없으면 비어있는 식탁에 앉아도 되는지 묻고는 함께 앉아 먹었는데 어디서 왔는지 물어보면 모리셔스, 칠레, 몰타에서 왔다는 대답을 들었습니다. 유람선이야말로 세계 각국 사람이 모이는 인종 박람회라고 할 수 있습니다.

9. 허리케인이나 태풍 때문에 피해는 없을까요?

태풍이나 허리케인의 예보가 있다면 미리 일정을 변경하거나 수정하여 태풍의 영향이 미치지 않는 곳으로 대체 항해하거나 일정을 축소할 것이고 승객들에게 주는 피해가 있다면 당연히 보상해줄 것입니다. 제 친구는 일정이 부득이하게 변경되었다고 선사에서 $300 쿠폰을 줘서 그것으로 가방을 샀다고 자랑했습니다.

10. 뱃멀미가 있지는 않습니까?

대부분 크루즈는 고요한 바다를 골라 항해하고 최근에 건조된 배는 안전장치가 있어서 배의 요동을 최소화하고 있습니다. 버스를 탈 때 멀미를 한다면 크루즈에서도 멀미를 하기가 쉽지만, 배가 하도 크니 작은 배와 같지는 않습니다. 저는 개인적으로 멀미를 심하게 하는 편인데 열한 번의 크루즈 가운데 배에서 멀미약을 먹은 경우는 단 한 번이었습니다. 그때도 조금 지나니 괜찮아졌습니다. 사람에 따라 움직임에 예민하다면 약간의 적응시간이 필요하나 대부분 곧 익숙해지므로 크게 걱정할 필요는 없습니다. 배가 약간 흔들려서 오히려 잠이 잘 온다는 사람도 있다고 합니다.

11. 혼자 여행하는 사람도 크루즈를 즐길 수 있을까요?

혼자 크루즈를 한 적은 없지만, 외국인들은 싱글로도 크루즈를 갑니다. 선사에서는 싱글끼리 만날 기회를 주고 파티를 열어주니 거기서 친구를 만나고 여러 사람들과 같이 시간을 보낼 수도 있습니다. 대부분 선사에서는 더블룸에서 2인 사용하는 비용을 받는데 선사에 따라서는 싱글 객실이 준비되어 있고 약간의 추가 비용이나 아니면 전혀 추가비용을 받지 않고 홀로 오는 유람객을 맞이하는 경우도 있습니다.

12. 크루즈 여행은 갈 만합니까?

15일간 크루즈를 다녀온 적이 있었는데 떠나기 전에는 너무 기간이 길지 않을까 했지만 끝나고 나니 시간이 너무 빨리 지나가 버려 아쉬웠습니다. 물론 여행 중독이 될까 봐 자주 가지 않고 기다렸다가 가고, 할인 혜택이 있으면 떠나고, 환갑이 되었거나 39주년 결혼기념일이었을 때 떠났습니다. 36년간 한 직장에서 일한 남편을 위해 떠났고, 41년간 일하고 은퇴한 남편을 위해 떠났습니다.

대학 졸업 후 44년간 평생 일하고 이제는 더 이상 돈을 벌지 않아도 되는 남편을 위해 올해 언젠가 떠날 예정입이다. 비행기 타는 수고만 하면 그 뒤에는 쉴 수 있으니 나이가 들어도 적합한 것이 크루즈 여행이라고 생각합니다.

13. Dinning Table(정찬) 시간은 언제가 좋을까요?

보통 이른 정찬과 늦은 정찬 저녁 식사 시간이 두 번 있습니다. 이른 정찬은 오후 6시경, 늦은 정찬은 8시에서 8시 반 사이에 이루어집니다. 밤 10시 이전에 자는 사람들은 이른 정찬이 좋을 것이며 밤늦게까지 나이트 라이프를 즐기는 경우는 늦은 정찬도 좋을 것입니다. 서부 카리브해 크루즈인 경우 기항지에서 보내는 시간이 많기 때문에 늦은 정찬이 선호됩니다. 그럴 경우는 일찍 늦은 정찬을 신청해야 합니다.

14. 크루즈에서의 정찬은 어떻습니까?

애피타이저, 앙트레(entree), 메인 요리, 샐러드, 디저트 등 얼마나 다양한 종류의 음식이 나오는지 모릅니다. 입맛에 맞지 않으면 먹다가 다른 것을 주문하기도 하는데 이 모든 것이 무료입니다. 많은 한국인들이 단체 패키지로 오면 한글로 된 메뉴가 준비되기도 하지만 대부분은 영어로 된 메뉴를 갖고 와서 무슨 말인지 알기 힘듭니다. 애피타이저, 메인 요리용 메뉴를 보고 주문하면 후식은 따로 메뉴를 갖고 옵니다. 선택을 잘 못 하겠으면 추천해 달라 하면 오늘의 조리사 추천 요리를 갖고 올 때도 있습니다. 이것도 싫으면 뷔페식당에서 골라 먹으면 됩니다. 다만

출처: 로얄 캐리비언 크루즈 한국총판

마리너호 조깅트랙   암벽등반   피트니스 센터

출처: 로얄 캐리비언 크루즈 한국총판

포도주는 따로 시켜 마셔야 합니다. 물도 자신이 원하는 것을 주문해서 사서 마실 수 있고, 제공되는 물만 마시기도 합니다.

15. 특별식을 주문할 수 있습니까?

유대인(kosher) 식사, 채식주의자, 무염식, 저칼로리 식단이 있는 것을 보았습니다. 특별식 요청은 크루즈 예약 시 미리 신청해야 합니다. 그런데 크루즈 도중 남편이 소화불량이 되어 죽을 끓여 달라 하니 만들어 주었는데 한국인이 만든 것과는 차이가 있었습니다. 쌀이 오래 퍼지도록 시간을 들여야 하는데 그렇지 못해 서걱거리는 느낌이었습니다.

유람선에는 일식이나 이탈리아식, 멕시칸 푸드와 특제 햄버거 식당이 따로 있습니다. 30불 정도를 내면 참으로 만족스러운 음식을 먹을 수 있습니다. 그러나 무료로 먹을 수 있는 게 얼마나 많은데 돈을 더 내고 먹을까요? 홋카이도 크루즈 때는 따로 돈을 내고 대게를 먹을 수 있었는데 그 돈도 아깝다며 안 썼습니다. 배에서 만난 한 부부는 따로 돈 내고 먹어 본 햄버거는 최고였다고 합니다. 육즙이 촉촉하게 흐르고 고기 맛이 살아나는 그 맛을 잊지 못하겠다고 했습니다. 돈을 따로 받는 데는 다 그만한 이유가 있는 것입니다.

16. 살이 찌지 않을까요?

맞기도 하고 틀리기도 합니다. 크루즈엔 먹을 것이 넘쳐 납니다. 저의 경우 보통 아침은 간단히 먹는데 크루즈 가면 달걀도 오믈렛으로 양이 많고 맛있는 빵과 음식 종류가 많아 끼니마다 배가 터지도록 먹게 됩니다. 어느 날은 코스로 요리가 나오는 정찬 식당에서 웨이터가 우리가 주문한 것 말고도 맛보라며 몇 접시 더 갖다 주고 후식도 네 가지나 갖다 주었습니다. 얼마나 황홀했는지 모릅니다. 정찬 식당에서 식사한 후 뷔페식당에 뭐가 나왔나 살피러 들어가서 다시 먹은 적도 있습니다. 그리고 아이스크림과 피자, 샌드위치, 핫도그, 쿠키와 케이크 등을 무한정 먹을 수 있습니다.

그런데 하루 종일 피트니스 센터에서 운동하는 사람도 많고 수영하거나 고층 갑판에 올라가 몇 바퀴나 걷는 사람도 많으니 다 살이 찌는 건 아닌 것 같습니다. 더구나 기항지에서 종일 돌아다니다 보면 피곤하고 힘들어 칼로리를 채우지 않으면 기운이 없으니 잘 먹는 것이 남는 것 같습니다.

17. 정찬 시 두 사람만을 위한 테이블에 앉을 수 있습니까?

크리스탈이나 리젠트 세븐, 혹은 시본 같은 호화 크루즈 선사의 경우 두 사람만을 위한 테이블은 비교적 어렵습니다. 그러나 1995년 이후 건조된 선박은 두 사람이 앉는 테이블 수가 많습니다. 크루즈 예약 시에 신청하면 됩니다. 신혼여행 중이거나 둘이서만 낭만적인 여행을 하는 사람도 있으니 두 사람만 앉고 싶으면 출발 첫날 정찬 식당에 가서 신청해 볼 수도 있습니다.

18. 아침에 늦게 일어나고 싶은데 조식시간을 놓치지는 않을까요?

우리도 그런 경우가 있었습니다. 귀찮고 일어나기 싫어 꾸물대다 아침을 먹지 못했습니다. 그때는 11시 30분에 시작하는 점심을 기다리거나 쿠키와 샌드위치, 코코아로 공복을 때울 수 있습니다. 샌드위치 스탠드에 가면 식사시간을 놓치더라도 항상 먹을 게 있습니다. 조식은 오전 10시 이전에 가면 먹을 수 있습니다. 룸서비스는 24시간 가능하므로 주스와 커피, 도넛, 토스트, 과일을 주문하면 됩니다.

19. 특별한 날에 대한 축하 이벤트가 있습니까?

생일은 미리 웨이터에게 말해서 조그만 케이크는 무료로, 큰 케이크는 $10~20 정도 돈을 내고 주문한 적이 있었습니다. 웨이터들이 생일 축하 노래를 부르며 축하해 줍니다. 결혼기념일도 미리 신청하면 축하 이벤트를 해 준다고 합니다.

20. 크루즈에서 금연구역이 있습니까?

몇몇 지정된 흡연구역을 제외하면 객실과 공공장소 모두 금연구역입니다. 해상에서 갑판 위라고 해도 지정된 별도 야외 흡연 공간이 많지 않습니다. 몇몇 지정된 라운지에서는 실내 흡연이 가능한 곳도 있습니다.

로열 캐리비언의 랩소디 배는 카지노를 흡연구역으로 해 놓았는데 4~5층 극장에서 공연을 보고 난 후 객실이나 식당을 가려면 꼭 그곳을 지나쳐야 하므로 담배 연기를 마시지 않을 수 없었습니다. 그게 싫어서 극장 앞에서 엘리베이터를 타고 한 층 올라가서 걸어갔습니다. 전 선박에서 금연을 해야 하는 선사도 있습니다.

21. 기항지 관광은 어떻게 합니까?

선사에서 제공하는 기항지 관광은 소요 시간과 난이도와 식사 제공에 따라 가격이 다양합니다. 보통 7~8시간이 소요되는 것 중에는 15~20만 원짜리도 있고 4시간이 소요되는 알래스카 헬리콥터 개썰매 선택 관광은 40~50만 원이 들기도 합니다. 기항지 관광 안내 데스크(Shore and Land Excursion Desk)에서 신청하거나 배 떠나기 전 인터넷으로 온라인 신청도 가능합니다.

또는 배에서 내려 현지 여행사가 운영하는 관광을 하면 값이 좀 쌉니다. 모두 영어, 중국어, 외국어 가이드가 따라갑니다. 언어에 자신이 없으면 미리 정보를 알아오거나 자유롭게 걸어 다니거나 버스를 타고 다니면 됩니다. 네 명이 차를 빌려서 다녀도 선사에서 제공하는 관광보다 쌉니다. 기항지 항구는 가까운 곳에 중심 관광지가 있어서 어렵지 않게 다닐 수 있습니다. 선사에서는 배에서 시내로 나가는 셔틀버스를 제공하기도 합니다.

돈을 쓰기 싫으면 항구에서 내려 현지 공용버스를 타거나 걸으며 구경해도 충분히 이국적인 경험을 맛볼 수 있습니다.

22. 크루즈 선내에서 현금을 쓸 수 있습니까?

대부분 승객들은 현금을 쓰기보다는 자신의 신용카드를 등록해 놓고 선상 카드(시패스 카드)로 우선 결제한 후 나중에 신용카드로 지불합니다. 기항지 선택 관광, 음료, 미용실, 스파, 쇼핑 등 모든 비용을 선상 카드로 결제합니다.

현금으로 결제하고 싶으면 끝나기 하루 전날 저녁에 안내 데스크로 가서 현금을 낼 수도 있습니다. 어느 선사는 유로화만, 어느 선사는 영국 파운드, 미국 달러만 받습니다. 중국 돈이나 일본 돈을 받는 곳은 보지 못했습니다. 그런데 카지노에서는 현금으로 팁을 줍니다.

23. 기항지 관광 후 배를 놓치는 일도 있습니까?

기항지에서 다니다가 배를 놓치면 개인적으로 택시를 타든지 기차를 타든지 다음 기항지까지 와야 합니다. 그것도 여의치 않다면 도착지까지 비용을 들여서 가서 자신의 짐을 찾아야 합니다. 그런 경우를 방지하기 위해 유람선 떠나기 한 시간 전에 항구로 돌아와야 한다고 정해 놓았습니다.

24. 선택 관광 가이드와 기사에게 팁은 얼마나 주어야 합니까?

선사나 현지 여행사 선택 관광 시에는 원하는 대로 $1에서 $3까지 알아서 주면 됩니다. 고마우면 $5~10을 준들 싫어할 기사와 가이드가 없을 것입니다. 정해진 가격이 있다기보다는 이것은 전적으로 자유니 옆 사람이 얼마를 주는지를 보고 참고하여 줘도 되지만 약간 후하게 줄 것을 권하고 싶습니다. 해외에 나가면 우리가 한국을 대신하는 외교관이 되기 때문입니다.

25. 출발일이 가까워도 언제든지 예약할 수 있나요?

선사에 따라서 온라인 예약은 최소한 출항 10일 전까지 홈페이지에서 가능하고 예약과 동시에 신용카드로 결제하게 합니다. 그러나 1~2년 전부터 예약하기도 합니다. 보통은 출발 6개월에서 1년 전에는 예약을 하는데 그래야 원하는 갑판의 원하는 선실을 고를 수 있습니다. 어떤 때는 떠나기 한 달 전 마지막 세일하면서 고객을 끄는 크루즈 광고도 보았습니다. 크루즈 예약하면서 비행기 예약도 해야 하고 출발지나 도착지 숙소, 렌터카도 예약해야 하므로 적어도 출발 3개월 전에는 하는 게 좋습니다.

26. 예약 후 여행을 가는 사람을 다른 사람으로 변경할 수 있나요?

대부분의 선사가 예약 후 이름을 변경할 경우 출항 3개월 전까지는 별도의 요금 없이 대체할 수 있지만, 승선 서류가 이미 발급되었을 경우엔 수수료를 추가로 내야 합니다.

부득이한 이유로 승객을 변경할 경우 예약한 여행사로 변경 사항을 요청하고 확인해야 합니다. 미리 통보하지 않으면 탑승이 거부됩니다. 크루즈를 취소, 변경할 때는 위약 시기에 따라 위약금을 물어야 합니다.

27. 턱시도, 드레스 등 파티복을 꼭 준비해 가야 하나요?

크루즈 기간이 일주일이라면 선장 주최 만찬이 최소 1회 있고, 10일 이상이면 격식을 차린 만찬이 2회 정도 있는데 승객들은 멋지게 차려입고 만찬에 참가합니다. 남성은 턱시도나 짙은 색 양복 정장을 입으면 되고 여성은 드레스나 단정한 원피스를 입으면 됩니다.

외국인들은 이런 기회를 이용해 파티복을 입고 분위기를 내는데 이렇게 입어보는 것도 재미있다면 그렇게 하고, 정장을 입기 싫다면 참석하지 않고 뷔페식당에서 먹으면 됩니다. 평소에도 반바지와 슬리퍼를 신고 정찬 식당에 들어갈 수 없으므로 남자들은 긴 바지와 셔츠, 구두를 챙기고 여자들도 단정한 정장이나 치마를 준비하면 실수를 하지 않을 것입니다.

28. 크루즈 여행이 지루하거나 갑갑하지는 않을까요?

크루즈에서 기항지에 가면 관광을 하고 걸어 다니며 시간을 보내기 쉽습니다. 해상에 있으면 적극적으로 선사의 활동과 프로그램을 활용하면 심심할 틈이 없습니다. 댄스도 배우고 사우나와 수영을 하거나 평소에 보고 싶었던 책을 읽거나 아무것도 안 하고 쉬는 여행이 크루즈입니다. 바쁠 것이 없습니다.

그러나 심심할 것이 걱정되면 공연을 꼭 챙겨보고 극장에서 영화도 보고 조깅과 헬스도 하며 구석구석 재미있는 곳을 찾아 돌아다녀야 합니다. 차나 칵테일 한 잔 시켜놓고 음악 연주를 들으면 시간이 모자랄 것입니다. 외국인들은 카드놀이, 중국인들은 마작을 많이 합니다.

참고로 우리나라 남성 열 사람쯤 풀장 옆 테이블에서 고스톱을 하는 것을 봤는데 못 할 것도 없겠지만 고함을 지르고 어린아이들도 다니는 곳에서 돈을 노골적으로 내놓고 하니 조금 신경이 쓰였습니다. 카드를 하는 곳이 따로 있으니 그곳에 가서 하고 너무 눈에 띄는 곳에서는 도박은 곤란할 것입니다.

영어를 전혀 못 하고, 하기 싫으면 여행사 직원이 동행하는 단체 크루즈가 적합합니다. 전에 지중해 크루즈를 갔을 때 한국 여행사 패키지로 온 손님들에게 여행사에서 노래방 기계를 갖고 와서 시간을 보내는 것을 보았습니다. 크루즈에서 이탈리아어도 배우고 탁구도 치고 수영하고 지루하다는 생각은 들지 않았습니다.

29. 크루즈 여행의 기간은 얼마나 됩니까?

3박 4일부터 120일간의 세계 일주 크루즈까지 있는 것을 보았습니다.

30. 예약한 객실 등급에 따라 서비스 내용이 다릅니까?

유람선 내의 식사나 그 외 모든 것은 서비스 내용이 동일합니다. 그런데 언제부터인가 로열 캐리비언 선사에서 내부 선실 승객에게 샴푸와 바디워시는 제공했으나 로션은 제공하지 않았습니다. 그러나 요청하면 로션과 바느질, 샤워 캡, 구두 닦는 스펀지 등을 갖다 주었습니다. 두꺼운 타월 가운은 선실 등급이 높거나 별 5개 이상 선사에서 제공했습니다.

선실 청소도 등급이 높으면 더 자주 해 준다고 하나 우리가 나갔다 들어올 때마다 청소를 하니 저의 경우는 도우미가 자주 우리 방에 들어오는 것이 마음 편하지 않았습니다. 제 친구는 어질러놓고 나가고 돌아오면 깔끔하니 좋다 했지만 전 이틀에 한 번 청소해 주는 것이 더 마음 편했습니다. 문밖에 'Don't disturb.(청소하지 마세요, 방해하지 마세요)'나 'Clean the room.(청소해 주세요)' 카드를 걸어놓으면 됩니다.

31. 크루즈 여행 시 밤에는 어떻게 지냅니까?

기항지에서 밤 문화를 경험하지 못하는 것이 크루즈의 단점입니다. 밤에는 선내 공연을 보거나 좋아하는 음악을 연주하는 바에서 쉬거나 열렬히 춤추는 곳으로 가서 디스코로 땀을 흘릴 수 있습니다. 갑판에서 달과 별을 감상하거나 조용히 산책할 수도 있습니다. 그래도 짐을 싸고 다시 풀고 오랜 시간 동안 버스를 타지 않아도 잠자는 사이에 새로운 곳에 도착해 있으니 밤에 잠자는 것으로 여행 시간이 절약됩니다.

32. 신혼부부에게 크루즈를 추천할 만합니까?

신혼여행뿐 아니라 결혼식을 유람선에서 하는 사람도 있습니다. 배 안에서 장래를 의논하기도 하고 편하게 기항지에서 돌아다니며 대화하니 오히려 다른 커플들과 정신없이 지내는 것보다 둘만의 시간을 보내기 좋습니다. 결국 모든 것은 각자의 개성에 따라 선택이 다를 것입니다.

33. 멋진 크루즈 여행을 하기 위한 비법이 있습니까?

춤을 배워야 한다, 영어를 배워야 한다, 돈이 많아야 한다, 여러 가지 조건을 다는 사람이 많지만, 사실은 호기심과 약간의 용기가 필요할 뿐입니다. 춤은 배 안에서 배우면 되고 돈은 미리 적금으로 매달 제쳐 놓으면 됩니다. 영어는 중학교 정도 수준이면 시간이 걸려서 그렇지 이해되고 단어가 어려우면 스마트폰의 사전을 쓰면 됩니다. 결국은 적극적으로 참여하는 정신만 있으면 된다고 생각합니다.

34. 짐이 너무 많아서 고생스럽지는 않나요?

크루즈는 정장과 운동복, 평상복과 수영복도 챙겨야 하고 여성의 경우 구두만 해도 하이힐과 단화, 운동화(조깅화, 헬스화), 슬리퍼와 실내화 등 여러 가지를 챙기니 신경 써서 줄인다고 해도 딴 여행보다는 짐이 많습니다. 장기간일 경우엔 드레스도 여러 벌 챙겨야 하고, 계절이 달라 겨울옷을 입고 가서 여름옷을 입고 다녀야 하면 짐이 더 많아질 것입니다. 짐이 많다 해도 일단 크루즈 등록을 하고 나면 짐은 운반해 줄 것이고 일정 내내 풀었다 쌌다 하지 않으니 덜 고생스럽습니다. 가방 들고 다닐 기운이 없다면 줄일 만큼 줄이는 것은 개인의 몫입니다.

35. 장애인이나 노약자, 신체가 불편하신 분도 크루즈 여행을 할 수 있을까요?

장애인이든 휠체어나 지팡이를 사용하든지 누구든지 크루즈를 즐기는 것을 보았습니다. 딴 여행보다도 크루즈는 그런 분들이 편하게 다니도록 시설을 잘해 놓았습니다. 예약할 때 장애인이나 휠체어 시설이 필요하다고 명기하는 것이 좋습니다. 그러면 적합한 방을 제공합니다. 지체 장애인들도 보았지만, 그들도 즐겁게 지내고 있었습니다.

36. 갑자기 아프면 어떻게 합니까?

선상 의무실에는 의사와 간호사가 상주하고 긴급한 상황에 대처할 수 있도록 기본적인 의료시설이 있습니다. 뱃멀미 때문에 무료로 약을 얻어먹었는데 그 외는 비용이 많이 듭니다. 평소에 먹는 약을 지참하고 두통, 위장약, 뱃멀미에 필요한 약을 미리 챙겨오는 것이 좋습니다. 가벼운 상비약은 의무실 앞 복도에 자동판매기가 있어서 살 수 있습니다. 여행용 의료보험에 가입했다면 받은 영수증을 지참하여 귀국 후 보험 회사에 청구할 수 있으나 워낙 비싸게 청구되었을 것이므로 그 정도를 감당해 줄지는 의문이니 보험에 들기 전 자세히 물어보아야 할 것입니다. 기항지에서 다쳤다면 영어를 하는 사람의 도움을 받아 항구 근처 병원으로 갈 수도 있습니다.

37. 짐은 무엇을 챙겨가야 하나요?

크루즈 여행 기간에 따라 정장(formal dress), 단정하고 편한 옷(semi-formal), 아주 편한 옷(casual) 1벌에서 2~3벌 정도, 신발은 정장 구두, 편한 운동화와 단화, 실외용 슬리퍼와 실내용 슬리퍼, 수영복, 헬스복, 평소에 읽고 싶었던 책과 필기구, 시계 대신 핸드폰을 사용할 수 있지만, 해상에서는 와이파이가 안 되므로 손목시계도 필요합니다. 그리고 선내의 기온은 약 18~22℃로 유지되어 다소 쌀쌀할 수 있으니 따뜻한 긴 옷 1벌도 준비하면 좋습니다.

그 외는 일반 해외여행과 흡사합니다. 선글라스, 모자, 자외선 차단 크림, 사진기, 치약과 칫솔, 상비약, 평소 먹는 처방약 등(샴푸와 바디워시, 헤어드라이어는 선실에 있습니다. 그러나 로션, 바늘과 실, 샤워 캡과 구두 닦는 스펀지는 선실 등급에 따라 구비 여부가 다르므로 필요하면 청소 도우미에게 요청할 수도 있습니다). 사실 준비물은 각자의 개성에 따라 다릅니다. 보석류와 액세서리를 가져와 정장 입을 때 착용하는 사람, 해외 이민용 큰 가방 두 개에 가득 갖고 오는 사람, 비행기 휴대 가능 크기의 작은 여행 가방에 넣어오는 사람, 모두 각자가 원하는 대로 하면 됩니다. 어쨌든 크루즈 여행은 승선 후 한 번만 짐을 풀면 하선하기 전까지 다시 짐을 꾸리지 않아도 되므로 짐의 크기는 크게 부담되지 않습니다.

38. 선내 반입 금지 물품(What Not to Pack)도 있나요?

승객의 안전을 위해 선내 반입이 금지되는 물품이 많습니다. 아래 표기된 물품 및 이와 유사한 물품은 선내 반입이 금지되며 발견 시 압수되니 유의해야 합니다.

화기류/총기류/무기류(유사 복제품도 해당), 칼/가위 등 끝이 뾰족한 무기 및 날카로운 물체(안전면도기 등 개인 미용 도구는 가능), 불법 약물 및 물질, 양초 및 향, 커피메이커, 다리미, 핫플레이트, 야구방망이, 하키 스틱, 크리켓 방망이, 활/화살, 마약, 스케이트보드와 서프보드, 무술 장비, 수갑/후추 스프레이/야경봉 등 호신용 장비, 라이터 충전액/폭죽 등 폭발물과 인화성 물질, HAM 라디오, 염색약/페인트 등 화학 물질 및 유독성 물질, 개인 주류 등

39. 배 안에 술과 음료를 갖고 가서 마실 수 있나요?

술은 반입이 안 됩니다. 우리나라 사람들은 팩에 든 소주를 갖고 들어가기도 하나 원칙적으로는 금지됩니다. 나중에 청소 도우미가 발견한다면 그것도 창피스러운 일이다. 공연 시 음악을 듣는 라운지의 의자와 테이블에 앉아 있으면 웨이터들이 주류와 음료를 주문받습니다. 배안에서 음료, 차, 칵테일을 주문하면 가격은 $5~7 정도입니다. 그것으로 유람선은 수입을 올리므로 어느 정도는 지출할 생각을 해야 합니다. 물론 코코아, 커피, 차 등은 무료로 마실 수 있습니다. 배에서 제공하는 커피 맛은 제 입에는 그저 그랬는데 남편은 괜찮다고 했습니다. 커피 전문점의 맛을 즐기고 싶으면 $4~5짜리 커피를 사서 마시면 됩니다.

콜라 같은 소다수는 무료가 아닙니다. 그리고 선사에 따라서는 기항지에서 구매한 술을 배 안으로 가지고 들어올 수 없으며 배 안 면세점에서 산 주류와 담배도 직원이 보관했다가 하선 전날이나 하선 당일 객실로 배달이 됩니다.

40. 선상훈련(Safety Drill)은 무엇인가요?

안전훈련
출처: 로얄 캐리비언 크루즈 한국총판

크루즈에 승선하는 첫날 오후에 비상 안전훈련을 하는데 모든 사람들이 다 참여해야 합니다. 선실마다 인원수에 맞게 구명조끼가 구비 돼 있는데 사이렌 신호가 울리면 구명조끼를 입고 선실마다 정해진 집합 장소에 가서 모입니다. 어린 아기가 잠자고 있어도, 몸이 피곤하고 불편해서 쉬고 싶어도 강제적으로 다 참석해야 하므로 미리 마음의 준비를 하고 있어야 합니다.

집합장소에 가면 딱히 할 일은 없고 그저 모인 사람들을 쳐다보고 무슨 옷을 입고 어떻게 생겼나 흘낏 보는 정도입니다. 이때도 이상하게 생겼다고 뚫어져라 오랫동안 쳐다보고 있으면 예의에 어긋납니다.

41. 많은 사람들이 한 배에 타서 다니는데 위생에 주의해야 하지 않을까요?

메르스나 AI(조류 인플루엔자)가 유행되고 있으면 젤 타입의 안티박테리아 소독제를 직원이 들고 서서 승객이 승선할 때나 식당, 극장으로 갈 때는 어김없이 손 소독을 합니다. 소독제를 매번 손에 받아 하루에도 여러 번 손을 문질렀습니다. 전염병이 돌지 않을 때도 안티박테리아 소독제를 사용하였습니다.

그리고 물 값 아긴다고 개인 물통을 공용 식수통 꼭지에 대고 물을 받으면 눈총을 받습니다. 만약 승무원이나 직원이 본다면 제지당합니다. 물병을 입에 대고 마시기 때문에 위생상 금하는 것입니다. 이럴 땐 물컵을 이용하면 간단합니다. 컵에 물을 받아 각자의 물통에 넣으면 됩니다.

물을 사 먹으면 더 간단합니다. 호주와 뉴질랜드 크루즈 때는 배 안의 음식을 기항지로 절대 갖고 나가지 못하는데 그 이유는 호주와 뉴질랜드 정부의 검역 절차가 까다롭고 원칙적으로 과일을 포함한 음식물은 조리했든 안 했든 간에 위생상 금하는 것입니다.

기침은 티슈나 손수건을 입에 대고 사람들에게서 떨어져서 해야 하는 것으로 알지만, 기침할 정도의 감기에 걸렸으면 여러 사람 앞에 나타나지 않는 것이 서구 사람들의 위생관념입니다. 하여튼 크루즈를 여행하면서 배 안에서의 생활이 비위생적이라고 느낀 적은 없었습니다.

42. 선내에서는 무엇이 무료고 무엇이 유료입니까?

모든 부대시설과 각종 프로그램, 댄스 강습, 언어 강습, 냅킨 접기, 사우나, 수영장과 월풀 욕조, 암벽타기, 골프, 각종 스포츠 활동, 게임과 쇼는 무료입니다.

그러나 아래는 주로 유료입니다.

주류, 칵테일과 소프트드링크, 사진 구매, 기항지 관광, 스파, 마사지, 헬스장 개인 트레이너, 요리 교실, 와인/세계 맥주 시음회, 이 미용실, 세탁 서비스(유람선에 따라 코인을 넣고 사용할 수 있는 세탁기가 비치되어 있기도 합니다), 각종 건강 프로그램, 손톱 손질 등

상세 항목들은 선상 신문에 보면 명시되어 있습니다.

43. 인터넷과 전화는 배에서 가능합니까?

가능하지만 가격이 엄청나게 비쌉니다. 인터넷은 일주일 크루즈일 때 패키지의 경우 $150을 주고 자유롭게 쓸 수 있습니다. 국제 전화나 인터넷은 기항지에서 하는 것이 경제적이고 선내 복도에서 선실로 선실에서 선실은 무료입니다.

44. 뷔페식당에서 먹는 것이 나을까요? 정찬 식당에서 먹는 것이 좋을까요?

시간을 지키기 싫거나 긴 바지와 칼라가 있는 셔츠와 구두를 신기 싫거나 식사 시간을 오래 하기 싫으면 뷔페식당에 가서 운동화 신은 대로 캐주얼하게 입고 좋아하는 음식을 골라 먹으면 됩니다. 음식을 주문하기 귀찮아도 뷔페식당이 좋습니다. 그러나 웨이터의 시중을 받고 천천히 먹으면서 같은 테이블의 손님들과 대화하고 싶으면 정찬 식당이 좋습니다. 정찬 식당에서도 조, 중, 석식을 다 먹을 수 있습니다. 저녁 정찬은 지정된 시간에 지정된 테이블에서 같은 웨이터의 시중을 받습니다. 테이블 번호는 승선 수속 후에 받습니다. 외국인들은 정찬 식당에서 웨이터의 시중 받는 것을 편하게 여깁니다.

어떤 이들은 정찬 식당에서 먹은 음식 맛이 훨씬 좋다고 했습니다. 우리 부부는 미식가가 아니라서 기초식품 5군을 잘 챙겨 먹는 데만 신경을 쓰는 편입니다. 그리 입맛이 고급스럽지 못하지만, 정찬 식당에서 여러 사람들과 얘기하며 먹는 것을 좋아해서 정찬 식당을 이용하기도 하고 거기서 고기 먹을 때는 포도주를 시켜서 마셨습니다. 때로 음식을 오래 끌면서 먹는 게 싫으면 뷔페식당에 가서 먹었습니다. 유람선에 승선해서 이런저런 경험을 해 볼 것을 권유합니다.

45. 크루즈 여행의 단점은 없습니까?

해외 패키지여행의 단점과 다를 바 없습니다. 경비가 부담스럽고 시간이 많이 듭니다. 맘에 드는 곳을 발견하면 오랫동안 그곳에서 지내고 싶겠지만, 기항지에 머무는 기간은 하루 아니면 이틀 정도밖에 안 됩니다. 천천히 시간을 들여 관광하기에는 좋지 않습니다. 지중해 크루즈를 갔더니 유럽 사람들은 여러 번 같은 크루즈를 와서 한 번은 이곳, 다음은 저곳을 선택하여 기항지 여러 곳을 관광하였습니다. 우리 같으면 같은 코스를 두세 번 갈 여유는 있을 지 의문입니다. 3~4일 정도의 크루즈 여행 기간이 짧다면 멀리 비행기를 타고 가서 크루즈로 가야 할 필요는 없다고 생각합니다.

크루즈 지역

알래스카	알래스카와 캐나다 서부	호주와 뉴질랜드
바하마	북유럽과 발트 해 지역	버뮤다
흑해	영국 섬	캐나다 동부와 미국 동북부
카나리아 제도	카리브 해	유럽
갈라파고스	그리스 섬들	하와이
지중해 동부와 서부	멕시코와 중남미	중동
스페인과 포르투갈	노르웨이	북서 태평양
파나마 운하	강 크루즈(나일, 황하 등)	타히티와 프렌치 폴리네시아
대서양 항해		

크루즈 지역별 특색

아시아

유럽이나 아메리카 지역보다 거리나 비용 면에서 매력적이면서 아시아의 다양하고 독특한 문화를 경험할 수 있어서 처음 크루즈 여행을 하는 사람들에게 적합하다. 한국, 중국, 일본을 포함한 한·중·일 코스도 있지만, 홍콩, 러시아, 대만, 싱가포르, 말레이시아, 태국, 베트남, 인도네시아, 브루나이, 인도, 저 멀리 중동에 이르기까지 바다를 낀 항구라면 어디든지 갈 수 있다.

아시아 크루즈는 비행기를 타고 멀리 가지 않아도 되고 시차가 적으며 패키지여행에서 잘 가지 않는 도시를 방문할 수 있으니 좋은 점도 있다. 크루즈를 처음 가는 사람에게 추천할 만하다.

지중해

지중해는 온화한 기후와 함께 그리스, 로마 시대의 유적, 스페인의 바르셀로나와 북아프리카의 튀니지, 특색 있는 아름다움을 지닌 섬 산토리니와 몰타, 이스탄불과 크레타 섬에 이르기까지 역사, 문화와 신화까지 아우르는 크루즈의 보석이라고 일컬을 만하다. 그뿐만 아니라 세련된 쇼핑과 아름다운 자연을 함께 즐길 수 있는 곳이다.

크루즈 여행을 처음 하는 사람들뿐만 아니라 재탑승 고객 역시 만족도가 높은 지역인데 매번 선택 관광지를 달리해서 언제 와도 실망하지 않는 곳이다. 운항 기간에 대한 선택의 폭이 넓고 지역 역시 서부 지중해, 동부 지중해, 카나리 제도 등 다양하다.

북유럽

북유럽 일정은 이동이 편한 크루즈의 장점을 실감할 수 있는 대표적인 일정으로 북유럽 국가 특유의 정취와 아름다운 자연경관, 러시아의 독특한 건축물 등 다양한 볼거리를 제공한다. 세계에서 가장 아름다운 항해라는 별명을 가진 노르웨이 피오르드 크루즈는 병풍 같은 산들이 솟아오르는 사이로 흘러내리는 하얀 옥양목 천 같기도 하고 실타래 같은 폭포와 푸른 숲에 점점이 박혀있는 한가한 주택을 쳐다보며 항해하는 아름다움이 있다. 기항지에 내려 싱그러운 바람을 맞으며 끝없이 펼쳐지는 야생화를 바라보며 시간을 잊고 걷게 되는 평화로운 코스다.

알래스카

3천여 개의 강과 3백만 개나 되는 크고 작은 호수로 떼 지어 올라오는 연어들, 엄청난 굉음을 남기고 무너져 내리는 빙하, 예쁜 야생화가 피어 있는 대지를 유유히 거니는 사슴과 무스(Moose) 등 누구나 한 번쯤 꿈꾸어 봤을 원시 대자연의 순수함으로 알래스카는 방문객을 유혹한다. 대자연을 눈으로 감상하는 것 외에도 카약, 연어 낚시, 빙하 투어, 개썰매 등 스포츠의 즐거움을 체험할 수 있다.

하와이

지상 최고의 낙원으로 알려진 세계적인 휴양지인 하와이는 온화한 기후와 원시의 야생미가 살아 움직이는 울창한 숲과 계곡, 숨 막히는 아름다운 자연으로 감동을 줄 것이다. 깊은 용암으로 뒤덮인 광활한 대지, 거대한 분화구, 용암이 흘러내리는 활화산을 체험하면서 풍요로운 쇼핑센터에서 여유를 즐길 수도 있다.

오하우, 빅아일랜드, 마우이, 카우이, 라나이 등 다섯 섬을 방문하며 폴리네시안의 문화를 접하고 서핑와 스노클링, 골프, 승마 등 해양스포츠로 시간을 잊게 한다. 향기로운 레이를 걸고 훌라를 추며 하와이언 밴드의 감미로운 리듬에 몸을 맡긴다. 아름다운 석양, 태평양에서 뛰노는 고래를 바라보며 그칠 줄 모르는 즐거움으로 가슴이 벅찰 수 있는 곳이 하와이다.

호주, 뉴질랜드

시드니에서 떠나 뉴질랜드 북섬과 남섬을 방문하고 호주 남쪽 태즈메이니아 섬을 들러 오는 코스로 두 나라의 풍광을 맛볼 수 있는 여유로운 일정이다. 타 대륙과는 달리 호주와 뉴질랜드는 특유한 자연을 보존하여 다른 곳에서는 구경하지 못하는 진기한 동식물과 청정자연을 경험할 수 있다. 북섬의 온천 지대와 남섬의 피오르드, 와인 산지를 방문할 수 있다. 출항지인 시드니에서는 동물원과 블루 마운틴, 원하면 시드니 오페라 하우스에서 공연까지 즐길 수 있다.

크루즈 여행 처음부터 끝까지

1. 크루즈 출발 항구 도착

출발 항구 터미널에 최소한 2~3시간 전까지 도착하여 승선 수속을 한다. 배가 떠나는 시간은 주로 오후 5시 경인데 출발 5~6시간 전부터 탑승 수속이 가능하므로 일찍 체크인할 수도 있다. 시간이 넉넉하니 배에서 점심을 먹고 유람선 구석구석을 구경하고 구조를 익히는 것이 좋다. 만약 출발 항구 도시에 일찍 도착했는데 몇 시간 돌아다니고 싶다든지 그 전날 도착하여 관광하고 싶다고 해도 적어도 2시간 전에는 수속해야 한다.

2. 체크인과 주요 구비 서류

크루즈 탑승 수속 시에는 출발일 기준 최소 6개월 이상 유효 기간이 남아 있는 여권, 크루즈를 예약하고 결제 후 받는 크루즈 티켓(승선 서류)과 신용카드가 필요하다. 전체 일정 중 한 곳이라도 비자가 필요한 국가가 있으면 반드시 비자를 미리 받아야 한다. 온라인으로 예약, 결제를 완료한 후 서류를 인쇄해서 탑승 수속 데스크에 보여주면 된다.

유람선 입구에서 사진을 찍고 선상 카드를 발급받는데 이 선상 카드는 객실 열쇠와 신용카드 대신으로 사용되고 신분 확인을 위한 신분증으로 쓰이니 잃어버리지 않도록 한다. 물론 분실 시 고객 안내 데스크에 가서 재발급받을 수 있다.

3. 온라인 체크인

사전에 온라인 탑승 수속을 하면 승선서류를 따로 작성하지 않기 때문에 출발 항구에서 기다리는 시간이 절약된다. 여권과 동일한 영문 이름 예약번호, 출항일, 크루즈 명, 여권 정보, 생년월일, 주소, 연락처, 비상시 연락처, 신용카드 정보가 필요하다. 순서에 따라 온라인 체크인을 마친 후 Set Sail Pass(보딩패스)를 출력해서 출발 항구로 가면 편하다. 체크인이 끝난 후 역시 유람선 입구에서 사진을 찍고 선상 카드를 발급받는다.

4. 기항지 관광

기항지 관광은 사전 온라인 예약 또는 승선 후 예약 중 선택할 수 있다. 온라인 예약 시엔 최소한 출항 열흘 전까지 홈페이지에서 예약과 동시에 신용카드로 결제하면 된다. 승선 후 예약하려면 선내 기항지 관광 데스크(Shore and Land Excursion Desk)에서 예약하면 자동으로 승선 카드로 결제가 된다. 또는 별도의 신청양식을 작성하여 신청박스에 투입해도 선실로 티켓이 배달된다.

수령한 티켓을 가지고 미리 알려준 지정 장소에 모여 함께 출발하는데 선상 카드와 여권 사본을 지참해야 한다. 출발 시각은 엄수해야 하며 10분이라도 늦으면 버스가 떠나버린다. 기항지 관광 시에는 출항 1

시간 전까지 재승선해야 하며, 하선 전 재승선 시간을 꼭 확인해야 실수가 없다. 관광을 신청하지 않을 사람은 자유롭게 기항지를 관광할 수 있다.

5. 수하물 수속

한국에서 발급받은 짐표(Baggage Tag)나 온라인 수속 후에 출력한 짐표를 수화물에 부착하거나, 항구에서 직접 짐표를 받아 부착하면 된다. 짐표는 갑판 층에 따라 색깔이 다르다. 짐을 맡기면 방으로 배달해 주는데 가방에서 급히 필요한 것을 꺼내고 싶으면 짐을 맡기지 않고 직접 들고 가도 된다. 아니면 꼭 필요한 것과 귀중품은 미리 따로 챙기는 것이 편리하다. 나중에 짐을 갖고 오면 팁을 주어야 한다.

6. 선상안전교육(Safety Drill)

크루즈에 탑승한 모든 승객과 승무원은 무조건 안전교육에 참가해야 한다. 사이렌 소리가 울리면 선실 내 비치된 구명조끼를 입고 승무원의 안내에 따라 지정된 장소로 가면 된다.

7. 선상신문(Cruise Compass, Daily Times, Today)

매일 저녁 선실로 배달되며 다음 날의 정찬 시 복장, 공연 정보와 주요 행사, 시간별 선상 프로그램(레스토랑/바/강습 등), 재승선 시간 등 주요 사항이 자세히 안내되므로 읽으면 선상 생활에 도움이 된다.

8. 크루즈 승무원 팁

선상 팁은 전 세계적으로 필수 사항으로 간주되고 있으며 승객 1인당 1박에 약 $10~12 정도 든다. 선실 등급이 높으면 팁도 올라간다. 룸 메이드(방 청소 도우미), 저녁 정찬 담당 웨이터, 보조 웨이터, 수석 웨이터에게 감사의 표시로 주는 것이다. 보통은 크루즈 하선 전날 저녁에 배달되는 크루즈 선상 지불 내역(청구서)에 포함되어 자동으로 금액이 청구되므로 별도로 승무원에게 팁을 줄 필요는 없으며 팁이 청구된 것만 확인하면 된다. 직접 전달을 원하면 안내 데스크에 요청하여 직접 전달해도 된다. 팁 봉투는 고객 데스크에서 얻을 수 있다.

선사에 따라서는 크루즈 예약 시 등록한 신용카드로 자동으로 팁이 결제되면 팁 바우처(결제한 팁의 액수가 적힌 쪽지 같은 것)를 봉투에 넣어 선실에 배달해 주는데, 수고한 사람들에게 팁 바우처 봉투를 직접 건네주는 곳도 있었다.

9. 하선 준비

승선카드 사용 내역서가 하선 하루 전날 저녁에 방으로 배달되니 한번 확인해 보고 알 수 없는 지불 내역이 있으면 고객데스크에 가서 체크해 볼 수 있다. 경험에 의하면 그들은 실수가 없는 데 내가 써 놓고도 잊거나 기억을 못 하는 수가 많았다. 하선 전날 저녁은 짐을 꾸리느라 바쁘기 때문이다.

선실로 배달된 짐표 빈칸에 이름, 객실 번호를 기재하고 짐표 끝에 달린 Identification(자기 것임을 알리는 표) 번호표를 따로 떼어 보관하면 된다. 이 번호표는 하선 후 짐을 찾을 때 내 짐인지 확인하는 중요한 표이므로 반드시 잘 챙겨야 한다. 객실 밖에 짐을 내놓을 경우 귀중품과 다음날 사용할 세면도구와 옷을 따로 챙기면 편하다. 짐표를 부착하여 밤 11시까지 선실 문 앞에 내놓으면 포터들이 수거하여 다음 날 하선지의 수화물 집하 장소에 갖다 놓으니 터미널에서 찾으면 된다.

당일 아침 식사를 마치고 짐표(Baggage Tag)의 색깔별로 지정된 모임 장소에 모여 하선 순서를 기다린다. 색깔별 모임 장소와 시간은 선상 신문을 참조한다. 떠나는 날 비행기 출발 시각이 촉박하면 그 전날 짐을 내놓지 말고 아침 일찍 출구로 짐을 직접 들고 나가서 출입구가 열리기를 기다렸다가 들고 나가면 된다. 그렇지 않으면 하선 안내 방송에 따라 차례로 줄을 지어 하선을 시작하며 이때 마지막으로 선상 카드를 승하선 확인 기계에 꽂았다 빼면 하선이 종료된다.

10. 수하물 수령

터미널에 도착하면 색깔별로 분류된 짐을 찾아 이동하면 된다.

11. 항구 터미널에서 공항 이동

귀국 항공편은 하선 수속 시간, 공항으로 이동 시간을 감안하여 크루즈 도착 시각보다 최소 6시간 이후로 여유 있게 예약하는 것이 좋다. 공항으로 가기 위해 주로 도착항구 관광 후 공항으로 데려다주는 선택 관광을 신청하는데 비싸더라도 큰 가방을 들고 다니기 힘들기 때문이다. 만약 여러 친구가 같이 가면 비용을 나누어 택시를 타고 가도 편하고 경제적이다.

선상 신문

적극적인 선상 생활이 크루즈 여행의 만족도를 좌우하는데 매일 오후나 저녁에 선실에 배달되는 선상 신문을 활용해야 한다. 선상 신문에는 해당일의 일출과 일몰 시각, 재승선 시간, 주요 행사, 정찬 시의 복장, 레스토랑을 비롯한 시간별 선상 프로그램이 자세히 안내된다. 여러 가지 강습, 파티, 각종 경연대회, 미술품 경매 등 언제나 즐거운 소식이 가득하며 쇼핑몰이나 스파, 카지노, 음료 등 각종 유용한 할인행사도 안내한다.

선상 신문을 잃어버리면 고객 데스크에서 언제든지 다시 받을 수 있다. 매일 '오늘의 주요 행사들'을 첫 페이지에 안내하므로 전날 저녁에 선상 신문을 보면서 내일 일정을 짜는 것이 좋다. 선상 신문을 잘 활용하면 최고의 크루즈 휴가를 즐길 수 있다.

크루즈 가족 여행

　바쁜 생활을 하다 보면 가족끼리 만날 여유도 없고 만나도 주부들은 식사 준비로 바빠 대화도 힘들고 아이들과 손자들을 돌보느라 바쁘기 마련이다. 그러나 조부모와 손자 손녀가 함께 크루즈를 떠나면 각 연령대에 맞는 다양한 선상 시설과 프로그램이 항상 마련되어 있고 각종 엔터테인먼트, 수준 높은 식사가 제공되어 최고의 가족 여행을 즐길 수 있다고 생각한다. 언제나 먹을 수 있는 호텔 레스토랑 같은 음식이 있다 보니 여성들의 마음도 한가하여 가족 간의 질 높은 대화할 시간도 내고 서로의 사랑과 관심을 나누기에 좋다.

　드물기는 하지만 세계 각국에 흩어져 있는 가족이 크루즈 출발 도시에 모여 함께 크루즈 여행을 하는 것을 본 적이 있다. 큰 테이블에 앉아 세 끼 식사를 함께하며 웃음과 대화가 끊이지 않아 참으로 좋아 보였다. 가족 모두가 만족하는 여행은 단연코 크루즈 여행이라고 추천한다.

　크루즈 여행이 가족 여행객들에게 좋은 것은 어린이, 청소년 프로그램이 있어서 세계 각국의 어린이, 청소년 탑승객들과 자연스럽게 어울릴 기회가 있다는 것이다. 대부분의 크루즈는 전 연령의 아이들에게 적합한 시설과 체계적이고 신나는 프로그램을 갖춰 어린이, 청소년 승객을 즐겁게 해 준다. 또한, 모든 프로그램이 영어로 진행되기 때문에 어린이, 청소년들이 평소 갈고 닦았던 영어 실력을 발휘하고 글로벌 문화, 매

캐릭터 공연
출처: 로얄 캐리비언 크루즈 한국총판

캐릭터 다이닝
출처: 로얄 캐리비언 크루즈 한국총판

슈렉 퍼레이드
출처: 로얄 캐리비언 크루즈 한국총판

어린이 놀이방
출처: 로얄 캐리비언 크루즈 한국총판

너를 배우는 좋은 기회가 될 것 같다. 특히 만13~17세 청소년들을 위한 닌텐도 Wii 게임, 비디오 게임, 청소년만 출입할 수 있는 건전한 클럽 등 어린이 프로그램이 특화되어 있어 지루할 틈이 없다.

프로그램이 매력적이라고 하더라도 학교에서 성적 경쟁이 심한 우리나라 청소년을 크루즈에 데리고 가기는 쉽지 않을 것 같아서 아쉽다. 한편 유료로 베이비시터가 있기는 하지만 부모를 떠나기 싫어하고 기저귀를 차는 어린 유아는 이런 프로그램에 참여하기 힘들다.

로열 캐리비언 선사의 오아시스호에서 제공하는 다양한 연령대, 어린이, 청소년과 함께하는 가족을 위한 프로그램 소개

다음은 로열 캐리비언이라는 특정 선사에서 예시로 소개된 프로그램에 나의 경험을 약간 보태어 정리한 것이다. 적극적으로 참여하면 어린이와 청소년을 동반한 가족들과 활동적인 승객들에게 좋은 경험을 제공해 줄 것 같아 번역하여 수록해 본다. 모든 유람선이 아래의 프로그램을 제공하는 것이 아니나 다소 유사한 프로그램들은 존재한다. 다만 선사에 따라서 자녀와 가족, 부부, 노인 등 어떤 특정 연령대에 더 중점을 두고 서비스를 제공하는지는 약간의 차이가 있다.

어린이 프로그램

- 드림웍스 익스피리언스(DREAMWORKS EXPERIENCE)

어린이들이 가장 좋아하는 쿵푸 팬더, 슈렉, 마다가스카의 살아있는 캐릭터들과 사진을 찍고 함께 퍼레이드를 하거나 3D 영화를 보는 것만으로도 어린이들은 최고의 휴가를 보낼 수 있다. 오아시스호, 얼루어호, 프리덤호, 리버티호, 보이저호에서 멋진 드림웍스의 주인공들을 만날 수 있다.

- 바비 인형 체험(BARBIE EXPERIENCE)

바비 인형 쇼, 무비 나이트와 같은 이색 엔터테인먼트와 핑크색과 바비로 디자인된 선실은 오직 로열 캐리비안 크루즈에서만 만날 수 있는 특별한 경험이다. 티 파티(Tea Party), 댄스 클래스뿐만 아니라 바비 드레스를 직접 디자인하고 모델이 되는 바비 패션 디자이너 워크숍, 바비 패션쇼는 소녀들의 마음을 사로잡기에 충분하다.

- 어드벤처 오션: 어린이/청소년 프로그램

로열 캐리비안 크루즈의 어드벤처 오션은 영어로 모든 프로그램이 진행되며, 세계 각국에서 온 어린이, 청소년들과 함께 어울릴 수 있어서 영어 실력을 향상하는 기회가 될 뿐만 아니라 세계의 문화와 매너를 배울 좋은 기회가 된다.

- 환상적인 워터파크: H₂O Zone

다양한 물놀이를 즐길 수 있는 환상적인 워터파크는 어린이들의 시선을 사로잡는다. 어린이들은 하루 종일 이곳을 떠날 줄 모르며, 가족 모두 즐거운 시간을 보내는 공간이다. 오아시스 클래스와 프리덤 클래스에 속한 유람선에 갖추어져 있는 H₂O Zone은 바다 위에 워터파크를 실현한 즐거운 발상이 돋보이는 곳이다.

- 어린이/청소년 프로그램은 6개월부터 17세 청소년까지 연령별로 여러 단계로 나누어 진행된다.
  - 피셔-프라이스(Fisher-Price, 만3세 미만)
  - 아쿠아 베이비(Aquababies, 만6~18개월)
  - 아쿠아 토츠(Aquatots, 만18~36개월)

앞의 프로그램은 유아들을 위한 놀이 그룹 프로그램으로 유아들과 부모들이 함께 유익한 시간을 보낼 수 있다. 유아들은 새로운 놀이를 배울 수 있고 부모들은 아이들과 더욱 재미있게 놀 방법을 배운다. 피서-프라이스 프로그램은 유아 보육 전문가들에 의해 진행되며, 유아들에 대한 여러 가지 질문도 할 수 있어 부모에게도 좋은 시간이 된다. 아이들의 기분을 좋게 하고 운동 신경을 향상해 줄 뿐만 아니라, 원인과 결과 관계에 대한 이해도를 높여준다.

피서 프라이스 등의 장난감을 가지고 놀면서 훈련된 젊은 직원들이 모든 프로그램을 운용한다. 각 세션은 보통 45분 동안 진행되며 부모 또는 보호자는 프로그램이 진행되는 동안 함께 있어야 한다. 아이들이 좋아하는 담요나 음료, 스낵 등을 챙기고 에어컨이 가동되므로 여분의 셔츠 또는 스웨터를 준비해야 하고 보호자와 아이들은 넉넉하고 편안한 옷을 입어야 한다.

부모와 함께 참가하는 프로그램이 아닐 때는 프로그램 종료 시각 및 어린이 픽업 시간을 숙지하고 있어야 하는데 데리러 오는 시간이 15분 늦어질 때마다 벌금이 부과되는 크루즈 선사도 있다. 어른들의 도움이 있으면 대소변을 가릴 수 있고, 기저귀 착용 없이 활동이 가능한 어린이만 참가할 수 있으며 2세 미만의 유아는 베이비시터 비용을 내야 한다.

하여튼 나이에 따라 오감을 자극하는 다양한 활동, 자신을 표현하는 법을 배우는 프로그램, 또래 친구들과 자연스럽게 어울릴 수 있는 사회성을 키워주는 프로그램이라 아이들이 좋아한다. 온 가족이 참여하는 프로그램도 진행되어 가족 간의 유대를 더 키울 수 있다고 하는 프로그램도 있다고 한다.

십 대(Teens)를 위한 프로그램

청소년을 위한 프로그램은 유아, 어린이 프로그램과는 달리 참가자 스스로 재미를 찾고, 또래 집단에서 사회성을 기를 수 있는 좀 더 기획적인 프로그램으로 구성된다. 참가한 청소년들은 세계 각국에서 온 친구들을 사귀면서 서로 간의 문화적 차이점, 공통점 등을 배우며 세계를 알아가는 시간을 가질 수 있다. 유람선에 따라서는 전용 라운지와 클럽이 있어서, 안전하고도 신나게 시간을 보낼 수 있다. 청소년 클럽에 참여하는 청소년들은 무알코올 음료수를 마실 수 있지만, 클럽에는 시간 제한(새벽 1시)이 있다.

모든 승객들을 위한 프로그램

• 대극장

크루즈 여행의 백미 중 하나는 매일 밤 수준 높은 공연을 무료로 볼 수 있다는 것이다. 거의 모든 유람선에는 대극장이 있으며, 프로덕션 쇼, 마술쇼, 코미디 쇼, 연주회 등 다양한 공연이 펼쳐진다. 화려한 무대와 조명, 음악, 댄스로 즐거운 관람이 가능하다. 공연은 정찬 시간에 맞춰 매일 저녁 2번 상영되며 별도의 예약 없이 선착순으로 원하는 자리에 착석하면 된다. 공연 중 카메라 및 영상 촬영은 금지된다.

출처: 로얄 캐리비안 크루즈 한국총판

- 70's 디스코 파티

70's 디스코 파티에서는 모두가 옛날 디스코를 즐길 수 있도록 70년대 스타일로 촌스럽게 하고 나가는 것이 포인트다. 여러 곳에서 격식을 갖추고 도와주던 승무원들이 모두 코믹한 가발과 안경, 형광색 남방과 나팔바지 차림으로 등장하여 함께 춤을 춘다. YMCA 등 70년대를 풍미했던 음악과 춤이 승객을 신나게 한다.

이외에도 매일 밤 열리는 가라오케 밤을 비롯해 늦은 밤 디스코 파티 (만18세 이상 참여), 청소년 나이트클럽(만12~17세 참여), 수영장 파티, 락앤롤 파티 등 다양한 주제로 파티는 계속된다.

- 게임 토너먼트

(1) 미니 골프 토너먼트(Mini Golf Tournament)

9홀 미니 골프 코스에서 전 세계에서 온 승객들과 승부를 겨룰 수 있는 토너먼트

(2) 불롱고 토너먼트(Blongo Ball Challenge)

양쪽에 구 모양의 추가 달린 줄을 던져 지정된 지점에 감기게 하여, 감긴 위치에 따라 점수를 얻는 게임

(3) 콩 주머니 던지기 토너먼트(Baggo Tournament)

바닥에 구멍이 뚫린 판을 두고 멀리서 콩 주머니를 던져 누가 구멍 안에 많이 들어가 점수를 더 얻는지 시합하는 게임

(4) 셔플보드 토너먼트(Shuffleboard Tournament)

숫자가 있는 칸에 막대기로 스톤을 밀어서 걸쳐진 칸의 숫자만큼 점수를 얻는 게임

- 미팅 프로그램

선사에서는 취미와 관심사가 같은 승객의 미팅 프로그램을 주선한다. 처음 크루즈를 타는 사람들의 모임, 보드게임을 즐기는 사람들의 모임, 브리지 카드를 즐기는 모임, 혼자 크루즈 여행 온 싱글들을 위한 모임이 마련되어 있다. 전 세계 다양한 국적의 새로운 친구를 만날 좋은 기회를 제공하는 것이다.

- 아이스 쇼와 아이스 스케이팅

오아시스 클래스, 프리덤 클래스, 보이저 클래스 소속 크루즈 배에는 스튜디오 B(아이스 링크)가 있어서 낮 시간이나 아이스 스케이팅 쇼가 없는 시간에 스케이트를 빌려서 아이스 스케이팅을 즐길 수 있다. 스케이팅이 가능한 시간은 선상 신문에 안내된다. 별도의 비용 없이 참가신청서를 작성하면 이용 가능한데 아이스 스케이트 링크에는 스케이트를 신지 않고는 들어올 수 없으며, 넘어져도 다치지 않도록 긴 팔 상·하의를 입고 양말도 신어야 한다. 6-12세의 어린이는 부모와 동행해야 하며, 피겨 스케이팅의 점프 같은 위험한 동작은 금지된다.

- 미니 골프 코스

암벽등반 옆에 있는 미니 골프는 9홀의 미니어처 골프 코스인데 여러 종류의 골프클럽이 있어 원하는 클럽을 선택하여 이용할 수 있다. 어른과 어린이 모두 이용 가능하여, 가족 여행객들에게 인기 있는 시설이다. 미니 골프 코스는 별도의 예약 없이 이용할 수 있으며 골프공과 약식 골프채가 준비되어 있어 퍼팅 연습도 할 수 있다. 골프 챔피언십과 오픈 골프 토너먼트 등 다양한 시합이 열리기도 한다.

- 골프 시뮬레이터

골프 시뮬레이터는 시간대별로 이용 인원이 제한적인데 사전 예약이
필요하다. 유료 이용 시설로 취소를 원할 경우 24시간 전에 해야 하며
그 이후 취소할 경우 취소료가 부가되므로 주의가 요구한다. 골프 시
뮬레이터 예약은 암벽등반 시설에 있는 스포츠 스태프에게 요청하면
된다.

- 데이 스파와 미용 프로그램

다양한 미용 프로그램이 있어서 얼굴, 몸 마사지, 트리트먼트 뿐만 아
니라 헤어, 매니큐어, 패티큐어 등 머리부터 발끝까지 모든 미용 서비
스를 제공한다. 산소 마사지, 해초랩, 아로마 테라피, 반사법 마사지,
치크라 스톤 테라피와 같은 마사지 프로그램도 있다. 크루즈 일정 동
안 다양한 할인 행사와 스페셜 프로그램이 있어서 놓치지 말고 선상
신문을 확인하여 참여하면 된다.

- 무료 사우나

기항지 관광 중 피로가 쌓였다면 따끈한 사우나에서 풀 수 있다. 사
우나는 무료로 이용할 수 있으며, 습식과 건식 사우나와 탈의를 위한
로커가 갖추어져 있다. 로커 열쇠를 받기 위해서는 데이 스파 센터 데
스크에서 승선 카드를 맡겨야 한다. 열쇠 반환 시에 승선 카드를 돌려
받는다. 남녀 시설이 분리되어 있고 샤워 시설 및 타월, 샴푸와 바디
샴푸가 갖춰져 있었다. 사우나 내에서는 수영복 또는 대형 수건을 걸
치면 된다.

크루즈 용어

Afterward	배 후미
Art Auction	미술품(사진, 조각) 경매
Attendant	유람선에서 근무하는 승무원, 직원
Baggage(Luggage)	짐, 수하물
Balcony View	발코니 있는 선실
Cabin(Stateroom)	선실 (선실의 종류: Inside, Window, Balcony. Junior, Deluxe, Master, Royal, Presidential 등)
Cabin Attendant, Room Maid	객실 담당 직원, 청소 도우미
Captain(캡틴)	선장
Casual	편안한 복장을 말한다. 편한 셔츠와 바지, 블라우스를 입는데 반바지와 청바지, 슬리퍼는 정찬 식당에서는 입을 수 없다. 뷔페식당에서는 샌들, 반바지, 운동화가 다 가능하지만, 노출이 심한 옷은 수영장에서는 입을 수 있다.
Daily Planner	매일 일정표(주요 일정, 일출, 일몰 시각, 날씨, 기온, 기후, 기항지 체류시간, 드레스 코드, 시간대별 활동 일정) 소식지, 선사에 따라 Cruise Compass, Celebrity Today 등으로 불림
Dining	저녁 만찬을 하는 장소. 아침이나 점심은 주로 뷔페에서 먹는 경우가 많은데 아침에도 이용할 수 있다. 웨이터가 와서 주문을 받는다.
Dress Code	복장의 유형
Embarkation Card	승선카드, 출국카드

Executive Chef	주방 총책임자
Formal	정장 착용을 뜻하며 남자는 어두운 색의 양복이나 턱시도, 구두, 넥타이, 셔츠를 착용해야 하며 여자는 드레스나 원피스와 구두를 착용하면 된다. 한복을 입어도 보기 좋았다.
Forward	유람선 앞면
Gala Feast	유람선 요리사들이 각자의 솜씨를 발휘해 각종 요리와 간식을 만들어 눈과 입을 즐겁게 해주는 파티 같은 것인데 먹을 게 많아서 보기만 해도 황홀하다.
Gangway	유람선의 출구, 승하선 시에 이용하는 출구, 기항지에 따라 층수가 달라지기도 한다.
Gratuity	팁
Guest Relation Desk	고객 서비스 데스크, 프런트 데스크
Head Waiter, Waiter, Assistant Waiter	수석 웨이터, 웨이터, 보조 웨이터
Informal	세미 정장인데 재킷에 넥타이, 또는 넥타이가 없어도 카라 있는 셔츠, 바지와 구두, 여자는 치마 또는 바지를 입으면 된다. 정장과 캐주얼의 중간이다.
Inside Room(Interior Cabin)	내부 선실
Life Boat	구명정
Life Jacket	구명조끼
Main Dining, First Sitting	첫 번째 시간대에 저녁 먹는 것을 말한다. 보통 저녁 6시~6시 반에 시작한다.
Ocean View	열 수 없는 창문으로 바다가 보이는 객실
Pool Attendant	수영장 관리 직원
Port of Call	기항지
Safety Box	금고
Second Dining, Second Sitting	두 번째 시간대에 저녁 먹는 것, 보통 저녁 8시 이후에 먹는다.
Shore Excursion Desk	기항지 선택 관광 접수하는 데스크
Spa	마사지와 피부관리를 받을 수 있는 곳
Tender Boat	유람선과 항구 사이를 운항하는 작은 배

선사소개
(www.cruising.org 제공)

American Cruise Lines(아메리카 크루즈 라인)	Azamara Club Cruises(아자마라 클럽 크루즈)
Carnival Cruise Lines(카니발)	Celebrity Cruises(셀레브리티)
Costa Cruises(코스타 크루즈)	Cruise West(크루즈 웨스트)
Crytstal Cruises(크리스탈 크루즈)	Cunard Cruise Lines(큐나드 크루즈)
Disney Cruise Line(디즈니 크루즈)	Fred & Olson Cruise Lines(프레드 앤 올슨)
Holland America Cruise Lines(홀랜드 아메리카)	Hurtigruten(후티그루텐)
MSC Cruises(엠에스시 크루즈)	Norwegian Cruise Lines(놀웨이지언 크루즈)
Oceania Cruises(오세아니아 크루즈)	P&O Cruises(피앤오 크루즈)
Paul Gaguin Cruises(폴고갱 크루즈)	Princess Cruises(프린세스 크루즈)
Regent Seven Seas Cruises (리젠트 세븐 시즈 크루즈)	Royal Caribbean International (로열 캐리비언 크루즈)
Seabourn Cruise Lines(시본 크루즈)	Sea Dream Yacht Club(시 드림 요투트 클럽)
Silversea Cruise(실버시 크루즈)	Star Clippers(스타 크립퍼즈)
Star Cruises(스타크루즈)	Uniworld Boutique River Cruise Collection (유니월드 크루즈)
Viking River Cruises(바이킹 크루즈)	Voyages of Discovery(보이지즈 디스카브리)
Windstar Cruises(윈드스타 크루즈)	

유람선 내 부대시설

일반적인 것이며 모든 유람선이 여기에 언급된 시설을 다 갖춘 것은 아니다.

- 정찬 식당
- 뷔페식당
- 샌드위치와 쿠키, 피자와 핫도그, 음료 제공 식당
- 대극장: 라스베이거스 쇼, 뮤지컬, 마술쇼, 코미디 등 호화찬란한 공연을 하는 곳
- 고객 데스크(Guest Relation Desk), 선택 관광 안내 데스크, 미래 크루즈 예약 데스크
- 아트 & 포토 갤러리, 쇼핑몰, 회의실
- 카지노(Casino)
- 영화 상영 극장(Cinema)
- 골프 시뮬레이터(Putting Green)
- 미용 및 마사지
- 수영장, 거품 욕조, 스파
- 무료 남/여 사우나
- 헬스장
- 조깅 트랙
- 스포츠 코트
- 각종 라운지와 바
- 암벽등반
- 탁구대
- 아이스 링크

식사 시간

1. 조식

1) 오전 06:00~오전 11:00   2) 오전 08:00~오전 10:00

2. 점심

1) 오전 11:30~오후 3:00   2) 오후 12:00~오후 1:30

3. 저녁

1) 오후 6:00~오후 8:00   2) 오후 8:30~오후 10:00

4. 스낵

1) 오후 12:00~오후 06:30   2) 오후 12:00~오후 07:00

3) 오후 03:30~오후 05:00   4) 오후 09:00~오후 11:30

5) 오후 11:30~오전 00:30

5. 스페셜티 레스토랑

저녁 정찬, 사전 예약 필요, 예약비 1인당 US 30$, 복장은 스마트 캐주얼, 오후 06:00~오후 09:30

선실의 종류
(크기나 구비품목이 선사에 따라 다르다)

1. 인사이드 객실(Inside Cabin)

창문이 없는 객실. 17㎡(약 5.2평)의 트윈 혹은 킹사이즈 침대가 있다. 미니 바, 헤어드라이어, TV, 전화, 110/220V, 안전 금고, 옷장, 샤워시설, 의자 및 커피 테이블 구비

2. 오션 뷰 객실(Ocean View Cabin)

외부를 볼 수 있으나 열 수 없는 창문이 있는 객실. 17㎡(약 5.2평)의 트윈 혹은 킹사이즈 침대가 있다. 미니 바, 헤어드라이어, TV, 전화, 110/220V. 안전 금고, 옷장, 샤워시설, 의자 및 커피 테이블 구비

3. 발코니 객실(Balcony Cabin)

발코니를 갖추고 있는 객실. 23.4㎡(7평)/ 발코니 4.6㎡(1.4평), 킹사이즈 더블(트윈 베드로 변환 가능) 베드, 옷장, 욕조와 샤워시설, 목욕 가운, 헤어 드라이어, TV, 냉장고, 응접 공간, 110/220V, 소파

4. 스위트 객실(Suite Cabin)

타 객실보다 훨씬 크고, 발코니나 베란다를 갖추고 있는 객실. 약 40평 규모이며 2개의 오션 뷰 객실, 2개의 거실, 응접 세트, 식당 공간, 퀸/트윈베드, 옷장 2개, 전화, 개인 금고, TV 2대 이상, CD 플레이어, 냉장고와 칵테일 캐비닛, 2개의 욕실(1개의 욕실에는 거품 욕조), 2개의 세면대, 비데 시설, 1개의 파우더 룸으로 구성되어 있다.

5. 로열패밀리 스위트 객실(Royal Family Suite Cabin)

거의 50평으로 가장 큰 객실

로열 캐리비안 마리너호에서의 하루

1. 오전 7시

조깅 트랙에서 상쾌한 바닷바람을 맞으며 아침 산책. 끝도 없이 푸른 바다 풍경으로 지난밤의 피로를 푼다.

2. 오전 8시 30분

출출한 배를 달래러 윈재머 카페로 올라가 아침 식사. 인터내셔널 뷔페라 아시아부터 서양 요리까지 다양한 음식을 무료로 즐길 수 있다.

3. 오전 10시부터 오후 2시

기항지 관광

4. 오후 2시

실감 나는 드림웍스의 3D 영화도 감상하며 온 가족과 아이들이 애니메이션 캐릭터와 함께하는 즐거운 시간을 가진다.

5. 오후 3시 20분

휴식을 위한 오후 티 타임 시간. 마리너호 선내 중앙 거리에 있는 프라머네이드 카페에서 신선한 커피를 즐긴다.

6. 오후 3시 30분

11층에 있는 메인수영장에서 물놀이를 즐긴다. 깨끗한 해수로 채워져 있고, 수영장 주변에는 일광욕용 침대가 가득하여 수영은 물론 태닝도 할 수 있다.

7. 오후 4시

미니 골프 토너먼트. 스포츠 코트에서는 다양한 스포츠 게임 행사가 열린다. 즉시 참가신청을 하고 골프 대회에 참여할 수 있다.

8. 저녁 5시 45분

저녁 풀코스 정찬 식사. 한국에서는 입어보지 못한 드레스를 마음껏 뽐내며 입는 시간이다. 맛있는 정찬 풀코스로 즐기기

9. 저녁 8시 15분

대극장 공연. 2, 3, 4층에 걸쳐 선수에 있는 대극장에서는 크루즈 여행의 백미인 라이브 공연, 오케스트라 연주, 세계적인 수준의 싱어와 댄

서가 선보이는 정통 프로덕션 쇼가 매일 밤 펼쳐진다.

10. 저녁 9시

마사지. 11층에 있는 스파 숍에서는 다양한 페이스와 바디 마사지, 트리트먼트, 헤어 손질, 메이크업, 매니큐어 및 페디큐어 등을 비롯하여 여러 마사지 프로그램을 경험할 수 있다.

11. 저녁 10시 취침

1초도 지루할 틈이 없었던 완벽한 하루를 보내고, 선상 신문을 보며 다음 일과를 계획한다. 다음 날 아침을 선실에서 먹고 싶다면 선실 안에 있던 룸서비스 메뉴를 보고 신청 표에 체크해 문밖에 걸어둔다. 다음 날 아침 선실에서 편하게 조식을 즐길 수 있다.

아무것도 안 할 자유, 무엇이든 할 자유

앞서 소개한 바와 같이 여러 프로그램에 적극적으로 참여해도 되고 아무것도 안 하고 먹고 자기만 해도 된다. 하루 종일 헬스장에서, 갑판에서 걷고 뛰기만 해도 된다. 자유로운 것이 크루즈 여행의 장점이다.

크루즈 소개 글은 나의 경험과 생각을 기술했지만, 세계 각 크루즈 회사의 홈페이지 정보도 참고하였다. 선사의 홈페이지에 들어가면 안내를 잘해 놓았는데 그것을 번역한 것도 있고 신문에 나온 기사도 참고하였다. 그리고 이형준 저자의 『바다 위의 낭만 크루즈 여행』 책을 참고하였다.

독자가 직접 cruisecritics.com에 들어가면 세계 모든 유람선에 관한 정보를 얻을 수 있고 크루즈 여행사 중에는 www.vacationstogo.com, cruise.com, cruises.com에 들어가면 아주 상세한 영어정보를 얻을 수 있다. www.rccl.co.kr이나 www.costacruise.co.kr, www.starcruise korea.com에 들어가서 한글로 쓰인 정보를 구할 수 있다.

일자	2001년 2월 21~26일(5박 6일)
	부산 출·도착
선사	스타크루즈
유람선	슈퍼스타 제미니(Superstar Gemini)
규모	무게: 50,764톤, 길이: 230m, 폭: 29m, 높이: 11층
승객 수	약 1,530명
일행	여자친구 4, 남편
비용	399,000원

일자	기항지	도착	출발	비고
1일차 2001-2-21 (수)	부산, 대한민국 (BUSAN, SOUTH KOREA)		14:00	출발
2일차 2001-2-22 (목)	제주, 대한민국 (JEJU, SOUTH KOREA)	09:00	17:00	정박
3일차 2001-2-23 (금)	후쿠오카 (FUKUOKA, JAPAN)	08:00	16:00	정박
4일차 2001-2-24 (토)	나가사키 (NAGASAKI, JAPAN)	09:00	18:00	정박
5일차 2001-2-25 (일)	해상			해상
6일차 2001-2-26 (월)	부산, 대한민국 (BUSAN, SOUTH KOREA)	08:00		도착

일본 후쿠오카 나가사키 크루즈

(2001년 2월 21~26일)

동해
EAST SEA

대한민국
SOUTH KOREA

일본
JAPAN

부산
BUSAN

남해
SOUTH SEA

후쿠오카
FUKUOKA

제주
JEJU

나가사키
NAGASAKI

떠나기 전

반값 할인 광고

크루즈가 반값 할인 한다고 한다. 창문 있는 외부 선실이 399,000원. 이거 싸다. 부산에서 떠나 제주도, 후쿠오카, 나가사키를 거쳐 다시 부산으로 돌아오는 5박 6일의 여정이 이렇게 싸다니 믿기지 않는 가격이었다. 신문 광고를 보고 친구 세 명에게 같이 가자고 하니 좋아하였다. 그런데 혼자 친구들과 가려니 미안하여 남편까지 설득했다.

"방 두 개 예약해서 각각 따로 잘 거야. 꼭 같이 다니는 건 아니에요. 이렇게 싼 게 어디 있어? 이건 꼭 가야 해요." 남편은 별로 내키지 않았지만 호기심에 승낙했다. 생전 처음 크루즈 여행을 하는데 남편이 아내의 친구 세 명과 함께 가게 된 것이다. 남 1, 여 4의 여행이 어떻게 전개될지 사실 속으로는 긴장되었다.

70년대 후반에 미국에서 살 때 '사랑의 유람선(Love Boat)'이라는 드라마를 보았다. 가난한 유학생 부인, 세 살 된 딸의 엄마로 낯선 곳에서 구차하고 외로웠는데 유람선 내의 생활은 환상적으로 보였다. 그때 나도 언젠가 크루즈를 갈 거라고 막연히 생각했다. 그 후 귀국하여 아이 키우고 일하느라 정신없었는데 큰딸 고교 동기생 엄마가 교수인 자기 남편을 따라 지중해 크루즈를 갔는데 '여왕 대접'을 받았다고 했다. 그때까지도 우리나라는 크루즈가 낯설었다.

그런데 싱가포르에 선적을 둔 '스타크루즈'라는 유람선사가 신문에 광고를 낸 것이다. 육십몇만 원짜리가 399,000원, 친구 세 명도 이게 무슨 횡재냐고 했다. 그들에게 내 남편도 같이 가면 안 되겠냐고 물으니 '뭐 어떠냐' 했다.

내측 선실(inside cabin) 두 개를 예약했다. 그때는 드레스 코드가 뭔지도 몰랐기에 정장과 구두를 가지고 가지 않았다. 그저 편한 옷을 챙기고 갔더니 식사 때 일본 여성들은 진주 목걸이에 원피스를 곱게 차려입고 있었다. 뭘 몰라 준비가 미비했지만 생전 처음 가는 크루즈라 기대가 되었고 흥미진진한 경험을 했다.

Day 1. 부산 출발

대전에서 기차를 타고 부산항에 가니 큰 배가 눈앞에 나타났다. 어마어마한 크기에 가슴이 콩닥콩닥 뛰었다. 출항하면서 갑판 위에 올라가 부산항을 바라보고 감개무량했다.

부산은 내 고향이다. 한국 전쟁 통에 피난민들이 몰려와서 산 위에 판잣집을 다닥다닥 붙여 짓고 살았다. 산복도로 사이를 버스를 타고 다녔던 그 길이 눈에 선하다. 밤이면 수천수만 개의 불빛이 반짝여 항구에서 보면 나폴리 부럽지 않게 아름답다고 했지만, 여전히 빈궁하고 옹색했던 어린 시절이었다. 첫날밤에는 유람선을 구경하느라 이리저리 돌아다녔는데 뭐가 뭔지 정신이 하나도 없었다.

Day 2. 제주도

아침에 제주항에 도착하여 택시를 타고 5.16 도로를 관통하여 서귀포로 갔다. 전에도 두어 번 갔었지만 봄이 오기 전 서귀포의 여미지 식물원은 처음이다. 훈훈하고 습도 높은 온실은 볼 게 많았다. 세계 여러 곳의 식물원을 가 보았지만, 제주도의 여미지 식물원도 종류와 관리 면에서 어느 곳에도 뒤지지 않을 만큼 훌륭한 곳이다.

테마별로 구성된 꽃, 물, 선인장, 열대 식물원 등 천천히 시간을 내어 둘러보아도 지루하지 않았다. 제주도는 올 때마다 만족스러운 남국의 정취가 물씬 풍기는 아름다운 곳이다. 각국의 정원을 축소한 야외 정원은 특징을 잘 살려 볼만했지만, 계절이 계절이니만큼 꽃은 아직도 개화를 기다리고 있었다. 그러나 멀리서 봄을 싣고 오는 바람에 마음이 녹아내렸다.

이리저리 산책하다 배에서 싸온 샌드위치를 먹었다. 지금이야 돈이 들어도 그 지역 향토 음식을 당연히 사 먹을 터인데 그때만 해도 배에서 남아도는 음식, 우리같이 적게 먹는 사람이 빵 하나, 달걀 하나 갖고 나오는 게 큰일이 아니라고 여겼다. 사실 배 안의 음식을 갖고 나오는 것은 금지된 것이었다. 어쨌든 시간이 될 때까지 천지연 폭포 주위를 산책하고 따뜻한 바람을 맞았다. 배로 돌아올 때는 버스를 타고 왔다. 제주도야 익숙한 곳이니 일행들이 별일 없이 편한 마음으로 돌아다녔다.

Day 3. 후쿠오카

후쿠오카에선 하카타 마키야 민속박물관에 가서 150년 전의 물건으로 당시 집안을 그대로 재현해 놓은 것을 구경하든지, 커넬 시티와 텐진 역 주변 중심가에서 쇼핑할 수 있었지만, 우리는 다자이후 텐만구에 가기로 했다. 크루즈 항구에 내리면 만나는 버스를 100엔 주고 타서 텐진역에 가서 지하철로 갈아탔다.

다자이후 텐만구는 9세기 학문의 신인 스가와라 미치자네를 모신 신사다. 그가 죽은 후 나라 안에서 흉흉한 일을 많이 겪었기에 그를 달래는 의미로 지은 신사라고 한다. 그곳은 꽃구경하려고 붐비기도 하지만, 입시 합격 기원 부적을 사려고 일본 전역에서 이백만 명 이상의 인파가 몰려온다고 한다. 정말 성적 향상, 시험 합격과 사업 번창을 기원하는 사람들이 기도하려고 줄을 서서 기다리고 있었고 소원을 적은 종이쪽지를 나무와 벽에 꽂아놓아 어지러웠다.

신사 내 연못 주위엔 희고 붉은 꽃들이 한창이었다. 이른 봄, 6천 그루의 매화나무와 각종 나무는 완벽하게 전지하여 빈틈없는 모양새로 사람을 맞았다. 탐스러운 매화는 흐드러지게 피어 가지가 휘어질 만큼 꽃송이가 달렸다. 나무들이 질서정연하게 나란히 서 있는 공원 뒤쪽으로 돌아가니 언덕이 호젓하여 산책하기 좋았다.

내려오는 길은 전통 공예품과 음식을 파는 가게가 죽 늘어서 있다. 다자이후의 명물인 우메가에 모찌 찹쌀떡과 녹차 아이스크림을 사서 먹었다. 다자이후 근처에 규슈박물관이 있어 볼만하다 하나 그곳은 가지 못했다. 전철을 타고 다시 시내로 와서 보니 무수하게 많은 오락실에서 양복을 입은 젊은이들이 빠징코를 당기는데 '삐웅·삐잉' 소리가 퍽이나 시끄러웠다.

선사에서 제공하는 선택 관광에는 운하 쇼핑센터와 시내 중심가인 텐진 쇼핑센터에서 시간 보내는 것도 있었다.

Day 4. 나가사키

　나가사키에선 선사에서 제공하는 기항지 관광을 신청하여 미즈나시혼진이라는 지진 현장을 방문한 후 운젠 온천을 들르는 일정으로 하루를 보냈다. 미즈나시혼진(みずなし本陣)이란 화산 폭발로 인하여 부서지고 땅에 파묻혔던 가옥 여러 채를 그대로 보존해 관광특구가 된 곳이다. 1991년에 후겐다케 산(普賢岳)이 용암과 가스를 내뿜으며 분화하기 시작하여 화산이 폭발했다. 그로 인해 토석류가 마을을 덮어 가옥이 매몰되었다. 이듬해 6월에는 화산 쇄석류가 산비탈을 따라 시속 100km로 내려와서 하루 만에 43명이나 목숨을 잃은 대참사가 일어났다. 1995년 화산 활동이 멈추자 4년간의 화산 활동으로 인하여 본래 후겐다케 산보다 더 높은 산이 생겼는데 이를 헤세이신잔(平成新山)이라 이름지었다 한다.

　그동안 마을이 복구되었지만, 일부를 그대로 보존하여 화산의 피해를 직접 볼 수 있도록 만들었다. 안 좋은 일을 없애버리기보다는 잘 보존하여 피해를 직접 볼 수 있도록 한 것이다. 지붕 근처까지 매몰되어 내가 서 있는 발아래로 집 안이 내려다보였다. 자연의 재해 앞에 인간의 성취와 노력이 무력하고 허무해 보이지만 다시 일어서는 인간들의 용기가 가상했다. 집 안에 있는 낮은 책상과 책을 보니 그 안에서 놀고 있었을 아이들이 떠올라 마음이 짠했다.

　다음은 운젠으로 갔다. 꼬불꼬불한 산을 넘어가는 길 내내 아름다운

미즈나시 지진

운젠 지옥 온천

숲을 보느라 시간 가는 줄 몰랐다. 운젠 근처에 가면 유황 온천에서 나오는 냄새가 코를 자극한다. 하얀 증기가 구름처럼 솟아오르고 300m의 산책로를 따라 진흙과 함께 부글부글 끓어오르는 모습이 지옥과 같다 해서 지옥 온천이라 이름 붙였다 한다. 지옥 온천 산책 코스 끝에는 이곳에서 희생된 순교자를 기리는 십자가가 있다. 그 십자가에는 일본의 기독교 역사가 서려 있다.

나가사키는 당시 쇄국정책을 편 막부가 유일하게 외국에 문호를 개방한 국제 무역항이었기에 일찍이 포르투갈, 네덜란드의 가톨릭교회도 들어왔다. 그래서 나가사키 시마바라 반도까지 기독교가 확대되었고 1600년대 반도는 7만 명의 주민이 기독교도였을 정도로 포교가 활발히 진행되었다.

그러나 도쿠가와 막부의 금교령으로 탄압이 시작되었다. 삼십 년 전쯤에 읽고 눈물을 흘렸던 엔도 슈사쿠의 소설 『침묵』은 17세기 나가사키의 기독교 박해 상황이 배경이다. 예수 얼굴 그림을 밟고 지나가면 살려준다고 했을 때 그를 짓밟지 못해 박해를 당한 신도들이 지옥 같은 운젠 온천 열탕에 던져졌다. 신앙을 부인해야 살 수 있으나 그들은 비겁하고 구차하기보다는 죽음을 택했다. '두려움과 괴로움에 떨다가 죽으면 죽으리라, 죽음을 두려워하지 않아.' 그렇게 목숨을 버린 후 그들은 성인의 반열에 들어선다. 지옥을 천국으로 향하는 길로 만들었던 것이다.

1873년 그리스도교 금지령이 풀리기 전까지 250여 년 동안 그리스도교인들은 숨어서 신앙을 이어 갔다. 그 후 신앙의 자유를 얻었고 온천 산책 코스 끝에 십자가를 세워 그들을 기리는 것이다. 나가사키에는 이외에도 성지순례 유적지가 남아 있다. 특히 나가사키 역에서 5분만 걸어가면 도요토미 히데요시의 금교령에 따라 스페인 선교사를 포함 26인이 1597년에 처형되었던 장소에 세워진 오우라 성당이 있다. 26 성인 순

나가사키 오우라 성당

교 성당이라고도 불리며 가장 오래된 목조고딕 양식으로 일본의 국보
로 지정되었다.

　나가사키 시를 둘러보는 선택 관광 코스에는 이런 신앙 유적지를 포
함 1900년 초에 지은 서양식 주택이 많은 외국인 거류지 방문도 있다.
예전 러시아, 영국, 미국 대사관과 선교사 주택들이 돌이 깔린 언덕길을 따라 잘 보존되어 있는데 여기를 '오란다자카'라고 한다. 사계절 내내 아름다운 꽃이 피고 바다가 보이는 100년 넘은 서양식 주택들 사이를 한가롭게 걸어보라. 푸치니의 오페라 '나비부인'의 배경이 된 영국인 무역상 토머스 글로버가 지은 건물도 만날 것이다.

그리고 나가사키는 2차 세계 대전 때 원자폭탄이 투하된 지점에 헤이와코엔(평화공원)을 만들었다. 일본은 원폭의 폐해를 기억시키고 그것을 투하한 미국이 사죄하기를 바란다고 한다. 그 원인은 일본에게 있고 투하가 없었다면 세계대전이 끝날 수 있었을지 의문이다. 자신들이 자초한 일인데 말이다. 제국주의 확장에 혈안이 되고 정신 못 차렸던 역사를 가진 일본이 과거사를 여전히 자기에게 이익이 되게 해석을 내리고 있으니 상호관계 진전에 걸림돌이 되고 있다.

또 나가사키엔 봄 튤립 축제가 유명한 유럽형 리조트 테마파크, '하우스텐보스'가 유명하다. 40만 그루의 나무와 30만 송이의 꽃, '숲 속의 집'이라는 뜻을 가진 하우스텐보스는 하룻밤 머무르면서 천천히 둘러볼 만하다. 나가사키는 카스텔라와 나가사키 짬뽕이 유명하다. 그리고 일본 3대 성 중 하나라는 구마모토 성 관광도 있었으나 그것은 볼 시간이 없었다.

크루즈의 약점 중 하나는 시간관계상 기항지 관광에 제한적이라는 것이다. 그런데 지중해 크루즈를 가보니 여러 번 같은 여정을 다녔다는 사람을 만났다. 이유를 물으니 지난번 못 가 봤던 장소를 이번에는 가 본다고 하였다. 여러 번 같은 여정에 갈 형편이 될까? 하여튼 나가사키를 떠나면서 갑판 위에서 유명하다는 아름다운 야경을 놓치지는 않았다.

Day 5~6. 마지막

생애 첫 크루즈 여행을 끝내고 자고 일어나니 부산에 와 있었다. 짐을 쌀 필요도, 이동할 필요도 없어 크루즈는 여러모로 편했다. 첫 경험은 그 크기와 음식으로도 감동적이었다. 마치 시골 사람이 처음 서울의 규모만 봐도 가슴이 설레는 기분과 흡사했을 듯하다. 무엇보다 가격 대비 훌륭한 경험이었다. 선내에서 즐기는 모든 활동이 새로웠다.

선내 활동

　부산을 떠나서 얼마 되지 않았는데 여자 10명쯤 노래방에서 나오더니 '축배의 노래'를 부르는 어느 여자를 따라 갑판으로 올라가고 있었다. 그 일행으로 보이는 사람에게 저 여자가 누구냐고 물었더니 음대 교수라 했다. 그녀는 프리마돈나라도 되는 듯이 당당하게 그 많은 사람들 앞에서도 노래를 불렀는데 내가 괜히 부끄러웠다.

　그리고 쇼를 몇 번 구경했는데 처음엔 출연자가 누구인지 잘 몰랐다. 그런데 우리말로 도와주던 한국인 여직원이 그중에 보였다. 웃는지 우는지 표정조차 모호하게 춤을 추고 있었다. 자세히 보니 서빙하거나 청소하거나, 음식을 나르던 직원들이 바로 가수와 댄서로 활약하고 있었다. 그들은 전문 엔터테이너가 아니었다. 어쩐지 어설퍼 보인 이유를 알았다. 후에 다른 선사의 쇼와 비교해 보니 스타크루즈가 한참 질이 낮다는 것을 알게 되었다.

　16년 전과 현재의 스타크루즈 선사는 많이 달라졌을 것이다. 그 당시 어쩐지 촌스러운 우리도 곳곳에 있는 홀에서 즐거운 음악이 나오면 멀찍이 서서 구경만 하였다. 차츰 선내 환경이 익숙해지자 그즈음 댄스 스포츠를 배운지 2년쯤 된 남편과 나는 음악에 맞춰 차차차 스텝을 맞추어 보고 그동안 배운 것을 복습하였다. 차츰 신이 나서 우리 부부만 춤추고 즐겁게 지내는 게 미안해서 친구들에게 춤 스텝 몇 개 가르쳐주며 남편에게 함께 좀 추라고 했더니 친구들은 어색해 했다. 그래도 우리는 첫 크루즈에서 백화점 문화센터 댄스 스포츠 레슨비용을 톡톡히 뽑았다. 어쨌든 여자 네 명에 남자 한 명은 이상적인 조합은 아니었다.

스타크루즈의 음식은 동서양인의 입맛에 맞았고 우리 입맛에도 맞았다. 식탁에는 우리 팀 5명과 일본인 4명이 함께 앉아 식사를 했는데 그들은 정장을 갖추고 조용히 먹었고 우리는 평상복을 입고 얘기를 하며 먹었다. 남편에게 이것저것 갖다 주며 먹으라 하자 친구 한 명이 남편 억지로 그만 먹이라고 핀잔을 주었다. 음식도 맛있었지만, 후식은 입에서 살살 녹았다.

우리는 이렇게 맛있는 케이크는 먹어보지 못했다며 몇 번이나 더 갖다 먹으면서 살찔까 봐 걱정했다. 남편은 배부르도록 먹는 사람이 아니고, 맛있다고 과식도 하지 않으니 그는 크루즈의 맛있는 걸 즐기지 않는 것 같았다. 뭐니뭐니해도 맛 중에 제일은 싼 맛이라더니 첫 크루즈의 가성비는 최고였다.

일자	2006년 8월 4~11일(7박 8일)
	미국 시애틀 출·도착
선사	로열 캐리비언
유람선	비전 오브 더 시(Vision of the Seas)
규모	무게: 78,340톤, 길이: 279m, 폭: 32m, 높이: 11층, 1998년 건조
승객 수	약 2,050명(직원: 742명)
일행	16명(부부 7쌍과 여자 친구 2명)
비용	내부 선실 100만 원, 항공료 135만 원

일자	기항지	도착	출발	비고
1일차 2006-8-4 (금)	시애틀, 워싱턴 주, 미국 (Seattle, Washington)		17:00	출발
2일차 2006-8-5 (토)	해상			해상
3일차 2006-8-6 (일)	주노, 알래스카 주, 미국 (Juneau, Alaska)	11:00	23:00	정박
4일차 2006-8-7 (월)	스캐그웨이, 알래스카 주, 미국 (Skagway, Alaska)	07:00	20:30	정박
5일차 2006-8-8 (화)	아이시 스트레잇 포인트, 미국 (Icy Strait Point, Alaska)	07:00	16:00	정박
6일차 2006-8-9 (수)	인사이드 패시지(내수로) (Inside Passage)			해상
7일차 2006-8-10 (목)	빅토리아, 캐나다 (Victoria, Canada)	12:00	19:30	정박
8일차 2006-8-11 (금)	시애틀, 워싱턴 주, 미국 (Seattle, Washington)	07:00		도착

알래스카 크루즈

(2006년 8월 4~11일)

미국
AMERICA

알래스카만
GULF OF ALASKA

스캐그웨이, 알래스카 주
SKAGWAY, ALASKA

주노, 알래스카 주
JUNEAU, ALASKA

아이시 스트레잇 포인트, 알래스카 주
ICY STRAIT POINT, ALASKA

캐나다
CANADA

빅토리아
VICTORIA

시애틀, 워싱턴 주
SEATTLE, WASHINGTON

미국
AMERICA

떠나기 전

    이 여행은 주말 두 번 나흘, 광복절 공휴일 하루 더해 닷새하고 엿새를 휴가 내서 떠나는 열하루 여정이었다. 일행은 백화점 문화센터에서 댄스스포츠를 배우는 7쌍과 남편이 바쁜 주부 두 사람 모두 16인이었다. 크루즈 비용은 약 백만 원, 항공료 135만 원과 시애틀과 레이니어 산 사흘 관광과 선택 관광, 인천 왕복 교통비까지 합쳐서 삼백만 원으로 잡았다. 그즈음 여행사 광고에는 알래스카 크루즈가 450만 원으로 나와 있었다. 우리처럼 크루즈 온 김에 삼일 자면서 더 관광하는 것도 아니고 시애틀을 차 타고 둘러보는 것이었다. 미국 간 김에 며칠 더 놀다 오고 싶어서 그렇게 여정을 짠 것인데 돌아온 후 모두가 최고였다고 나를 추켜세웠다. 앞으로도 나와만 크루즈를 갈 것이라고 부담을 팍팍 줬다.

    시애틀 공항 오전 9시 도착. 유람선 체크인 시간까지는 여유가 있어서 대절한 버스를 타고 바다와 호수가 보이고 꽃과 정원이 아름다운 시애틀의 고급 주택가와 시내를 버스 타고 한 바퀴 돌았다. 일 인당 25불이었지만 이것도 선사 제공 교통비의 사 분의 일밖에 안 들었다. 여러 명이 오니 이렇게 절약이 된다. 승선 수속 하고 읽어 본 선상 신문(Cruise Compass)은 유람선에서 해야 할 10가지를 소개했다.

필수적으로 해야 할 일 10가지

1. 바다 60m 위에서 암벽 타기

2. 미리 예약하고 스파에서 호강하고 쉬기

3. 즐거운 공연에 빠지지 말기

4. 선택 관광 신청하기: 고래탐사와 비행관광 등

5. 바에서 살사, 라인댄스, 록앤롤, 무엇이든 음악에 맞춰 춤추기

6. 칵테일의 진수 맛보기

7. 요가나 필라테스 강습받고 스트레스 날리기

8. 게임 레슨(블랙잭, 룰렛, 포커, 슬롯 등) 받고 카지노에서 놀기

9. 선사 회원이 되어 특별대우 받기

10. 11층 크라운 바에서 360도 바다 감상하기

여기서 3, 5, 10번은 해 봤는데 술과 도박, 겁나는 것과 돈 드는 것은
안 했다. 그래도 시간은 잘 갔다.

활동 정보(ActivitieS)

  다시 자세히 읽어 보니 필요한 정보가 많았다. 아래는 크루즈 내내 7일간 뭘 하고 지내야 할지 선택할 수 있는 정보를 모았다.

- **식음료 부문**: $42(17살 이하는 $28)에 콜라, 사이다 같은 탄산음료 무제한 제공 패키지, 매일 저녁 새로운 와인을 마실 수 있는 와인 패키지, 포도주 시음

- **쇼핑 부문**: 면세 보석점 다이아몬드 반값 세일, 14K 금 반값 세일, 이탈리아 베네치아 무라노 유리 공예품 세일, 샴페인 제공 미술품 경매, 알래스카 로고가 찍힌 셔츠와 옷, 모자 반값 세일, 호박(amber) 세일, 러시아 공예품 세일, 꽃 판매, 코냑과 함께하는 세계 유명 시가 세일, 기항지에서 금과 보석 구매 시 할인받는 쿠폰 제공, 알래스카 토파즈 세일, $10짜리 물건 세일, 시계 세일, 크루즈 리뷰 DVD 판매, 디지털 카메라 세일

- **신앙인을 위한 예배**: 금요일 밤 유대인 안식일 예배, 주일 10시에 개신교 예배, 가톨릭 미사

- **미팅 주선**: 신혼 여행자 미팅, 싱글 여행자를 위한 미팅, 퇴역 군인 미팅

- **미용**: 눈이 붓거나 다크 서클 제거 비법 강좌, 치아 미백, 체중 감소 교

실, 해독프로그램, 알래스카 식 얼굴 태우기, 3분 화장법 강좌

- **건강 프로그램**: 탁구시합, 1마일(1.6km) 걷기, 암벽 오르기, 의자 위에서 운동하기, 핏볼 교실, 요가 교실, 개인 트레이너 핫스톤 마사지, 발과 발목 마사지, 체지방 분석 및 신진대사 이해와 체중 감소, 영양사와 함께하는 다이어트 소개, 그룹 사이클링, 1~8인치 허리둘레 줄이기 교실, 머리 마사지, 해초 해독 마사지

- **어린이 프로그램**: 3세 이하 어린이를 위한 피셔즈 프라이스 장난감 팀, 이야기, 음악, 만들기 교실, 크레욜라 크레용으로 노을 주홍색, 캐리비언 바다색 만들기, 청소년 수영장 파티, 공주 놀이, 해적 놀이

- **댄스**: 살사 교실, 가족 디스코 댄스 시간, 가족 포크 댄스, 컨트리 댄스 교실, 로맨틱 댄스 시간, 스윙 댄스, 라인 댄스 강습, 라틴 댄스파티

- **강의**: 기항지 역사 지리 문화 소개 강의, 빙하와 피오르드에 관한 강의, 유머에 대한 세미나, 알래스카 고래, 독수리와 곰 야생동물에 대한 강의

- **만들기**: 팔찌 액세서리 만들기, 종이 끈으로 카드 만들기, 수건 접기, 이탈리아 요리 교실과 실습, 점토로 장미 브로치 만들기

- **전시**: 얼음 조각, 그림 전시, 사진 전시, 요리 전시

- **게임**: 빙고, 브리지 카드 게임, 퀴즈 게임, 보드게임, 셔플보드 게임, 콩주머니 던지기 대회, 사랑과 결혼 게임, 남녀 전쟁 게임, 비디오 아케이드, 가족 장기자랑

- **음악**: 가족 가라오케 대회, 노래제목 알아맞히기, 트리오 클래식, 경음악과 피아노 음악, 댄스 음악, 4중주 클래식

- **영화**: 늑대 개(Iron will), 아키라 앤 비(Akeelah and the Bee), 인사이드 맨: 내부자(Inside Man), 글로리 로드(Glory Road)

- **공연**: 야간 19금 코미디 토크 쇼, 코미디 쇼, 노래와 춤 공연, 만국기 행진

앞의 내용을 보면 하루하루가 모자랄 정도로 프로그램이 많다. 기항지 관광은 제쳐 두고라도 유람선 내에서도 도무지 지루할 틈은 없다. 어쩌다가 크루즈 가면 심심하다는 사람들도 있는데 매일 발간되는 선상 안내서, 또는 선상 신문을 충분히 읽어 보면 운동이면 운동, 춤이나 쇼핑 등 선내에서도 자기가 좋아하는 활동을 골라서 얼마든지 시간을 보낼 수 있다는 것을 알게 될 것이다.

그리고 선상 신문에 보면 매일 그 날 입을 의상에 대해 표시해 놓았다. 정장(formal), 스마트 캐주얼, 캐주얼인데 상식으로 반바지, 끈 없는 탱크 탑, 소매 없는 셔츠, 맨발, 티셔츠 등은 정찬 식당에서는 못 입는다. 그러나 윈저머 카페테리아는 편한 옷차림이 가능하다. 때로는 록앤롤(60년대)옷, 70년대 히피 차림, 블랙 & 화이트, 서부 개척자 의상 이렇게 명시해 놓으면 갖고 온 옷 중에서 비슷하게 차려입으면 된다. 뿐만 아니라 자리를 맡아 놓지 마라, 가방이나 소지품을 올려놓고 30분 안에 안 나타나면 치운다, 기항지에서 구입한 술과 알코올 음료는 배로 들어올 때 맡겨야 하며 떠날 때 찾을 수 있다, 일광욕실 풀은 16세 이상만 이용할 수 있다, 거품 욕조는 자정 지나 2시 30분까지는 청소해야 하므로 사용할 수 없다 등 기본 질서를 위한 안내가 있으니 그걸 미리 알면 당황하지 않고 선내 생활에 어려움이 없을 것이다.

선택 관광

- 자전거 타고 빙하 관광: 4시간 반 $88

- 헬리콥터 타고 4개의 빙하 관광: 2시간 $284

- 헬리콥터와 빙하 걷기: 2시간 45분 $369

- 헬리콥터와 개썰매로 빙하 체험하기: 2시간 45분 $463

- 플라이 낚시: 6시간 $407(잡았다가 놔 준다)

- 금광 탐방과 금 찾기: 1시간 반 $48

- 로버트 산에 트램 타고 올라가서 하이킹하기: 2시간 반 $59

- 범고래와 흑등 고래, 물개, 바다사자와 독수리 등 야생동물 관광: 4시간 반

  $126(고래를 못 본다면 돈을 돌려준다고 함)

카약
출처: 로얄 캐리비언 크루즈 한국총판

헬리콥터 개썰매
출처: 로얄 캐리비언 크루즈 한국총판

- 멘델홀 빙하 카누 타기와 연어 식사: 5시간 $149
- 4륜구동 4인승 지프차(클론다이크 고속도로와 유콘 지역의 오지를 운전): 5시간 $139
- 승마 관광: 3시간 반 $155
- 에스키모 후나 트링깃 부족(Tlingit)의 민속춤과 음악 공연: 1시간 $36

이 외에도 독수리 관찰 및 린 피오르드(Lynn Fjord) 관광, 9홀 골프, 해산물 요리와 훈제 교실 등이 있다.

댄스 콘테스트

그 날, 그 시간은 70년대 복장이 드레스 코드였다. 자세히는 모르지만 존 트라볼타의 '밤의 열기' 속의 복장을 상상해 냈다. 그러나 나팔바지도 없고 히피 같은 꽃무늬 셔츠도 없다. 할 수 없이 몸에 달라붙는 바지와 셔츠와 검은 단화를 신었고 남편은 체크무늬 셔츠와 청바지, 운동화를 신었다. 사회자가 당시의 춤을 몇 가지 가르쳐주더니 댄스 콘테스트를 한다고 했다.

플로어에 나와 있던 마흔 명 가운데 네 쌍이 뽑혔다. 우리 부부가 뽑힌 것이다! 이거 큰일 났다. 무슨 춤 대회? 남 앞에서 이런 식으로 춤춰 본 적이 없는데 경연이라니. 당황스럽지만 할 수 없다. 일등은 못하더라도 꼴찌는 면해야지. 엉거주춤 시작했지만 지기는 싫었다. 마찰을 줄여 보려고 신발을 다 벗어 던지고 양말로 마루에 미끄러지면서 열심히 몸을 흔들었다. 맘보와 림보 같은 춤 흉내를 내면서 미친 듯 정신없이 췄다. 그 와중에 어색하게 긴장하고 있는 남편에게 '웃으세요', 이 세상에서 제일 행복한 부부가 춤을 즐기는 것처럼 보이도록 애썼다. 여러 나라에서 온 사람들이 모두 박수를 치며 분위기를 올렸다. 가장 많은 박수를 받는 팀이 이긴다고 했다. 우리 팀이 환호를 하며 휘파람을 불며 악을 쓰고 박수를 쳐 준 바람에 우리가 뽑힌 것이다! 댄싱킹과 댄싱퀸이라니 얼마나 자랑스럽고 즐거웠는지 모른다.

그때 그 자리에 있었던 사람들과 유람선 내 TV로 방영된 걸 본 사람들과 복도나 엘리베이터 안에서 만나면 나에게 "댄싱퀸!"이라며 아는 체를 했다. 그날 받은 상은 티셔츠와 모자, 열쇠고리와 펜이었는데 티셔츠는 너무 커서 몸이 큰 사람에게, 모자는 캡이 잘 어울리는 사람에게 나누어 주었다. 우리가 썼던 빨간색, 파란색 왕관은 번쩍거리는 색종이로 만들었는데 멀리서 보면 진짜 왕관 같아서 기념으로 잘 보관하고 있다. 교과서처럼 꽉 막힌 우리 같은 부부가 세계 각국에서 온 사람 가운데 춤꾼으로 뽑혀 상을 탔다니 그것도 기적에 가까운 일이다.

주노: 오전 11시~밤 11시

　알래스카의 주도 주노(Juneau)는 서울의 5배가 넘는 크기지만 33,000명 정도의 주민만이 살고 있다. 일 년에 300일 이상 비가 오며 알래스카에서는 세 번째로 큰 도시다. 바다와 높은 산들에 둘러싸여 도로 뚫기가 불가능하므로 육로로는 들어가지 못한다. 배나 비행기로만 닿을 수 있다. 그런데 주민들은 세 가지 방법으로 주노에 온다. 배, 비행기 그리고 엄마 배 밑 운하로(농담이다).

　1880년의 골드러시 때 조지프 주노와 리차드 해리스라는 사람이 엄청난 양의 금을 발견했는데 한때 알래스카는 세계 금의 3/4을 생산했다. 2차 대전 말까지 금을 채굴했으나 1944년에는 금광이 닫혔다. 지금도 금 나오는 시냇가(Gold Creek)에 가서 그릇에 모래를 담고 흔들어 버리면 밑바닥에 금 부스러기를 찾을 수 있다고 한다. 도시 이름 주노는 조지프 주노의 성을 딴 것이다. 현재는 도시의 60% 인구가 정부 관련 직업을 가졌으며, 관광, 광업과 어업이 주요 산업이고 연어, 넙치 수산물 가공 공장이 많다.

　큰 화재가 없어서 당시의 건축물 모습이 남아 있는 시가지를 따라가면 골드러시 때 아가씨들이 춤을 추며 술을 팔던 주점이 여전히 남아 있다. 황금 대박을 꿈꾸며 몰려왔던 사람들은 부자가 되었는가? 나중에 알아보니 대부분의 사람들은 별로 돈을 벌지 못했고 병들고 기아로 죽

주노 멘덴홀 빙하

어갔고 그곳에서 사람들을 태우는 운송업자, 식당과 숙박업, 생필품 파는 사람들은 돈을 벌었다고 한다.

지금 유람선에서 몰려나오는 사람들은 돈을 소비하러, 아름다운 자연 경관을 보러 오니 목적은 판이하지만 알래스카에 대한 기대는 여전히 남아있다. 1944년에 금광이 폐쇄되었지만, 최근에는 다시 광부들이 찾아오는데 금을 캐러 오는 게 아니라 은과 다른 광물 채굴 때문이다.

멘델홀 빙하(Mendenhall Glacier) 관광은 선사에서 무료로 제공했다. Tracy Arm이라는 곳을 오전 9시부터 11시까지 두 시간 들리려고 했는데 무슨 사정이 있었는지 못 들리게 되었고 주노만 들리게 되어 일정 변경에 대해 사과하는 의미로 38달러짜리 관광을 무료로 서비스한 것이다. 양잿물이 공짜라고 마시지는 않겠지만, 공짜는 싫지 않은 지 20여 분 버스 타고 오는 내내 기분이 삼삼하다.

빙하는 시내에서 멀지 않았다. 차가운 공기에도 길 따라 피는 붉은 꽃(fireweed)을 감상하다 보면 금방 닿는다. 수천 년 동안 내린 눈이 쌓여 만년설로 얼어붙은 빙하에서 녹은 물이 호수를 만들었다. 빙하에서 떨어진 얼음 조각, 빙하 덩어리가 호수 위에 떠 있었다. 가까이 있는 방문자 센터에서 빙하의 생성 과정과 주변의 동식물에 대해 읽었다. 부근에는 걸어서 갈 수 있는 너깃 폭포가 있는데 혹자는 갈색 곰이 나타날지 모른다고 하나 공원 경비원이 지키고 있으니 걱정 말라고 하는 사람도 있었다. 마음으로는 폭포 있는 쪽으로 산책하고 싶었으나 일행들과 함께 행동해야 하니 다시 돌아가는 버스를 타야 했다. 사실 선택 관광 38불짜리라 하지만 시내버스를 타면 2불에 올 수 있다. 다만 오고 갈 때 버스에서 내려 왕복 3.2km를 걸어야 한다. 비가 올지도 모르나 준비가 되었다면 기항지 머무는 시간도 충분하니 야생화를 보고 맑은 공기 마시며 걷는 것이 즐거울 수도 있을 것이다.

로버트 산 트램 타기와 헬리콥터와 개썰매

일행 중 네 명이 $436 내고 헬리콥터를 타고 개 눈썰매를 타러 간 사이 나머지 열두 명은 로버트 산 트램(케이블카)을 타러 갔다. 알래스카 온 것만도 호강스럽다, 이만해도 만족스럽다며 선택 관광을 안 하고 우리는 자유롭게 지내기로 한 것이다. 20명 이상이면 단체 할인 혜택이 있어서 뒤에 서 있는 미국인 8명에게 같은 그룹으로 합류하라 했다. 모두 20% 할인 혜택을 받으니 기분이 좋아져서 입이 헤벌쭉해졌다. 일행이

"권 여사, 하여튼 대단하네요" 하니 내가 오히려 쑥스러웠다.

트램에서 내려 좀 더 올라가니 한눈에 항구와 주노 전체가 들어왔다. 상쾌한 바람이 불어 기분이 좋아졌다. 목소리가 좋지 않지만 큰 소리로 사운드 오브 뮤직의 OST 중 'The hills are alive with sound of music'이란 노래를 부르며 기분을 냈다. 일행 중 한 여인이 에델바이스를 부르며 춤을 추기 시작했다. 하여튼 우리 팀은 못 말려! 모두 손을 잡고 춤을 추며 노래를 불렀다. 우리가 오십 넘은 사람 맞나?

트레일을 따라 좀 걷다 내려와서 시내를 돌아다녔다. 주청사에는 주노의 역사를 알 수 있는 정보와 사진이 전시되어 있었다. 많은 유람선 승객들은 선물 가게에 들러 손에 가득 쇼핑한 것을 들고 다녔다. 1인당 46만 원을 내고 헬리콥터를 타고 내려와 빙하 위에서 개썰매를 탔던 네 사람은 평생에 그렇게 짜릿했던 경험은 없었다고 했다. 그중 한 부부는 몇 년 전 알래스카 패키지여행을 했는데 그때도 이런 썰매는 못 탔다며 진정으로 돈값 했다고 만족스러워했다. 지금 생각하니 그 말은 믿을 만했다. 알래스카에 왔다면 그 정도는 경험해야 진수를 맛보는 것이다. 그러나 총 여행 경비만 해도 300만 원이 넘는데 거기다 둘이 합쳐 백만 원을 더 지출할 용기까지는 나지 않았다.

그 외에도 수상 비행기를 타고 가서 역사가 깊은 타쿠 빙하 산장에 가서 연어구이를 먹는 일은 의외로 인기가 있어서 인터넷으로 미리 선택 관광 신청하지 않으면 자리가 없다고 한다. 특히 야생 동물 애호가들에게 조그만 배를 타고 가까이에서 혹등 고래를 보는 건 스릴이 넘치다 못해 평생 기억나는 일이며, 아드레날린이 솟구치는 가장 짜릿한 경험은 통가스 국립공원에서 짚라인을 타고 숲과 강을 가로질러 달리는 일이라고 했다.

크루즈에서 고래와 무지개 만남

　알래스카의 자연은 경이로웠다. 석양의 반짝이는 햇살이 섬들을 덮을 때 황금빛이 바다를 물들이고 곳곳에 펼쳐진 해안 길의 울창한 침엽수림과 험준한 산 위의 만년설을 바라볼 때 우리의 마음은 설레었다. 때때로 일상이 힘들고 마음의 평안이 필요할 때 조용히 눈을 감고 긴 호흡을 하며 그때 즐겼던 아름다운 경치를 떠올리며 평화를 회복할 때가 있다. 자연은 하나님이 우리에게 주신 귀중한 선물임을 느끼지 않은 적이 없다.

　그런데 바다에 접해있는 뷔페식당 테이블에서 갑자기 탄성이 울렸다. 무지개가 바다 위 수평선 위로 길게 호를 긋고 떠 있었다. 청정한 공기 때문인가? 일곱 색깔이 선명해서 오랫동안 감탄하며 쳐다보았다. 도시에서 보기 힘든 광경이라 돈 주고도 못 본다며 집중해서 보는 사람, 무지개를 보면 아이 때나 어른인 지금이나 자연의 숭고함에 가슴이 뛴다는 워즈워스의 시구를 떠올리는 사람, 무지개 색깔이 6개인지 7개인지 세어 보는 사람, 모두 한참 동안 무지개를 감상했다. 또 하루는 탄성이 아니라 고함이 들렸다. 짧은 시간에 불과했지만, 수면 위로 고래가 뛰어올라 그곳으로 눈을 돌리기에 바빴다. 그러나 짧은 조우여서 아쉬웠다. 고래를 본 사람은 자신만의 행운을 기뻐하며 한순간의 흥분을 잊지 못할 것이다.

스캐그웨이(Skagway): 오전 7시-저녁 8시 30분

Skagway는 내수로(Inside passage, 인사이드 패시지) 중 가장 북쪽인데 주노에서 스캐그웨이로 이어지는 항로는 아름다운 알래스카 자연을 감상하기에 가장 좋다. 울창한 숲과 환상적인 피오르드 해안, 시원스레 자란 전나무와 하늘 위를 나는 새들로 인해 감탄이 이어지는 여정이다. 쳐다만 봐도 절로 마음이 편안해졌다.

스캐그웨이는 인구가 1,000여 명, 여름이면 400회 이상, 매일 유람선 최대 5척이 들어오면 인구의 8배인 팔천 명이 쏟아져 내린다. 지금은 유람선 승객들이 몰려들지만 1896년에는 클론다이크 강 부근에서 금을 발견한 후, 그때부터 온 미국이 금에 미쳐 4만 명 이상이 클론다이크 입구인 여기로 몰려들었다. 처음에는 텐트와 아무렇게나 지어진 판잣집으로 어지러웠으나 곧 정비된 길에 집과 빌딩, 가게, 도박장, 댄스 살롱과 주점이 들어섰다. 그러나 하도 사람들이 몰려들어 도떼기시장같이 무질서하고 혼란스러웠다고 한다.

한창때 2만 명 이상이 살았을 때부터 황금과 모험에 얽힌 전설 같은 이야기가 지금까지 내려온다. 황금의 대박을 찾아 수많은 젊은이와 가족들로 배는 만석이었고 그 후엔 금 캐러 떠난 아들을 찾으러 7번이나 알래스카를 찾은 엄마 이야기가 유명하다. 그녀는 재봉틀과 천을 짊어

스캐그웨이
출처: 스트릿 카 컴퍼니

지고 아들을 찾아 헤맸으나 결국 아들은 찾지 못했지만 천으로 옷을 만들어 팔아 원주민 아이들을 돕고 학교를 세웠다고 한다.

또 영화 소재까지 된 이야기 하나. 소피 스미스와 프랭크 리더(Soapy Smith and Frank Reid)라는 유명 악당들이 총으로 위협하여 절도와 강도, 사기 행각으로 스캐그웨이를 공포로 몰아넣고 악명을 날렸다는데 그만큼 무법천지였다. 그 시절 이야기는 45분간 하는 무료 도보 투어에서 들을 수 있고 스캐그웨이 역사박물관에도 흔적이 그대로 남아있다. 시내 중심가의 올드 타운은 클론다이크 국립 역사지구로 지정되었다.

지금도 골드러시 시대 생활을 보여주기 위해 마차도 있고 점원들은 그 시대 복장으로 손님을 맞는다. 1898년 개업 당시 그대로 지금까지 운영하는 붉은 양파 살롱(Red Onion Saloon)을 들리는 선택 관광은 19금 유머와 코미디가 넘쳐 나서 21살 이상 성인만 신청할 수 있다. 시내까지 가는 셔틀 버스비는 1달러 50센트였다.

화이트 패스 경관 기차여행

그 날 우리 일행은 유람선 바로 앞에서 화이트패스 경관 기차(White Pass Scenic Railway)를 탔다. 기차가 879m의 산을 꼬불꼬불 지나는 동안 빙하와 산, 폭포와 터널 등이 파노라마같이 펼쳐지며 환상적인 경치가 잇달아 나타났다. 철로는 1898년 골드러시 때 캐나다 북서부 유콘으로 가기 위해 건설되었으나 1900년 그 철로가 완공되자 골드러시 현상도 거의 끝나버렸으니 황금을 좇던 꿈은 허무하게도 3~4년 만에 끝나고 말았다.

파나마 운하, 에펠탑, 자유의 여신상을 세운 토목건설회사에서 협궤철로로 건설했을 당시에는 토목공학의 개가라고 할 수 있을 정도로 험악한 산을 뚫고 교각을 건설하여 그 위로 철로를 까는 건 쉬운 일이 아니었다 한다. 가는 동안 저 아래 아득한 협곡 가운데 강이 흐르고, 터널을 지나면 호수가 나타나고, 산이 병풍처럼 둘러 서 있으니 기분이 좋아 노래가 절로 나왔다.

일행 중 한 사람이 판소리인지 민요인지를 부르는데 기적 소리와 덜커덩거리는 기차 소리 때문에 크게 들리지는 않았다. 우리 객차가 맨 끝이라 난간이 있는 밖으로 나가 바람맞으며 그의 노래에 맞춰 춤도 추면서 전세라도 낸 듯 즐거워했다. 나무 의자가 딱딱한 구식 기차 여행은 3시간 반에 $106, 돈이 아깝지 않은 하루였다.

화이트패스 경관 기차

아이시 스트레잇 포인트
(Icy Strait Point)

오는 길 내내 울창한 삼림이 빽빽하게 뒤덮인 올망졸망한 섬 사이로 좁다란 해안을 따라 유람선은 요리조리 피하면서 미끄러졌다. 맑은 공기를 마시면서 하나님이 내게 주신 선물, 경이로운 경치 감상에 시간 가는 줄 몰랐다. 여기는 내항에 유람선 같은 큰 배를 정박시킬 데가 없어 텐더 배를 타고 나와 관광을 하게 된다.

우리가 간 날은 안개가 껴서 물방울이 얼굴에 닿는 차가운 날씨였다. 이곳은 그야말로 조그만 섬으로 독수리와 고래 외에는 볼 게 없다고 하지만 박물관도 있고 민속춤 공연장도 있으며 세계에서 제일 긴 짚라인도 있다. 유람선 승객들은 별로 기대를 하지 않았지만 의외로 알래스카의 작은 섬마을에서 그들의 생활을 엿볼 수 있어서 방문할 만했다고 말했다.

우리는 여기서 먹어 본 알래스카 대게에 반해 높은 점수를 줬다. 크루즈 후 일행들에게 여행하며 먹어본 것 중 가장 맛있었던 음식을 물어보았더니 몇 가지를 꼽았다. 레이니어 산장에서 먹었던 LA 갈비 바비큐, 크루즈에서 먹어 본 가재와 새우 요리, 가지 요리와 후식들, J 박사 부인이 만들어 준 찹쌀 케이크와 오이 김치, 그리고 시애틀 시내에서 몇 사람만 먹었던 스테이크, 그리고 여자들이 열광했던 레이니어 체리였다.

알래스카 게 식당

그런데 알래스카 대게를 먹어 본 사람들은 평생 그렇게 맛있었던 게는 처음이라며 우리나라에서 먹어 본 것과 같지 않아 음식 중의 압권이라 했다. 대게 맛을 본 건 우연이었다. 배에서 내려 해변을 따라 마을로 걸어가며 기항지 관광 정보에 나와 있는 대로 키 큰 나무 꼭대기에 앉은 독수리 몇 마리를 보며 걷던 중 발견한 식당이었다. 게를 삶느라 모락모락 김이 나는데 냄새에 끌려 들어가 보니 이미 유람선 승객들이 식당 안에 가득 차 있었다. 맥주와 함께 배가 터지도록 실컷 먹었는데 1인당 만 원이 조금 넘었다.

금방 찐 알래스카 대게는 표현할 수 없을 정도로 맛있었다. 종업원은 껍데기를 쪼개고 속을 파서 먹기 좋게 집게와 송곳 같은 도구를 갖다 주었다. 여주인이 동양인은 드물게 본다면서 대게 외에도 시키지도 않은 따끈따끈한 밥과 간장을 갖다 주었다.

알래스카 원주민이냐고 물었더니 자기는 일본인 후손이라 했다. 그래서 밥이 푸실푸실하지 않고 쫀득쫀득했구나.

배는 불렀지만, 친절이 고마워서 밥에 간장을 비벼 먹었다. 배가 불편할 정도로 먹었지만, 기분이 그렇게 좋을 수가 없었다.

그걸 먹느라 안쪽 마을 볼 시간은 없었고 선착장으로 나와야 하는데 버스가 만원이라 탈 수가 없었다. 배 떠나는 시간이 얼마 남지 않아 서둘러 걸어오는데 배는 부르지 시간은 없지 조급해졌다. 이십여 분간 손을 흔들어가며 빨리 걸으니 땀이 났다. 배에 오니 배가 다 꺼져버렸다.

캐나다 빅토리아: 부차트 가든

　캐나다 브리티시 컬럼비아의 주도, 빅토리아는 여왕 이름만큼이나 품위 있고 세련된 도시였다. 그들은 현관문을 나서자마자 자연과 유럽의 세련됨을 함께 맛볼 수 있다고 자랑한다. 유람선은 오그덴 포인트(Ogden Point)에서 정박하는데 시내 중심가 내항(Inner Harbor)까지는 15분 걸으면 닿는다. 빅토리아는 어슬렁거리고 걷기 좋은 도시다. 작은 배가 정박하는 내항 중심가엔 국회의사당과 페어몬트 엠프레스 호텔이 있고 조금만 걸어도 다양한 경험을 맛볼 수 있을 만큼 없는 게 없다. 로열 브리티시 컬럼비아 박물관과 아이맥스 극장, 상점, 티 하우스, 극장과 호텔, 기념품점이 있다. 마차를 타고 빅토리아 시내를 돌아다니거나 나비 공원에 갈 수도 있다.

　영국의 영향을 받았기에 애프터눈 티 타임도 명성이 높다. 그림같이 아름다운 해안을 따라 동남쪽으로 걷다 보면 비컨 언덕 공원을 만날 수 있다. 제임스 베이를 지나 오크 베이를 잇는 길도 참으로 아름답다. 시내 중심가에서 웨스트 베이 마리나까지 가는 1.5마일 길도 기분 좋은 길이다.

　빅토리아에 여러 번 와 봤던 사람들은 사니치 계곡과 말리 농장 포도원(Saanich Valley and Marley Farm Winery)으로 와인과 진(gin)을 시음하러 간다. 빅토리아의 남쪽 아름다운 시골 길을 달리며 전원경치에 눈과 마음

빅토리아 엠프레스 호텔

을 호사시키며 알딸딸한 오후를 상상하며 가는 길이 퍽 인기가 있다. 외국인들은 로저 초콜릿 상점에서 빅토리아 크림 초콜릿을 선물로 많이 사 간다고 한다.

차를 타고 댈러스 로드부터 퍼시픽 오션의 드라이브 길은 경치 좋은 길로 유명하지만 그래도 빅토리아는 걸어야 한다. 창문에는 바스켓에 든 꽃이 풍성하게 늘어져 매달려 있고 현관문 주위를 격조 높게 꽃으로 장식한 걸 보면 삶의 질이 높은 사람들이 사는 곳임을 단번에 알게 된다.

꽃의 소비량으로 선진국인지 알아본다는데 꽃을 사랑하고 감상할 여유가 있는 사람들은 정신적으로 여유가 있다고 생각한다. 내 생일과 기념일엔 누가 꽃을 선물해 주면 좋겠다. 꽃을 선물하면 쓰레기양이 많아진다, 쓸데없는 데 돈을 쓴다고 불평하는 친구들도 있는데 시들기 전이라도 꽃의 아름다움과 그의 영광을 생각하며 가슴이 부푸는 사람들이

부차트 가든

많았으면 좋겠다. 빅토리아는 그렇게 길에도 집에도 가게도 꽃 천지였다.

　우리 일행은 대절한 버스를 타고 빅토리아에서 13마일을 달려 세계에서 유명한 22만 평 규모의 부차트 가든(Butchart Gardens)으로 갔다. 1904년 석회암 채석장을 부차트 부인이 식물원으로 조성했는데 2004년에 100주년을 기념했다. 선큰 가든과 장미 장원, 이탈리아, 일본 정원 등 몇 시간이나 걸으며 보는 끝없는 꽃의 향연은 질리지 않았다. 솔로몬의 부귀영화도 들에 핀 백합화만 못하다는 성경의 구절이 있는데 난 여기서 백만장자도 부럽지 않은 기쁨을 맛보았다. 멀리까지 와서 본전을 찾아야지 하는 심정으로 꽃을 보고 또 보고 또 보았다. 아니, 마음에 다 담아가야지. 여름에 방문하였기에 더욱 정원이 아름다웠다. 토요일엔 콘서트 마당까지 불빛을 밝혀놓아 밤까지도 로맨틱하다고 한다.

　이곳 다이닝룸 레스토랑에선 하오의 티 타임 전통이 실속 있다. 둥근 과자 빵과 작은 가재 롤빵, 유기농 허브차 등 식사로도 손색이 없겠다 싶었다. 1월부터 5월 중순 전에는 51불, 5월 중순 이후부터는 75불이다. 엠프레스 호텔에서도 티 타임을 즐길 수 있지만 이보다 비싸다.

시애틀 구경

　여름이면 200척 이상의 유람선이 떠나는 곳, 푸른 숲과 공공녹지가 많아 에메랄드 시티라고 불리는 시애틀에 유람선이 도착해서 우리가 머문 곳은 하룻밤에 200불 이상 하는 쉐라톤 호텔이었다. 처음 가는 곳이라면 조금 비싸더라도 시내 주요 관광지를 걸어 다닐 수 있는 곳에 머무는 것이 좋다고 생각한 건 늙었기 때문인가. 젊었을 때는 숙박비로 많은 돈을 들이지 않았다. 이번에는 비쌌지만, 위치가 아주 좋아서 파이크 플레이스 마켓(Pike Place Market)도 걸어서 십분 밖에 안 걸렸다.

　짐을 풀고 이리저리 시내를 구경했다. 우리는 모자만 가득한 상점에 꽂혀서 안으로 들어갔다. 남편은 밝은 갈색 가죽으로 된 카우보이 모자와 귀를 덮는 털가죽 모자를 샀다. 평생 사용해도 닳을 것 같지 않았고 값도 십만 원 이상이나 했다. 일행은 우리나라에서는 살 수 없는 독특한 모자와 품위 있는 모자들을 한두 개씩 샀다. 그리고 시장에 가서 해산물 샌드위치와 대합 차우더를 점심으로 먹었다. 시장에는 식당, 꽃, 야채, 과일 등 농산물과 해산물, 공예품을 포함해 없는 게 없었다. 풍성하게 진열된 각종 수산물과 과일의 가격을 우리나라와 비교해 보았는데 우리나라보다 비싼 것 같지 않았다. 여자들은 한국에서 보기 힘든 레이니어 체리에 흠뻑 빠졌는데 그렇게 달콤하고 싼 것은 처음 봤다며 몇 봉지나 사 먹었다. 레이니어 체리는 짙은 자주색이 아니라 전체적으로 누리끼리하면서도 한두 군데 복숭아처럼 발그스레한 빛깔이다. 즙도 많아 입에서 살살 녹았다.

스타벅스의 고향인 이곳은 1호점을 처음 모습 그대로 보존하고 있었다. 우리는 스타벅스가 아닌 '시애틀의 베스트 커피'점에서 한 잔 마셨다. 어슬렁거리며 한가하게 걷는 것이야말로 여행의 진수다. 패키지 투어에서는 맛보지 못한 자유를 누리며 방파제 쪽으로 걷다, 앉아 쉬다 했다. 누구는 시내에서 스테이크를 사 먹었는데 생전에 그렇게 맛있는 건 처음이라고 했다. 스테이크의 본좌? 그날 밤 호텔에서 여자들끼리 침대에 누워 어찌나 까불고 놀았던지 웃다가 눈물이 나올 지경이었다. 수학여행 와서 철없이 노는 여학생들이 그렇게 재미있게 떠들고 놀았을까 싶다.

다음 날은 레이니어 산을 가기 위해서 차를 빌리러 갔다. 운전자 한 명과 옆에서 길을 봐 줄 사람이 필요했기에 일행 중 남자 몇 명에게 국제 운전면허를 준비하라고 미리 말했었다. 자동차 임대 회사에서 호텔로 우리를 데리러 왔다. 16명이 타는 큰 차 한 대는 운전하기 조심스럽다. 또 짐이 많아 10명이 탈 수 있는 밴 두 대를 빌렸다. 우리 부부는 지도를 보고 길을 안내하느라 각각 차 한 대씩 나누어 탔다. 미국 땅에서 난생처음 운전을 해 보는 남자 두 명은 흥분하면서 좋아했다.

먼저 시애틀의 명물인 184m 높이의 스페이스 니들(Space Needle) 전망대에 갔다. 1962년 세계무역전시회 때 만든 것인데 지금까지도 퍽 시대를 앞서가는 디자인으로 시애틀의 명물이 된 타워다. 날씨가 흐려서 멀리 있는 레이니어 산이 보이지는 않았지만, 도시를 둘러싼 호수와 주변 풍경이 볼만했다. 세금이 많이 걷히는 부자 도시 시애틀에는 마이크로

소프트 본사와 보잉 본사가 있고 여러 건물들이 저마다 개성을 자랑했는데 4번가에 있는 중앙도서관은 녹색 도시를 지향하는 시애틀답게 단열이 잘되도록 잔디로 지붕을 덮었다.

그 외 태평양과학 센터, EMP(팝 음악) 박물관, 38층 스미스 타워가 볼만하다는데 우리는 타워 한 군데만 가고 이리저리 시내를 돌아다녔다. 모노레일도 있어서 한 번 타는 데 $2.5, 멀리 가지는 않으나 시애틀 센터에서 웨스트레이크 쇼핑센터까지 한 번 경험 삼아 타 봤다. 시애틀은 사실 미술관, 올림픽 조각공원, 수족관 등 볼만한 게 너무 많았지만, 시간이 충분치 않았다.

마운트 레이니어(Mt. Rainier)

산림과 호수의 도시 시애틀, 시내에서 봉우리가 설산인 레이니어 산이 보인다. 날씨가 좋으면 캐나다에서도 볼 수 있는 산이다. 시애틀 자동차 번호판에도 빙하에 덮인 레이니어 산이 그려져 있다. 레이니어 산은 그만큼 시애틀하고 떼려야 뗄 수 없는 사이다. 레이니어 산은 시애틀 남동쪽에서 144km 떨어져 있으며, 높이 4,392m, 26개의 빙하가 있다. 300m 지름인 분화구가 2개나 되는데 휴화산이긴 하지만 아직도 폭발 위험도가 높은 불안한 산으로 분류된다.

레이니어 산으로 가는 길을 인도하기 위해 남편의 대학 동기인 J 씨가 우리가 묵는 산장에 왔다. 그는 미국 유학 후 시애틀에 있는 대학에서 자리를 잡고 산 지 20년이 넘었다. 연구소 사택에 살 때 우리는 그 부부를 그레고리 펙과 엘리자베스 테일러라 불렀다. 둘 다 인물이 출중하여 어떤 미국인하고 비교해도 꿀리지 않을 외모와 실력을 갖추었으니 아마 자랑스러운 한국인에 들지 않을까 한다. J 씨는 자기가 사는 동네의 건축심의 위원으로 집이나 건물을 지을 때 도면을 보고 심의하는 일을 한다. 만약 집 모양이 너무 튀거나 색깔이 이상하면 동네에 어울리지 않는다고 집을 짓지 못하도록 퇴짜를 놓는다고 했다.

대전 연구단지 우리 집 근처에 누구 입술처럼 발칙한 주홍색의 지붕을 한 집이 있어 "지붕 색깔이 퍽 튀고 독특하네요" 했더니 그 집 주인 노인 왈 "제일 비싼 거야"라고 했다. 아, 그 집 지붕을 볼 때마다 얼마나 마음이 불편했든지 조화라는 단어를 떠올리며 도를 닦는 심정으로 지나쳤었다. 우리도 그런 건축심의 위원회가 있었으면 좋겠다. 그래서 이탈리아의 토스카나와 크로아티아의 두브로브니크와 같이 아름다운 지붕과 집들이 자연과 어울리는 마을을 만들었으면 좋겠다. J 씨는 그 자리가 자원봉사이지만 진정 마을을 위해 위원들 모두 시간과 경비를 기꺼이 쓴다고 했다. J 씨 부인이 크루즈 동안 못 먹었던 배추김치와 오이소박이, 그리고 찹쌀 케이크를 만들어 온 것이 참으로 고마웠다.

J 씨는 산 정상에 오르는 길이 여러 갈래이지만 어느 길은 폐쇄될 수도 있어 미리 알아보고 가야 한다고 했다. 파라다이스 트레일 주차장에 차를 대고 방문자 센터에 가서 산의 모양을 보고 나와 올라가기 시작했다. 스카이라인 트레일을 타고 가면 네 시간 반 정도 걸리지만, 파라다이스 트레일은 가깝게 산 정상의 빙하를 볼 수 있다고 했다. 7, 8월 야생화가 만발하여 방문하기 가장 좋은 때인지 한여름이지만 빙하가 덮여있는 정상에 가까운 길로 가는 동안 우리는 꿈인가 생시인가 했다.

아고산대 너른 평원에 보라와 분홍, 노랑과 하양의 야생화가 끝도 없이 덮여 있어 가는 내내 감탄했다. 야생화가 아니라 누군가가 우리를 위해 해마다 심고 가꾼 느낌이 들 정도였다. 완만해서 오르는 동안 그리 힘들지도 않았다. 흰 구름이 파아란 하늘에 점점이 박혀있었는데 어렸을 때 여름 방학이면 정신없이 놀다가 아무 데나 드러누워 바라보는 그런 하늘이었다. 그런 하늘을 잊고 지낸 지가 오래되었는데 이곳을 오르는 내내 마음이 구름처럼 두둥실 맑고 상쾌하였다.

오를수록 경치가 뛰어났고 정상이 가까워져 오자 또 감탄했다. 아래는 한여름인데 정상은 얼음이 녹지 않았다. 어떤 이들은 빙하까지 걸어가서 더 가까운 곳에서 빙하를 감상하였다. 우리가 보니 마지막 길이

너무 가파르고 미끄러워 자신이 없었다. 여기까지 올라오는 데 힘이 50
이 들었다면 나머지 눈앞에 보이는 얼마 안 되는 이 길이 50 정도 힘들
어 보여 더 이상 가지 않았다. 관광객 대부분이 우리가 멈춘 곳, 파노라
마 포인트에서 빙하를 바라보았다. 그래도 만족스러워 참 잘 왔다, 참
좋다 하며 즐거워했다.

　내려올 때는 다른 길을 선택해서 걸었다. 그리고 니스퀄리 빙하
(Nisqually Glacier) 쪽의 나라다 폭포에 들러서 사진 찍고 호수에 비친 산
정상과 숲 속에서 노루도 보았다. 오늘 본 야생화가 덮인 아름다운 산
등성이 초원과 산 정상 빙하는 영원히 잊지 못할 것이다. 누군가 트레일
가까운 파라다이스 인(Inn)에서 머물면 가까이서 레이니어 산을 체험하
는 좋은 기회라 해서 예약을 하려고 대기자 명단에 올려놓았지만 끝내
취소된 예약이 없어서 포기했다. 우리는 모두 알래스카 크루즈 못지않
게 레이니어 산이 감동적이었다, 아니 더 좋았다고 말했다.

시냇가의 삼나무 산장과
곰 세 마리 오두막

　자유 여행하기 전 힘든 일 중 하나는 숙소를 찾는 것이었다. 레이니어 산에서 내려와 묵을 숙소를 인터넷에서 찾아 예약은 했지만 어떤 곳일 지 알 수 없었다. 나 혼자가 아니고 16사람이나 되니 그들 마음에 들지 않으면 어쩌나 걱정도 되었다. 이리저리 찾다 이름이 그럴듯한 '시냇가 의 삼나무 산장(Cedar Cabin on the Creek)'과 '곰 세 마리 오두막(Three Bears Cottage)' 두 군데를 이틀간 빌렸다. 총 $1,040 들었지만 1인당 24,000원이 들었으니 비싼 것은 아니었다. 지금처럼 GPS 내비게이터가 있는 게 아 니라서 지도를 보며 꼬불꼬불 산길을 찾아가는데 여간 어렵지 않았다. 여러 번 헤맨 후 겨우 두 곳을 찾아 짐을 풀고 보니 산장에는 모든 것이 갖춰져 있었다.

　산장 두 군데를 빌린 건 16명이 한 곳에 잘 만한 큰 집이 없었기 때문 이었다. 인터넷 예약이라 걱정도 했지만, 숲 속에 있는 숙소들이 퍽 깔 끔하고 쾌적해서 다행이었다. 하지만 산장 이름과는 달리 시냇가엔 물 이 별로 없었다.

　서둘러 밥을 해서 J 씨 부인이 만들어 준 김치에 떡을 먹고 바비큐 소 갈비에 상추를 먹으니 기분이 아주 좋아졌다. 배부르니 이번에는 L 씨 의 피리 소리에 맞춰 S와 K가 한국 춤을 추었고 나중에는 다 같이 라

레이니어 산 시냇가 산장

인댄스를 하면서 더없이 즐거운 시간을 보냈다. 캠프파이어까지 만들어 학창시절로 돌아간 것처럼 노래 부르니 이게 바로 늙지 않는 비결이 아닌가?

크루즈도 좋지만 이렇게 친구들과 함께 다니며 즐기고 추억을 쌓을 수 있는 건 모두 복이 많다는 생각이 들어 하나님께 감사했다. 돈이 많아서라기보다는 여행하는 데 우선순위를 두고, 시간을 내고 생활비 일부를 따로 모으고 마음의 준비를 했기 때문에 이런 좋은 시간을 가지는 것이라고 생각한다. 밤새워 놀고 싶었지만, 다음 날 산으로 가야 해서 일찍 잠을 청했다.

이튿날 산을 다녀와서는 일을 마치고 시애틀에서 우리를 만나러 온 Y 씨 부부와 함께 산장에서 회포를 풀었다. 우리 팀 중에서 가장 나이가 어렸기에 동생같이 귀여워하며 지냈는데 그들이 미국에서 고생하고 늙어가는 것을 상상도 못 했다. 이렇게 멀리 와서 그들을 만날 수 있는 것도 기적 같았지만, 한국으로 돌아올 때 그들과 헤어지는 것이 퍽 섭섭하고 슬펐다.

에필로그

　예기치 않은 사건이 없으면 여행이 아니다. 우리가 탔던 NWA 항공은 도쿄를 들러 인천에 온다. 그런데 도쿄에서 제시간에 떠나지 않았는데 고장 수리 중이라 했다. 수리가 끝나면 떠나겠지 했는데 이번에는 근무 시간 초과방지법에 걸려 일을 더 못 한다고 했다. 그래서 내일 떠난다 하니 일행은 난리를 쳤다. 도착 당일 출장이 잡혀있다, 예약 환자를 봐야 한다, 장기휴가로 인해 사업이 위험하다, 직원들 볼 낯이 없다는 등으로 항의했다.

　그러나 화를 내 봤자 무슨 소용이 있나? 별수 없이 항공사에서 제공해 주는 공항 근처 호텔에서 하룻밤을 잤다. 짐을 부쳤으니 칫솔과 화장품도 없고, 잠옷도 없어 불편했지만, 그럭저럭 시간을 보내고 다음 날 한국에 왔다. 하루 늦게 가면 한국에서 죽을 일이 생길 것 같았지만 별일이 없었다. 항공사에서는 사과하는 의미로 삼만 마일 쿠폰을 줬다. 다음 해 우리 일행은 그 마일리지로 며칠간 발리에 가서 잘 놀다 왔다. 우스운 것은 그렇게 신경질을 내고 이를 갈았던 근무시간 초과방지법 때문에 무료로 비행기를 탔으니 우리 중 몇몇은 비행기 고장 덕 봤다 한 것이다.

일자	2008년 11월 2~9일(7박 8일)
	로마 치비타베키아 출·도착
선사	코스타 크루즈(Costa Cruise Lines)
유람선	콘코디아(Costa Concordia)
규모	무게: 11만4천t, 길이: 290m, 폭: 35.5m, 높이: 13층, 2004년 건조
승객 수	약 3,080명(직원: 1,100명)
일행	4명(여고 동창들)
비용	내부 선실 82만 원, 항공료 87만 원

일자	기항지	도착	출발	비고
1일차 2008-11-2 (일)	치비타베키아 (Civitavecchia, 로마, 이탈리아)		18:30	출발
2일차 2008-11-3 (월)	사보나 (Savona, 이탈리아)	08:00	17:00	정박
3일차 2008-11-4 (화)	바르셀로나 (Barcelona, 스페인)	13:00	19:00	정박
4일차 2008-11-5 (수)	팔마 데 마요르카 (Palma de Mallorca, 스페인)	07:00	13:00	정박
5일차 2008-11-6 (목)	튀니스 (Tunis, 튀니지)	13:00	19:00	정박
6일차 2008-11-7 (금)	라 발레타 (La Valletta, 몰타)	08:30	17:00	정박
7일차 2008-11-8 (토)	팔레르모 (Palermo, 이탈리아)	08:00	17:00	정박
8일차 2008-11-9 (일)	치비타베키아 (Civitavecchia, 로마, 이탈리아)	07:00		도착

서부 지중해 크루즈

(2008년 11월 2~9일)

사보나
SAVONA

이탈리아
ITALIA

치비타베키아, 로마
CIVITAVECCHIA, ROMA

바르셀로나
BARCELONA

스페인
SPAIN

팔마 데 마요르카
PALMA DE MALLORCA

티레니아해
TYRRHENIAN SEA

팔레르모
PALERMO

이오니아해
IONIAN SEA

튀니스
TUNIS

몰타
MALTA

라 발레타
LA VALLETTA,

튀니지
TUNISIA

지중해
MEDITERRANEAN

떠나기 전

　며칠 내내 청소, 빨래, 음식 만들어 냉장고에 채우기, 그리고 강아지 목욕에 도서관 독서 치유 강의까지 밥 먹을 틈이 없이 바빴다. 병문안 가고, 연락받고 연락할 일은 어찌 그리 많은지, 나중엔 팔, 다리가 아파서 서 있기도 힘들었다.

　떠나기 바로 전날 밤늦게까지 옷 챙기고 넣었다 뺐다 했더니 남편이 말했다. "여행가기도 전에 병나겠다." 사실 몸이 어슬어슬 춥고 아픈 게 감기몸살 초기 증세가 나타났다. 자정 지나 2시 반쯤 잠자리에 들면서 몸 덥히느라고 전기장판을 켰다. 이번에는 덥고 땀이 나서 깼다가 다시 잠들기를 여러 번 반복하느라 거의 자지 못하고 다섯 시에 일어나 챙겨 나왔다. 버스 정류장까지 데려다주겠다는 남편이 고마웠다. "여보, Y하고 C하고 여행 몇 번 다녀왔잖아요, 그들하고 여행 떠나는 날 아침에 만나자마자 하는 말이 뭔지 알아요?" "뭔데." "'간밤에 한잠도 못 잤어'에요." 공항에서 10시쯤 Y를 만났다. 역시 예상대로 그녀가 "나 간밤에 한잠도 못 잤어"라고 했다.

　비행기 표를 받고 짐 체크인 하는데 갑자기 Y가 말했다. "큰일 났어. 여권이 없어졌어. 버스 안에 두고 내렸나 봐." 진짜 큰일이다. 급하게 그 버스를 찾았는데 버스 안에는 없다고 했다. "아무래도 집에 두고 안 가지고 왔나 봐. 먼저들 가면 다른 비행기 표라도 구해서 따라갈게"라고 했다.

이런 일을 나도 겪었다. 몇 년 전 싱가포르 바탐 패키지여행 간다고 돈 다 내고 공항 미팅 장소에 갔는데 구여권을 갖고 오고 새로 발급받은 여권을 안 가지고 왔던 것이다. 속상하고 집으로 돌아가기 싫어 울면서 제주도로 갔던 일이 생각났다. 이렇게 황당한 일이 생기나 보다. 그나저나 그녀가 여권을 찾을 수 있을까, 무사히 크루즈를 갈 수 있을까 마음이 심란해졌다. 크루즈 날짜가 이틀이나 남았으니 어떻게든 오겠지 하며 걱정을 일단 접기로 했다.

로마 도착 후 관광

　로마까지 가는 데 항공료가 엄청나게 비쌌다. KAL과 아시아나는 150만 원이 넘었다. 그런데 러시아 아에로플로트는 87만 원이 안 되었다. 가격도 쌌지만, 일본항공, 루프트한자나 KLM보다 비행시간이 짧았다. 모스크바 공항에서 두 시간쯤 기다리면 되는 것이니 다리도 한번 펼 겸 경유해도 되겠다 싶어 얼른 표를 샀다.

　그런데 모스크바까지 가는 8~9시간, 그리고 모스크바에서 로마까지 가는 4시간 동안 비행기 안에서 할 게 없었다. 장시간 비행기를 타면 의자 바로 앞의 화면에서 영화나 다큐멘터리를 볼 수 있고 음악도 들을 수 있으련만 아에로플로트는 아예 스크린이 없었다. 독서도 할 수 없게 좌석 위엔 전깃불도 없다. 긴 시간을 아무것도 안 하고 보내니 지루했다. 그런데도 사람들은 잠을 자고 책을 읽으며 이야기를 했다. 기내식은 이 맛도 저 맛도 아닌데 포도주도 맥주도 없었다. 러시아인들이 술을 많이 마셔서 기내에선 술을 제공하지 않는다는 소리를 들은 적이 있다.

　모스크바 공항에서 기다리는 동안도 이상한 걸 경험했다. 공항에서 담배를 하도 많이 피워대는 바람에 목이 따갑고 눈물이 났다. 면세점이라고 해도 물건 살 것도 없었다. 어쩐지 뚱해 있는 점원들의 얼굴에서는 친절이라고는 찾아볼 수 없었다. 그래도 왕복 비행기 값으로 87만 원밖에 안 내고 지중해 동부와 서부 크루즈 총 20일간을 여행하게 되어 절약이 많이 되었다.

공항에서 로마 테르미니 역까지 기차를 타고 가니 밤 10시가 넘었고 로마골뱅이 민박에서 차를 가지고 사람이 나와 기다리고 있었다. 한때 모든 길은 로마로 통한다 했는데 테레미니 역도 유럽 각국으로 떠나는 노선이 수없이 많았고 그 시간에도 사람들이 붐볐다. 민박집은 역과 가까이 있어서 교통이 편리했다.

하루 80유로(1인당 32,000원) 주는 큰 방에 침대가 네 개 있어서 우리 일행에게 적당한 크기다. 남자 주인은 연변 사람인지 이북 억양이었으나 친절했다. 너무 피곤해서 세상모르게 자고 일찍 일어나 호박, 감자가 들어간 된장국과 김치를 먹으니 살 것 같았다. 젊었을 때는 김치 없이 한 달을 돌아다녔는데 이제는 김치를 며칠 안 먹으면 속이 이상해진다.

든든히 챙겨 먹고 지하철을 타고 바티칸으로 갔다. 일찍 가서인지 사람들이 많이 없어 곧 베드로 성당(St. Petro Basilica)으로 들어갈 수 있었다. 역대 교황들이 안치된 돌 상자 무덤과 베드로의 무덤을 보았다. 베드로란 이름 뜻이 바위, 반석인데 수제자 베드로가 예수님을 살아계신 하나님의 아들이라고 거침없이 신앙 고백했기에 예수님은 참으로 마음에 들어 하셨다. 그래서 예수님은 베드로의 믿음 고백 위에 교회를 세우겠다고 하셨고 천국 열쇠를 주겠다고 하셨다. 어부였던 그가 교회의 반석이 된 것이다. 그래서 베드로 교회가 건축되었고 그의 무덤이 이곳에 있는 것이다.

성경에 나오는 인물들이 2천 년 전에 실재했고 아직도 신앙의 유산으로 인류에게 큰 영향을 끼치는 건 기적이 아닐 수 없다. 가톨릭 신도들이 손으로 성호를 그으며 입으로 기도하였고 개신교도들도 가슴에 두 손을 모으고 기도했다. 바티칸 박물관은 그날(11월 1일) 휴관한다고 해서 여간 실망이 큰 게 아니었다. 천지창조 천정화를 다시 보고 싶었는데 아쉽다. 성 베드로 성당과 박물관을 둘러보는데 적어도 5시간 이상 걸린다는데 우리는 몇 시간밖에 보지 못했고 그나마 박물관엔 들어가지도 못했다. 여행은 이렇게 완벽하지 못해 아쉬움을 남기기도 한다.

　바티칸을 나와 길가 카페에서 에스프레소와 카푸치노를 마셨다. '예술과 영혼으로 마시는 커피, 에스프레소' 최상의 원두를 써야 순간적으로 추출할 때 카페인이 적고 커피가 가진 진한 맛과 뛰어난 향기를 유지할 수 있다고 한다. 마시기 전 진한 향기를 코로 맡고 혀로 크레마 거품을 맛보고 한두 번 나누어 마시면 된다는데 보통은 첫 모금에 오만상을 찌푸리다가 두 번째 마시면 아련하게 시고 달기도 한 맛을 느낄 수 있다 하였다. 에스프레소는 무딘 나의 입맛을 깨워주었다. 25년 전 로마에서 마셨을 때 쓰디쓴 그 맛에 몸서리쳤는데 지금은 커피 애호가로 맛에 익숙해졌는지 뒷맛이 구수했다. 모두 그 집에서 마신 커피 맛에 반하여 크루즈 내내 배 안 무료 커피가 맛있다고 비교했다. 2.5유로 정도 주면 배 안에서도 전문 커피 가게 같은 맛있는 커피를 마실 수 있지만 돈 들여 커피를 사 마시지는 않았다. 하여튼 그 카페는 앉는 좌석에 따라 커피 값이 달랐다. 베란다, 문 옆 의자, 식당 구석 의자, 서서 마시는 값이 다 달랐는데 우리는 서서 구석에서 마셨기에 1유로밖에 안 들었다.

Santa Maria Degli Angeli
(산타 마리아 데글리 안젤리 교회당)

우연히 테르미니 역을 지나 공화국 광장 옆 입구가 독특한 교회가 있어서 들어갔다. 본래 로마의 목욕탕(디오클레티아누스 욕장)이었던 곳을 미켈란젤로가 88세 때 그 유적을 보존하면서 설계했다는 산타마리아 교회였다. 입구 천정이 깊이를 알 수 없는 찻잔처럼 우묵한 돔 형식이었다. 그 후의 개조 공사로 미켈란젤로가 초기에 의도했던 대로 되어있지는 않으나 내부는 장엄했고 천국 열쇠를 쥐고 있는 베드로와 사도들의 벽화 빛깔이 온화하고 아름다웠다.

입구 안내문에 11시 40분에 미니 오르간 콘서트가 있다고 하여 막간을 이용하여 퀴리날레 언덕에 있는 대통령 궁을 둘러본 후 다시 찾아갔다. 넓고 서늘하고 어두운 내부, 제단 앞에서는 미사를 드리고 있었다. 미사 참석자는 몇십 명밖에 되지 않았으나 신부님의 강독은 우렁차고 힘이 있었다. 가톨릭교도는 아니지만, 저 신부님이 성경, 하나님, 예수에 관해 이야기를 나눌 것이라고 생각만 해도 저절로 마음이 경건해지고 은혜가 되었다. 마치 글을 읽지 못하는 티베트 불교 신도들이 불교 경전이 적혀있는 원통과 깃발을 손으로 스치듯 만지기만 해도 경전을 읽은 것 같이 신앙심이 고양된다고 했는데 내가 그런 모양이다. 이탈리아어를 알아듣지 못하면서도 은혜로워지다니.

로마 안젤리 성당 오르가니스트

미사 도중 간간이 오르간을 쳤던 연주자가 미사가 끝나자 슈베르트의 아베 마리아, 바흐의 토카타 도리카와 알비노니의 아다지오를 연주했다. 애절한 곡조가 예수님이 우리를 불쌍히 여겨서 안타까워하는 것으로 들려 '우리에게 자비를 베풀어 주소서' 기도하는 심정이 되었다. 너무나 아름다운 연주에 나도 모르게 눈물이 흘러내렸다. 내가 좋아하는 음악을 듣느라 시간을 끌어 동행인들에게 피해를 주는 게 아닐까 내심 걱정했는데 친구들도 연주가 웅장하게 울려 퍼질 때 가슴이 뜨거워지고 감동이 컸다며 좋아했다.

음악 감상 후 역에 가서 유람선이 떠나는 로마 근처 치비타베키아 항구와 베네치아까지 가는 기차표를 예매했다. 1인당 130유로, 꽤 비싸다. 그리고 숙소로 오는 길에 민박 근처에서 아이스크림을 사서 먹었는데 달지 않고 담백하면서도 착착 입에 감기는 맛이 너무 좋아 여기 산다면 매일 먹겠다 싶었다. 알고 보니 그 Fussi 가게는 130년이나 된 유명한 곳이었다.

뒤늦게 도착한 Y와 함께한 로마 관광

Y가 그날 밤 7시 반 넘어 도착해서 화를 냈다. 숙소에 오니 자기를 기다리는 사람은 아무도 없었다고 어떻게 그럴 수가 있느냐고 했다. 사실 그 날 아침부터 하루 종일 돌아다니다 저녁 7시쯤 숙소에 와서 저녁을 먹었는데 그때 주인이 Y 씨는 밤 9시 넘어 도착할 거라고 해서 그 말을 믿은 게 잘못이었다. 저녁 7시에 JAL로 도착할 거라고 Y가 이메일로 알려줬는데 왜 그 주인의 말을 의심 없이 믿고 저녁 먹자마자 나가서 또 돌아다녔는지는 모르겠다. 무조건 그녀에게 잘못했다고 빌었다.

민박에서 이틀간 지내면서 하루 종일 걷거나 지하철을 타고 유명 관광지를 돌아다녔다. 콜로세움, 포로 로마노, 트레비분수 야경, 스페인 광장, 판테온, 나보나 광장에서 수많은 관광객과 부딪치며 정신없이 왔다 갔다 했다. 83년에 미국에서 귀국하면서 들렀을 때는 어린아이들 때문에 정신이 없었고 이번에도 친구들과 다니면서 어느 한 장소에 오랫동안 집중할 수 없었다. 서기 80년에 건축하여 만리장성, 타지마할과 같이 신 불가사의 7대에 들어가는 콜로세움은 출입구가 80여 군데나 되어 오만 명에서 팔만 명의 관객이 입·퇴장할 때도 붐비지 않았다 하였는데 검투사와 사자가 결투를 하고, 기독교 순교자들이 사자에게 공격받아 피 흘리며 죽는 순간을 다 목격했을 이 거대한 건축물을 보면서 깊은 감탄이 올라왔다. 이천 년 전 지었으나 지금까지 원형을 간직한 지름 43m에 달하는 돔과 지붕 가운데가 뚫려있는 아름다운 판테온에 갔다가 등 뒤로 동전을 던지면 다시 로마로 오게 된다는 전설을 가진 트레비 분수 앞, 스페인 광장 계단에 앉아 쉬었다. 우리도 '로마의 휴일'에 나오는 오드리 햅번처럼 아이스크림을 먹었다.

콜로세움

트레비분수 야경

조금 휴식을 취한 후 바쁘게 돌아다니다 팔라티노 언덕을 지나 포로 로마노에 닿았다. 5세기 즈음에 서로마 제국이 멸망할 무렵부터 무너지기 시작하여 지금은 폐허가 되어버린 고대 로마인의 광장, 당시 정치, 상업, 법률의 중심지, 여러 황제들의 개선문과 신전들, 원로원 건물과 공회당이 아직도 기둥으로 벽면으로 건재했다. 로마 제국의 영화가 찬란했

포로 로마노

다 한들 이제는 무너진 돌무더기, 이천 년의 세월을 온몸으로 견디다가 무너지고 바스러지면서도 그 존재감이 두드러지는 폐허를 바라보는데 갑자기 슬픔이 밀려왔다(난 겉으로 보기와는 달리 속으로 우울질이 심하다).

인간과 그들의 성취, 영광과 오욕이 점철된 역사가 허무하게 느껴지는 건 피곤해서인가, 뭔가를 얻으려 돌아다니는 자신이 부질없게 느껴져서인가 알 수 없었다. 4년간 지냈던 미국에서 1983년에 귀국하면서 로마를 방문했을 때 택시기사가 말했다. 프랑스와 영국이 몇 백 년의 건축물을 자랑한다면 이탈리아는 수천 년의 역사적인 건축물이 있다, '이 길을 보라. 이천 년 전에 만든 것'이라고 자랑했다. 선조들이 만든 것으로 이탈리아는 관광으로 먹고산다.

그런 가운데 관광객들이 표를 사려고 오랫동안 긴 줄에 서 있는 것을 보니 속이 울렁거렸다. 우리는 포로 로마노, 팔라티노 언덕과 콜로세움을 합친 입장권을 샀기에 오래 서서 시간을 낭비하지 않아도 되었다.

Day 1. 체크인

크루즈 출항지에 하루 이틀 전에 도착해 관광하는 건 시간과 경비를 절약하는 것이다. 따로 간다면 비행기 삯과 체재비가 많이 들기 때문이다. 이틀 동안 로마 관광을 나름대로 알차게 한 후 한 시간쯤 기차를 타고 치비타베키아 항구에 가서 유람선에 올랐다. 선상 신문 코스타 투데이를 보니 콘코디아 유람선에는 3~6살, 7~11살, 13~17살 어린이와 청소년을 위한 여러 프로그램과 어린이 전용 수영장이 있었고 아이를 동반한 가족들이 많이 보였다. 이번 크루즈는 전체적인 인상이 승무원을 비롯해서 밝고 유쾌했는데 따뜻한 지중해의 바람을 맞은 이탈리아인의 기질이 드러나기 때문인지 모르겠다.

가톨릭 나라답게 매일 미사 드리는 방이 있었다. L 여행사에서 대동해온 한국인 단체 관광객 덕분으로 한국인 승무원도 있었고 선상 신문도 한국어로 번역된 것이 있었다. 우리는 배 안을 구경하고 호기심으로 기웃거리며 돌아다니고 풀장 옆에 앉아 쉬기도 했다. 저녁 정찬 식당에 가니 우리 네 명이 따로 테이블에 앉도록 배려해서 마음 편하게 여러 음식을 주문해서 나눠서 맛보았다. 내 입에는 고소한 것도 G는 느끼하다면서 도무지 양식이 입에 안 맞는 표정이었다.

식사 후 대극장에 쇼를 보러 갔는데 여성 사회자가 5개국어로 사회를 보았다. 영어를 주 언어로 쓰는 유람선과는 달리 유럽은 언어가 많다 보니 영어, 불어, 독어, 이탈리아어, 네덜란드어를 연이어 재빨리 말했다. 그리고 공연도 언어를 사용하지 않는 그림자 쇼, 줄타기 서커스 쇼를 했는데 출연자와 공연의 질이 높아 아주 즐거운 시간을 가졌다. 영어로 하는 코미디 토크 쇼가 아니어서 다행이었다.

　그림자 쇼는 초현실적인 진기한 구경거리였다. 스크린에 나타난 영상을 이용해서 영화처럼 보다가 스크린이 올라가면 영화에 나왔던 남녀가 현실의 인물이 되어 나타난다. 한 시간 내내 두 사람이 다양한 스토리와 재주로 말이 없는 서커스인데도 관객을 혼이 빠지게 하였다. 줄타기 서커스도 키 크고 키 작은 체조선수 두 남자가 길고 두꺼운 로프만으로 말없이 온갖 묘기를 부리는데 그들의 우람한 체격과 똘똘 뭉친 근육만 보아도 시간 가는 줄 몰랐다. 마음에 맞는 친구들과 이 먼 곳에 와서 함께 지내니 꿈만 같았다.

Day 2. 사보나, 이탈리아

사보나 항구에서 버스를 타고 제노바 역사 지구로 갔다. 이탈리아어로는 Genoa라고 쓰는데 영어는 제노바로 쓴다. 유럽의 문화 도시로 선정된 제노바는 대대적인 복원 공사를 하고 있었으며, 한때 지저분했던 항구 근처를 정비하고 유럽 최대 규모의 수족관과 해양 박물관을 세웠다. 우리가 탄 코스타 크루즈는 선적이 제노바다. 걸어 다니며 구경하기도 좋아 저렴한 비용으로 자유를 누렸다.

제노바는 베네치아와 함께 교역 중심지로 번영을 누리던 곳으로 귀족들이 거주했던 12개의 궁전이 모여 있는 팔라치 데이 롤리(Palazzi dei Rolli) 지역은 2006년 유네스코 세계문화유산으로 지정되었다. 주로 가리발디 거리 주변에 밀집해 있어서 우리는 먼저 그곳으로 갔다. 흰색 궁전, 붉은 궁전, 트루시 궁전 등 이곳의 건물들을 둘러보면 예사롭지 않다. 기둥이면 기둥이지 왜 위에서 아래까지 둘레를 다르게 해서 기단과 꼭대기 양쪽 장식을 저렇게 화려하게 해 놓았는지, 대리석에 나무보다 정교하게 꽃 새김을 할 수 있는지, 여러 가지 의문이 생기면서도 감탄이 끊이질 않았다. 건물 창문과 발코니도 평범하지 않고 대문 안 넓은 홀을 지나면 맞은 벽 전체를 폭포, 이끼, 나무와 넝쿨로 장식하고 아래는 옹달샘이 졸졸 흘러 마치 숲 속에 온 기분이 들었다. 아기 천사가 앉아 있는 항아리의 물이 아래 분수대로 떨어지는 소리가 청아하여 요정이 앉아 노닐 것 같은 착각도 생겼다.

이 거리 전체는 서로 아름다운 집을 경쟁적으로 자랑하고 있었다. 14~15세기에 유럽의 상류층 방문객들을 맞이하기 위해서 조성되었다고 한다. 경쟁하지 않으면 인생은 그저 무덤덤하게 성취 없이 끝나는지 오밀조밀하게 붙은 유럽은 서로 경쟁하느라 더 아름답고 완벽한 궁전과 건축물을 세웠는지 모른다. 총독 관저였던 두칼레 궁전과 예수교회, 카라바조와 루벤스의 중요한 두 걸작을 보관하고 있는 팔라초 로소, 발비거리의 팔라초 레알 등 13세기의 건물인데도 보존이 뛰어나고 유서 깊은 미술 작품이 많았다.

골목 끝에서 '알함브라 궁전의 추억'을 연주하는 기타 소리가 들렸다. 소리가 좀 이상하여 가까이 가니 기타리스트의 오른손 약지 끝이 절단되어 그의 기타는 제대로 된 소리를 내지 못했다. 이 기타리스트는 또 무슨 사연이 있을까? 마음이 아파 그에게 후한 기부를 하였다.

골목 끝에는 폰타네 마로세 광장과 코르베토 광장이 있었다. 광장 중앙에 있는 분수가 시원하고 사람들이 붐볐다. 근처 키오소네 동양 미술관 안에서 예술 전공 학생들이 작품을 만드느라 바빴다. 이탈리아엔 천년이 넘는 건축물과 조각, 그림이 셀 수 없이 많은데 현대의 학생들이 작품 만들 때는 선배들의 작품도 참고되지만 자신들의 서툰 작품과도 비교될 것이다.

우리는 왜 할 일이 많은가? 놀 것, 볼 것, 즐길 거리가 많아 선조들처럼 한 가지만 하고 있을 시간이 없다. 현대를 사는 예술가의 비애다. 광장 주변은 걸어 다니며 구경하기 좋았다. 우아한 액세서리 등 쇼핑할 곳도 많고 시장할 때 속을 후벼 파는 끝내주는 음식 냄새를 풍기는 레스토랑도 많았다. 지나가다 콜럼버스가 태어나서 유년기를 보낸 집을 만났다. 배에서 제공하는 선택 관광으로는 모나코 왕국 방문, 제노아 수족관과 우리가 방문했던 제노아 역사 지구였다.

코스타 크루즈에서는 항해 첫날 안전대피 훈련을 한 것이 아니라 출항 이틀째인 오늘, 사보나 항구를 떠난 후 실시했다. 짧은 사이렌 7번, 긴 사이렌 1번이 울리면 객실에 갖춰진 구명조끼를 입고 지정된 대피 장소로 갔는데 딴 유람선처럼 첫날 훈련하는 줄 알고 있던 나에게 이것도 새로운 경험이었다. 그리고 밤의 쇼는 스페인 무녀들의 플라멩고 댄스였다.

Day 3. 바르셀로나, 스페인

　오후 1시 반쯤 바르셀로나에 도착하니 2시에나 시내를 갈 수 있었다. 크루즈에서 파는 셔틀 버스표가 6유로나 했는데 알고 보니 배에서 내려 걸어와도 될 만큼 람브라스 거리가 가까웠다. 해안에서부터 1.2km의 가로수 길 람브라스 거리는 관광객의 마음을 빼앗았다. 거리의 공연자들과 볼 것이 많아 눈이 즐거운 곳이라 관광객이 가득 찼다.

　동상인 줄 알고 다가가면 움직이는 마임 공연자가 공포스럽고 괴기스러운 분장을 하고, 신화에 등장하는 인물과 무비 스타로 변장해서 깜짝 놀라게 하였다. 변장술이 다른 곳보다 더 섬세하고 사실적이어서 예술의 도시답다는 생각이 들었다. 그 앞에서 사진을 찍고 팁을 주었다. 거리를 환하게 밝히는 꽃집과 세련되고 예쁜 기념품 가게를 지나 보케리아 전통 시장에도 들렀다. 그 안에 들어가면 햄과 소시지, 생과일주스와 온갖 먹을 것 등 안 파는 게 없다.

　이제 그 유명한 가우디의 건축물을 볼 차례다. 건물의 외벽이 물결처럼 구불구불한 까사 밀라와 해골 모양의 발코니가 보이는 까사 바트요다. 지중해가 테마라서 건물에도 바다의 이미지가 넘치는 까사 바트요를 보면 지구가 아니라 다른 차원의 행성, 별세계에 와 있는 듯하다. 조명, 장식품, 계단, 중정을 비롯해 형형색색의 모자이크 타일까지 어느 하

까사 밀라

나 평범한 것이 없다.

가우디는 건축물이 이러저러해야 한다는 통념을 무너뜨리고 파격적으로 만들었다. 곡선인 건물과 벽면, 철망조차 의도적으로 창의적으로 만들었다. 이상하다, 신기하다, 아름답다고 하다가 '그는 도대체 어떤 사람이기에 이렇게 만들 수가 있는가' 하고 감탄에 감탄을 하게 된다. 영감에 넘친 건물을 보니 그는 보통 사람이 아니다. 당연하지만 그는 천재 중 천재라고 또 감탄했다. 앞으로 바르셀로나 하면 가우디만 떠오를 것 같다.

시간이 많지 않아 택시를 타고 사그라다 파밀리아로 갔다. 입장료가 10유로인데 2.5유로를 더 주고 엘리베이터 타고 전망대에 올라갔다. 아래를 보니 아찔하다. 1882년부터 1926년까지 45년간 가우디가 죽기 전

사그라다 파밀리아
출처: 바르셀로나 가이드

까지 건축했고 지금까지도 계속하고 있다. 가우디가 공사를 맡았을 때 그의 나이는 31세였는데, 불의의 사고로 죽기 전까지 45년간 성당 건축에 몰입했지만, 완공을 보지 못했다. 그가 죽은 후 설계 도면이 불에 타서 차질이 생겼지만, 다행히도 후배 건축가들이 계속 짓고 있다. 기부금과 입장료 수입만으로.

시작한 지 130년이 넘었지만 언제 완성될지는 알 수 없다고 한다. 성급한 내가 보니 누군가의 기부로 또는 정부 후원으로 금방 끝내도 될 것 같은데 나 빼고는 다 인내심이 있나 보다. 어쩌면 오랜 공사 기간이 자랑이 될지 모른다. 누군가 옆에서 가우디의 사후 100주년을 기념해서 2026년에 완공할 계획이라고 일러 주었다. 누군가는 한 사람의 입장료가 벽돌 한 장 후원하는 것과 같다고 했다.

사그라다 파밀리아는 건축물의 주된 출입구가 되는 3개의 파사드가 있는데, 각각 '예수 탄생', '예수 수난', '예수 영광'을 주제로 설계되었고, 이 중 '예수 탄생'의 파사드는 가우디가 생전에 직접 끝낸 것이다. '예수 수난' 파사드는 1976년에 완공되었으나, 나머지 '예수 영광' 파사드는 짓고 있는 중이다. 3개의 파사드 위에는 열두 제자를 상징하는 12개의 종탑이 세워지고, 중앙에는 예수를 상징하는 거대한 탑이 세워질 계획이라 한다.

건물 자체가 예수의 생애를 말하고 벽의 부조도 성경을 만나게 한다. 신을 향한 사랑과 신앙의 극치를 만나는 것 같다. 경건하게 신 앞에 부복하고 싶어도 사람들에게 떠밀려서 지체할 틈 없이 앞으로 갔다. 내부에 있는 조각 나무와 꽃들을 자세히 볼 틈이 어디 있단 말인가? 건축 과정을 보여주는 박물관은커녕 스테인드글라스를 통해 들어오는 빛나는 햇살 한 조각이라도 받을 시간도 없고 멀리 보이는 바다를 훔쳐 볼 수도 없었다. 우리는 택시를 타고 구엘 공원에 갔다.

출처: 로얄 캐리비언 크루즈 한국총판

구엘 공원

바르셀로나 전경

구엘 공원에서 가우디는 타일을 갖고 재미있게 놀았다는 생각을 다시금 했다. 갖고 놀다! 얼마나 필요한 시간인가? 어릴 때 무언가를 갖고 놀아야 할 시간이 필요한데 갖고 놀지 못하게 하는 우리 교육 현실이 서글프다. 형형색색의 세라믹 타일이 덮여있는 벤치에 앉아 더 시간을 보내고 싶었다.

가우디에게 '존경해요, 사랑해요, 당신은 무엇을 원했나요? 명성? 완벽함? 말도 안 되는 것 짓지 말라고 한 사람들을 향한 자존심 회복? 전통적으로 그려내는 신앙의 발로인 예술의 기존 틀을 깨는 것?' 그와 한참 대화를 하고 싶지만 외롭고 기운 빠진 파올로라는 기타리스트의 음악을 잠시 들었을 뿐이다. 늘 하던 대로 음악가를 보면 도와주고 싶어 그의 CD를 샀다. CD 표지엔 그가 뿜어내는 담배 연기가 그의 얼굴의 일부를 가렸다. 집에 와서 들어보니 그의 음악 수준은 그저 그랬고 담배 연기처럼 사라지는 기타리스트의 서러움만 엿보았다.

바르셀로나는 하루 만에 아니, 2시에서 오후 6시 반까지 정신없이 뛰어다니고 택시를 타며 서둘러서 보는 도시가 아니다. 그것은 가우디를 모욕하는 일이다. 바르셀로나를 떠나며 진정으로 그에게 미안하다고 말할 수밖에 없었다.

배로 돌아오니 아이들을 위한 프로그램이 진행 중이었고 한국인 관광객을 위해서는 '로마의 휴일' 영화를 상영한다고 했다. 그보다 우리는 3층 대극장에서 하는 '아름다운 목소리' 콘서트에 갔다. 공연을 보느라 8시 반에 하는 차차차 댄스 클래스엔 참석하지 못했지만, 콘서트는 꽤 만족스러웠다.

Day 4. 팔마 데 마요르카, 스페인

　팔마는 발레아레스 제도의 주도로 마요르카 섬 남쪽 해안의 거대한 어귀에 부채처럼 펼쳐져 있는데 온화한 해양성 기후로 연중 관광객이 넘쳐난다. 로마, 아랍, 아라곤의 지배로 다양한 문화유산이 남아있다. 그중 1587년에 건축된 팔마 대성당이 볼만한데 항구에서 보면 방파제 높은 곳에 웅장하게 서 있다. 이 성당은 지중해에서 제일 큰 성당이라 했다.

　친구 Y는 발데모사 수도원 방문(Valledemosa's Monastery) 선택 관광을 신청했다. 폐결핵에 걸린 쇼팽과 그의 연인 소설가 조르쥬 상드가 휴양

팔마 대성당 입구

팔마 대성당

차 머물렀던 곳이다. 누구나 어렵지 않은 세월을 보내지 않았겠느냐만 Y는 쇼팽이 그 세월 동안 자기를 위로해 줬다고 했다. 그를 만나지 않으면 안 된다며 기어코 비싼 선택 관광을 신청했던 것이다. 수도원에서 '빗방울 전주곡' 24곡을 작곡하며 머물렀던 방에는 쇼팽이 당시 쓰던 피아노와 그의 악보가 전시되어 있었는데 쇼팽에게 포옹 당한 듯 황홀한 감흥에 겨워 Y는 오랫동안 그곳에 관해 얘기했다. 뿐만 아니라 오스트리아의 루이스 살바도르 왕자의 옛 저택이었던 손 마로이그를 방문하는 길에 본 북쪽 해안의 경치가 숨 막힐 정도로 아름다웠다고 했다.

나머지 셋은 47유로가 아까워 그곳을 안 가고 시내를 돌아다니다 진주 목걸이를 샀다. 마요르카는 천연 진주는 아니지만 가공된 인조 진주의 질이 좋아 세계적으로 명성이 높다. 한편으로는 Y를 따라 그곳에 가지 못했던 것이 후회되었다.

제주도의 두 배 크기인 마요르카에 아침 일찍 7시 반에 도착해서 12시 반에 배로 돌아오므로 오후는 배 안에서 스페인 플라멩고 댄스파티와 이탈리아어 수업, 볼룸 댄스 교실이 계속되어 하루 종일 즐거운 시간을 보낼 수 있었다. 크루즈 내내 들었던 이탈리아어 수업은 재미있었고 강사 아가씨의 귀여운 모습도 즐겁게 했다. 확실히 이탈리아인 승무원들은 손님을 즐겁게 할 줄 아는 유쾌한 젊은이들이었다.

Day 5. 튀니스, 튀니지

항구에 내리니 택시가 1km보다 더 길게 끝이 보이지 않을 정도로 줄지어 서 있었다. 처음 만난 기사는 1인당 25유로로, 네 사람이 100유로라 하였고 나중 기사는 4명에 35유로라 하였다. 우리는 나중에 보고 5유로 더 준다 하고 탔다. 패키지가 비싸서 애초에 택시 대절 할 생각을 했으나 Y는 따로 패키지로 가겠다고 신청했다. 그런데 예약이 차서 우리와 합류하게 되었다.

먼저 간 곳은 카르타고의 유적지였다. 포에니 전쟁 동안 카르타고의 장군 한니발이 몇 차례의 전쟁으로 로마를 위협하고 지중해의 패권을 차지하려고 경쟁했으나 기원전 146년에 로마 군대에게 완전 정복당하고 폐허가 되었다.

카르타고 유적지 근처 사원

카르타고 유적지

시드 부 세이드

수크 전통시장 입구

1979년에 유네스코 세계문화유산으로 지정되었는데 아직도 폐허에서는 유물을 발굴하고 있다고 한다. 당시 카르타고의 유적은 로마인에 의해 철저히 파괴되었기에 로마 시대의 목욕장, 원형극장의 유물들과 카르타고 함대의 본거지였던 퓨닉 항구와 토펫 무덤에서 발굴된 유물을 보았다.

다시 대절한 택시를 타고 시드 부 세이드 마을에 갔는데 그곳은 참으로 독특했다. 하얀색 집에 파란색 문과 창문, 꽃이 만발한 정원으로 된 마을이어서 걸음을 멈추는 곳마다 사진을 찍게 되었다. 멀리 바다가 보이고 부겐빌레아 꽃이 담장 밖으로 흐드러지게 피는 아름다운 마을은 푸른 하늘과 쨍쨍 빛나는 햇볕으로 투명하게 빛났다.

배로 돌아가기 전 북아프리카 전통 시장 수크를 갔는데 주석 공예품과 금은 세공품, 각종 기념품과 전통 옷 가게가 빽빽하게 들어차서 미로 같은 길을 잃을까 걱정이 되었다. 향수 가게에서 풍기는 아로마와 카펫이 늘어진 골목길을 이리저리 돌아 나오는데 운전기사가 우리더러 길 조심하라고 한 뜻을 알겠다.

물건 사기 전 값을 흥정해야 한다고 하나 선물 살 것이 별로 없어서 칠보로 된 동물 몇 개만 샀다. 택시 기사가 안내한 과자 집에 갔는데 참깨로 덮은 담백하고 고소한 과자 종류가 많았다. Y는 선택 관광비 47유로 대신 우리와 다니면서 10유로밖에 안 들었다고 과자를 사서 주었다. 과자 가게 주인이 4.9 디나르면 3유로가 안 되는데도 5유로라고 속였다. 그냥 3유로를 주니 아무 말 안 하고 받았다.

항구로 돌아가는 길이 복잡해서 차와 사람이 뒤엉켰다. 기사는 신호등을 보는 것 같지도 않았다. 모든 차들이 신호등 지시와는 관계없이 앞차 사이에 비집고 들어가니 길이 막혀 한없이 오래 서 있었다. 우리 기사가 차 사이를 요리조리 빠져나가느라 아슬아슬해서 간이 다 졸아들었다. 하루 종일 기다려주고 최선을 다해준 그 택시 기사가 고마워서 약속대로 5유로를 더 주니 S가 자기 돈으로 5유로 더 준다고 했다. 그녀는 아프리카에 더 주고 싶다 하여 우리는 그녀가 매너가 좋고 착하다고 했다.

　배로 돌아와도 쉴 틈이 없을 정도로 프로그램이 많았다. 살사 댄스 교실, 70년대 디스코 파티, 과일과 채소 조각 시범 구경에다 자정에는 9층 수영장 옆에서 초콜릿 케이크를 비롯한 온갖 케이크와 치즈, 갈비와 샌드위치, 과일 등 먹을 것을 산더미처럼 쌓아놓고 20m 이상 길게 늘어놓았다. 갈라 푸드 페스티발이다. 스텝들이 흥거운 음악에 맞춰 춤을 추니 덩달아 신이 났다. 피곤하여 춤은 출 마음은 없었으나 배가 부르도록 먹을 힘은 남아 있어서 갖가지 음식을 맛보고 방으로 들어갔다. 도우미들이 깔끔하게 침대를 정리한 후 수건으로 토끼를 만들어 놓았다.

후식 뷔페　　　　　　　　　　음식 축제

자정 뷔페

Day 6. 발레타, 몰타

아침에 일어나니 다리가 풀리지 않았고 눈이 감기고 목이 잠겼다. 밥 먹고 나면 괜찮겠지 하며 식당에 갔으나 밥맛도 없고 열이 있는지 으슬으슬 추워 혼자서 쉬고 싶었다. 오늘 세 사람만 나가라고 했더니 쉬고 나서 같이 나가겠다고 했다. 너무 몸이 아파 혼자서 쉬고 싶은데. S가 우리가 옆에 있으면 쉬지 못하니 오늘은 우리끼리 다니자고 하며 다 데리고 나갔다.

선실에 들어가 잠옷을 입고 도로 누웠다. 한 시간쯤 잤나? 방송에서 뭐라고 긴급대비 훈련을 한다고 시끄럽게 떠들었다. 구명조끼 입고 방을 나가야 되나 하다가 귀찮아서 배 밖으로 나와 버렸다. 피곤하고 힘들어 꼼짝도 하기 싫었는데 배에서 나오니 관광버스가 있어 15유로를 주고 2층으로 올라갔다. 햇빛이 찬란하고 바람이 불어 해를 보며 기운을 냈다.

그러고 보니 여행은 9일째로 접어든다. 남편도 없이 너무 오래 있었나…. 남편이 보고 싶고 집안일이 궁금해진다. 기운이 남을 땐 돌아다니기 바쁘다가 기운이 빠지고 춥고 아프니 가족이 생각나다니. 어젯밤 자정 무렵 9층 수영장에 나가 실컷 먹었지만, 음악이 시끄러워 귀가 아파 금세 방으로 돌아왔다. 며칠간은 춤추는 것, 얘기하는 것이 전과 같이 즐겁지가 않았다. 여행이 결국 나를 찾는 것이라면 이번 여행에서 찾은

발레타 항구

샌 안톤 정원

게 있다. 나는 나이고 싶다는 것, 남이 좋아하는 것보다 내가 좋아하는
것, 남을 즐겁게 해 주는 것보다 내가 편한 것 하고 싶다는 것이다. 남
을 위해 춤을 추고 웃기고 분위기 띄우는 것은 피곤하고 힘들기도 하다.

샌 안톤 정원이라는 곳에서 내려 조용히 벤치에 앉았다. 상쾌한 날씨,
삽상한 바람, 한가한 새소리와 분수, 바람에 흔들리는 나뭇잎, 꽃이 떨
어지며 피는 모습을 보니 마음이 편했다. 고요하고 적막한 이곳에 있으

니 다시 기운이 났다. 너무 몰려다녔나 보다. 기운이 떨어져 힘들 때 이렇게 홀로 고요히 있는 시간은 참 소중하다. 아무도 없는 여기서 남편과 손잡고 걷다 지치면 벤치에 앉아 바람과 햇볕을 맞고 그의 어깨에 기대서 쉬고 싶다. 시간 가는 줄 모르게 앉아 쉬었다.

홀로 두어 시간을 보낸 후 기력을 찾아 버스를 타고 도시를 돌아보았다. 발레타는 EU에서 가장 작은 섬나라 몰타의 수도로 유럽과 아프리카 사이 지중해의 가장 중심에 위치하고 있다. 영화 트로이, 글래디에이터, 다빈치 코드의 촬영 장소로 유명하고 말티즈 개의 원산지인 몰타는 나라 전체가 유네스코 지정 세계문화유산이다.

유명한 유적으로는 몰타 건축의 백미, 유럽 바로크 양식의 최고봉이라는 1577년 건축된 성 요한 성당인데 이곳은 트루크 족의 침공을 물리친 성 요한 기사단의 수도원이었다. 성당 기도실에 있는 이탈리아 화가 카라바조의 명작 '성 요한의 처형'이 유명하다. 이탈리아 출신 기사단의 개인 정원이었던 바라카 옥상 정원은 발레타를 둘러싼 성벽의 남단에 위치하는데 항구(그랜드 하버)를 내려다볼 수 있는 최고의 전망대가 있다.

발레타에서 서쪽으로 15km 떨어진 음디나(Mdina)는 고대 몰타의 수도인데 9세기에 건축된 성벽으로 둘러싸여 있고 전형적인 중세 도시다. 발레타로 수도가 옮겨간 후 침묵의 도시로 부르고 현재도 300명도 채 안되는 사람이 살고 있다. 좁고 그늘진 골목을 사이에 두고 중세에 세워진 건물에 아직도 사람이 살고 있는데 21세기의 우리가 현대의 최첨단 기술이 더해진 건물에서 살다 이곳에서 어떻게 살아갈 수 있는지, 여기도 와이파이가 되는지 그것도 궁금했다. 몰타 섬에는 사도 바울이 풍랑을 맞아 표류하여 감옥에 3개월 머물면서 전도한 기념으로 세운 바울 기념 교회가 있고 지하 묘지(카타콤)가 볼만하다는데 우리가 방문할 시간은 없었다.

발레타 그랜드마스터 궁전 복도   음디나 성당

    오후에 배로 들어오니 오늘은 금요일이라 오후 6시에 유대인 안식일
서비스가 있고 저녁 8시 반에는 미사와 결혼식이 있다고 했다. 한편에
서는 판타스틱 쇼와 가수 휘트니 휴스턴 스페셜 음악과 라틴 댄스파티
가 벌어진다. 오늘도 조용히 선실에서 잠을 잤다.

Day 7. 팔레르모, 시칠리아, 이탈리아

항구에서 내리자마자 20유로를 주고 관광버스를 탔으나 자리가 없어 2층에 못 가고 1층에 앉았다. 버스 라인 A에 가까운 몬레알 언덕에 가기 위해 인디펜디아 광장에서 버스를 갈아타고 완만한 경사 길로 올라갔다. 두오모 성당에 대해 아무것도 모르고 안으로 들어서는 순간 모두 눈을 크게 뜨고 감탄했다. 천정부터 바닥까지 정교한 모자이크로 빈틈없이 장식했는데 금색, 갈색, 연 자주와 미색이 어우러져 이렇게 아름다운 실내는 처음 봤다. 원색보다 한 톤 가라앉은 침착한 색조인데도 금색이 주된 색깔이라 빛이 난다. G는 사람이 만든 거라고 믿을 수 없다, 천상의 예술품이라고 하였다. 황금성당이라 한 이유를 알겠다.

벽과 천정은 예수의 일대기가 펼쳐져 있었다. 야이로 회당장이 딸을 살리는 모습, 물 위를 걷던 베드로가 두려워하자 물에 빠지는 광경, 문둥병자의 치유와 오병이어의 기적, 십자가에 못 박히는 장면까지 생생하게 표현된 성서 내용을 보고 기도가 절로 나왔다. '주여 우리를 불쌍히 여기시고 우리에게 자비를 베푸소서' 하고.

성당의 파이프 오르간은 로마 엔젤리 성당에서 본 것보다 두 배는 컸다. 파이프 위쪽이 돔으로 되어 움푹 파인 형태가 소리를 모아 반향하면 더욱 웅장하게 울려 퍼질 것 같았다. 마리아가 아기 예수를 안고 서 있는데 후덕하고 인자한 표정이라기보다는 키가 크고 야윈 모습이다.

시실리 팔레르모

팔레르모 두오모 성당

팔레르모 두오모 성당 내부

성당을 둘러보고 밖으로 나와 뒷마당으로 가니 아름다운 시칠리아의 팔레르모 항구가 저 멀리 보이고 넓은 분지 같은 언덕 아래 연주황색, 살구색 지붕 단층집들이 해변에 가까운 쪽에 누워서 아낌없는 햇볕을 쬐고 있었다. 산 위에도 드문드문 집들이 들어서서 상쾌한 바람과 햇빛 때문에 날마다 순간마다 축복을 누리고 있는 듯했다.

양털 구름이여, 시칠리아를 지키고
바람이여, 이들의 근심을 실어가라.

시칠리아 그대여,
찬란한 햇빛이 청춘의 마음을 부풀리고
알맞게 익은 포도주와 오렌지가
노년의 피곤함을 흘러보내라.
그리고 즐거운 인생을 찬미하여라.

오늘같이 맑은 날씨가 시칠리아의 풍광에 반하게 해서 누구든지 시인으로 만들 것 같았다.

20유로나 주고 탔으니 본전이나 찾자 생각하고 관광버스 라인 A도 마저 돌아보았고 B 라인 버스를 타고 2층에 앉아 여유 있게 도시를 구경하였다. 헤드폰을 끼고 영어로 된 해설을 들으며 배경음악도 즐겼다. 1200년대, 800년대, 600년대에 지은 건물을 보았고, 마피아를 소탕한 기념으로 항구 근처에 세운 기다란 쇠기둥 같은 조각도 재미있게 보았다.

버스 안에서 만난 부부에게 "Come ti chiami?(이름이 뭐나?)" "Quanti anni hai?(몇 살이세요?)" "Come anni hai(54살)" 이렇게 써먹으며 복습했는데 그들은 동양 여자가 재미있는지 노상 웃고 있었다.

배로 돌아가기 전 G의 전화를 빌려 남편에게 문자를 보냈다. '궁금해지고 보고 싶고 손잡고 걷고 입 맞추고 싶어요.' 남편의 답장은 '성령 충만하기 바랍니다. 기도 준비 중. 아무 염려 말고 즐겁게 놀다 오시오.' G도 자기 남편에게 문자를 보냈다. '술 마시지 말고 집에 일찍 들어가.' 남편의 답장은 '혼자 있으니 살 맛 난다. 오래 있다 와.' 였다.

　배에 들어와 모두 12층 갑판에 올라가 항구를 바라보았다. 노을이 지고 불이 하나둘 켜지고 어스름한 하늘 위에 반달이 떴다. 우리는 창공에 빛난 별, 산타루치아를 부르며 바람을 맞았다. 간에 바람난 여자들처럼 좋아서 하하 크게 소리 내어 웃었다. 이제 지중해 크루즈의 전반부는 끝나간다. 아, 세월은 잘도 흘러가네.

정찬 음식 선택하기

- **전체**: 오징어 튀김, 참치 소스 곁들인 송아지 고기 슬라이스, 발사믹 식초와 소스 뿌린 야채 그릴 구이
- **수프**: 차가운 콩 수프, 달걀과 블루치즈 치킨 수프, 시칠리아 밀감 냉수프
- **파스타**: 볼로냐식 라쟈나 오븐구이, 가지, 토마토소스와 리코타 치즈 곁들인 푸실리 파스타
- **주요리**: 야채, 마늘을 곁들인 프라디아블로 새우 볶음, 구운 감자와 야채, 겨자 소스를 친 돼지고기, 송아지 넓적다리 고기, 으깬 감자와 람부르스코 와인 소스친 메추리 통구이
- **샐러드**: 토마토소스와 파르메산 치즈를 곁들인 가지 샐러드, 토마토, 옥수수, 샐러리, 피망, 로메인 상추 샐러드.
- **샐러드 드레싱**: 이탈리안 드레싱, 프렌치드레싱과 요구르트 드레싱, 블루치즈, 올리브유와 발사믹 식초
- **후식**: 각종 치즈(에담, 마스담머, 폰탈, 에멘탈, 콜비 잭), 지안두아이 견과류 케이크, 나폴리타나 페이스트리, 생크림과 화이트 초콜릿 가루 뿌린 초콜릿 선데, 각종 아이스크림(스타 치아텔라, 바나나 피스타치오, 레몬 파인애플 서벗, 무설탕 바나나 무스)
- **신선한 과일**: 파인애플, 수박, 포도

- **추천 와인**: Gavi di Gavi DOCG 'Batasiolo'(21유로), Nero d'Avola 'Feudo Principidi di Buderd'(25유로)

오늘의 크루즈 마지막 날 정찬이다. 크루즈 초기에는 위와 같은 메뉴판으로 뭘 먹을지 고르다 보면 머리에 쥐가 날 지경이 되었다. 웨이터가 서서 주문을 기다리는데 뭘 먹을지 몰라 시간을 끌면 그것도 예의가 아니다. 친구들은 음식이 짜고 맛없다고 그런 거 먹으려고 정찬 식당 '밀라노'에서 두 시간 이상 앉아 있기 싫다고 했다. 그러나 오늘 밤은 정찬 식당에서 예쁘게 차려입고 먹자고 했다. G는 새우 냉채와 게살튀김이 전채로 맛있지 딴 건 못 먹겠다고 했다. 찬 수프는 질색이라고 했다. 라자냐와 리코타 치즈 섞은 파스타는 느끼해서 먹기 싫다고 했다. 그녀는 생선이나 해물은 먹지만 고기는 먹지 않으므로 주요리도 건너뛰었다. 나물이나 먹을까 생야채도 별로 좋아하지 않아 샐러드를 즐기지도 않았다. 디저트는 살찐다고 먹지 않으니 정말 먹을 게 없다. G는 파스타와 피자 위에 칠리 고춧가루를 뿌려 먹었고 생선과 죽, 수프에도 고춧가루를 듬뿍 뿌렸다. 생각보다 고춧가루 뿌린 게 입맛에 맞아 우리도 따라 했다. 그렇게 짭짤하고 칼칼한 음식을 좋아하니 아이스크림과 초콜릿 케이크 위에 고춧가루를 뿌리지 않은 게 이상할 정도다.

네 명 모두 함께 앉아 있으면 입맛이 당기는 분위기는 아니지만 그래도 맛이 있든 없든 난 새로운 음식을 맛본다. 입맛의 경지도 넓히는 게 좋아 매번 흥미진진하게 골고루 시켜 먹는다. 치즈도 조금씩 종류별로 주문해서 먹어본다. 차도 익숙한 것 보다는 낯선 종류를 마신다. 그러니 크루즈는 내 체질에 꼭 맞다.

무대에서 왈츠를 추고
노래방에서 망신당하다

선장 주최 리셉션은 대극장에서 개최되었다. 턱시도와 드레스로 잘 차려입고 온 손님들에게 샴페인, 포도주와 맥주, 칵테일을 무료로 대접하면서 선장은 손님들에게 배를 소개하고 직원을 소개했다. 승무원 중 춤 잘 추는 젊은이들이 무대 위로 여자 손님을 청해서 왈츠를 추었다. 서양 여자 손님들이 직원들의 손을 잡고 무대에서 춤을 추었는데 동양 여자들은 아무도 초대받지 못했다.

함께 온 친구들을 즐겁게 해 주고 싶어서 무대 가까이 나가서 남자 직원에게 말했다. 나도 왈츠 추고 싶다고. 그는 시간이 얼마 남지 않았지만 올라오시라고 하며 내 손을 잡고 무대로 나갔다. 음악에 맞춰 우아하게 왈츠를 추고 자리로 돌아오니 L 관광에서 온 여자 손님들이 아주 잘했다며 손뼉을 쳤다. 내 친구들은 연살구색 드레스가 조명을 받아 빛나고 예뻤다며 칭찬해 줬다. 춤 배운 보람이 났다.

크루즈를 단독으로 다니려면 모험심과 용기가 필요하다. 그런데 패키지로 단체 크루즈 여행 경험이 있으면 다음에 따로 크루즈 가는 데 도움이 된다. 서부 지중해 여정에 L 관광이 모객하여 많은 한국인이 패키지로 왔는데 아무래도 그들은 영어가 자유롭지 못하고 처음이니 어떻게 선내 활동을 즐길지 경험이 부족했다. 그들을 즐겁게 해 주려고 관광 회사 직원들이 선내 어느 홀에 노래방 기계를 설치했다. 우리도 어영부영 그들 옆에 있었는데 아무도 노래를 부르지 않고 멀뚱멀뚱 눈치를 보고 있기에 S가 마이크를 잡았다. 그녀가 기름지고 간드러진 목소리로 심수봉의 '남자는 배 여자는 항구'를 부르는데 몸을 비틀며 눈을 감고 부르는 모습이 어찌나 우습던지 큰 소리로 웃었다. 말이 없고 점잖은 그녀가 그런 노래를 저렇게 부를 줄은 상상도 못 했다. 그러나 같은 일행도 아니면서 끼어서 노래를 부른다고 그 쪽 사람들이 가이드에게 항의를 하는 것 같아 망신스러워 나왔다.

서부 지중해 크루즈를 마치고

지중해 크루즈는 다시 오고 싶을 정도로 크루즈의 보석이었다. 기항지 곳곳이 찬란한 역사와 유물이 깔려 있었고 아름답지 않은 곳이 없었다. 도시마다 특색이 있어 하루 종일 걸어 다니며 신기한 풍물과 격조 높은 예술 작품을 끝도 없이 감상하였다. 돌아다니다 힘들면 앉아 쉬는 것이 우리에게 무한한 자유를 주었다. 기항지를 하루에 다 둘러 볼 수 없었기에 다시 온다면 이번에 가보지 못한 다른 관광지를 방문하고 싶다. 유럽 사람들은 그렇게 여러 번 온다고 했다.

우리는 온 김에 지중해 동부도 가게 되니 비행기 값이 절약되는 셈이다. 누구는 절약이라는 이 논리에 '뭐가 절약? 며칠 더 여행비가 나가는 거지'라고 할지 모르겠다. 하여튼 이 여행, 저 여행 떼어 놓고 보면 방문지가 늘어갈수록 더 값이 올라가는 데 우리는 방문지와 기간은 늘지만, 비용은 그에 비례해서 증액되지 않으므로 실속이 있다는 뜻이다.

우리는 지중해 이탈리아와 스페인, 몰타와 튀니지 네 나라를 돌아보면서 참 잘 왔다고 이 기회는 누구나 가질 수 있는 것은 아니라고 스스로 복 많은 사람들이라 했다. 이제는 로마로 가서 베네치아까지 기차 타고 지중해 동부를 갈 것이다. 야호!

일자	2008년 11월 10~17일(7박 8일)
	베네치아 출·도착
선사	코스타 크루즈(Costa Cruise Lines)
유람선	포츄나(Costa Fortuna)
규모	10만2천6백 톤, 길이: 273m, 폭: 36m, 높이: 13층, 2003년 건조
승객 수	약 2,720명(직원: 1,027명)
일행	4명(여고 동창들)
비용	발코니 디럭스 116만 원, 항공료 없음

일자	기항지	도착	출발	비고
1일차 2008-11-10 (월)	베네치아 (Venis, 이탈리아)		18:00	출발
2일차 2008-11-11 (화)	바리 (Bari, 이탈리아)	12:00	18:00	정박
3일차 2008-11-12 (수)	카타콜론 (Katakolon, 올림피아, 그리스)	12:00	17:30	정박
4일차 2008-11-13 (목)	산토리니 (Santorini, 그리스)	07:30	13:30	정박
	미코노스 (Mikonos, 그리스)	17:30	20:30	정박
5일차 2008-11-14 (금)	로도스 (Rhodos, 그리스)	08:00	17:00	정박
6일차 2008-11-15 (토)	해상			해상
7일차 2008-11-16 (일)	두브로브니크 (Dubrovnik, 크로아티아)	08:30	14:00	정박
8일차 2008-11-17 (월)	베네치아 (Venis, 이태리)	09:00		도착

동부 지중해 크루즈

(2008년 11월 10~17일)

로마에서 베네치아로

지중해 서부 크루즈를 무사히 마친 후 치비타베키아 항구에서 내려 기차를 타고 로마로 가서 미리 예매해 둔 유로스타를 타고 베네치아(베니스)에 왔다. 지중해 동부 크루즈는 이탈리아 동쪽 해안을 따라 베네치아부터 그리스의 올림피아, 산토리니 섬과 미코노스 섬, 크로아티아의 두브로브니크까지 가는 일정이다. 로마의 뛰어난 문화유산뿐 아니라 어딜 가든 유적이 즐비한 나라, 지중해 좋은 날씨까지 갖춘 이탈리아지만 오후 세시쯤 도착한 베네치아는 온통 안개가 휘감고 있었다. 베네치아 역에서 숙소(Adua Hotel)까지 가방을 끌고 밀고 가서 2층까지 짐을 올리느라 힘들었다. 계단이 좁은 숙소는 방과 식당도 작았다. 그러나 실내는 깔끔했고 베네치아를 걸어 다니기에 좋은 위치라 만족스러웠다.

짐을 두고 서둘러 간 산 마르코 광장도 축축하고 서늘했다. 6시 반 산마르코 성당은 미사가 막 시작되었다. 주일이라 예배를 드리지 못했기에 참석하고 싶었다. 몬레알의 두오모 황금 성당보다 컸지만, 색조는 비슷하게도 옅은 갈색의 황금색 분위기였다. 나이 많아 힘이 없고 목소리가 쉰 신부님이 설교를 했다.

여자 둘이 성경 에스겔서를 읽었는데 물이 넘쳐흐르고 그 물에 잠기는 곳의 식물은 풍성한 열매를 맺는다는 내용이었다. 하나님과 성령에 잠기면 좋은 영향을 끼치는 열매가 있다는 것과 내 몸이 성령의 전이어서 거룩하다는 고린도전서의 내용도 덧붙였다. 노는 것과 소비하는 것에만 신경 쓰다 메말랐던 가슴이 하나님의 말씀을 들으니 따뜻해졌다.

개신교도지만 성당의 성찬예식에 참여했다. 성찬은 예수의 몸과 피를 기념하는 예식인데 신교, 구교 이것저것 따질 것이 아니라 예수의 십자가 사건 전 마지막 만찬에서 그가 하신 말을 기억하고 있다. 그를 기념하는 예식에 참여해야 한다는 게 나의 신조다. 성찬은 나의 몸과 마음을 정결하게 한 후에 받아야 하는 것이다. 마음을 성령으로 채우고 종이같이 납작하고 동그란 작은 빵 한 조각과 큰 컵에 담긴 포도주를 조금 마셨다. 정결해지는 기분을 가지고 예배를 마치고 바깥으로 나왔다.

광장의 안개는 더욱 짙어졌다. 차가운 물방울이 얼굴을 스쳤다. 낮에 정상가격 35유로였지만 10유로로 할인하여 산 음악회 표를 가지고 리알토 다리 옆의 Scoula Grande Di San Teodoro 학교에 가서 바로크 시대 음악과 오페라를 관람했다. 낮에 바로크 시대 의상을 입고 가발을 쓴 남자가 사람의 주목을 끌면서 표를 팔아 얼떨결에 샀는데 출연자 성악가들도 모두 바로크 시대 의상을 입었다. 한 시간 반 동안 돈 파스칼레, 피가로의 결혼, 세르비아의 이발사, 라 트라비아타, 리골레토 등에서 나오는 익숙한 아리아를 들으며 좋은 시간을 가졌다. 학교 강당이 크지 않았고 악기 연주자와 출연자들을 바로 옆에서 보고 감상할 수 있어 더 실감 났다. 패키지가 아니라서 마음 내키는 대로 자유롭게 다니고 구경할 수 있는 건 자유 여행의 장점이다.

연주회를 마치고 나오니 배가 고파 먹을 것을 찾아 헤맸으나 맥도날드 세트 메뉴가 12,000원 정도였다. 값은 비싸고 마땅하게 먹을 것이 없어 피자 한 조각으로 때웠다. 이건 자유 여행의 단점이다. 밤에 자다가 큰딸을 꿈에서 보고 너무 슬퍼 엉엉 울었다. 지금도 그때를 생각하면 눈물이 난다. 큰 애가 꿈에서 울면서 자기가 어디서 뭣을 몇 퍼센트 잃었고 어디서 또 몇 퍼센트를 잃었다고 했다. 나도 따라 막 우는데 Y가 깨우면서 눈물 흘린 내 얼굴을 닦아 주었다. 깼지만 여전히 슬퍼서 훌쩍거렸다. 어렸을 때 아이가 울기도 했지만 성장한 후로는 우는 걸 별로 본 적이 없었는데 꿈이지만 슬프게 우는 걸 보고 나도 따라서 큰 소리로 울었던 것이다. 꿈이니 다행이지. 나중에 물어보니 별일 없었다고 했다.

다음 날 호텔 조식은 5유로였다. 인터넷에선 7.5유로라 했는데 실제는 좀 값이 쌌다. 밖에 나가면 샌드위치 한 조각도 5유로, 우유 한 팩도 5유로인지라 편안히 앉아서 먹는 커피와 빵, 잼, 초콜릿 시럽, 주스가 퍽 만족스러웠다. 든든히 먹었으니 돌아다닐 준비는 된 셈이다.

어제 밤안개 때문에 앞이 안 보여 제대로 보지 못한 베네치아를 확실히 볼 거라며 미로 같은 골목을 요리조리 돌아다녔다. 그러나 여전히 길 찾는 게 어려워 길 이름과 지도를 연신 번갈아 쳐다보며 헤매듯 걸었다. 유리 공예품이 예뻐서 모두 사고 싶었지만 비싸고 무거워 목걸이와 조그만 컵으로 된 촛대만 샀다.

베네치아(베니스)

베네치아의 인구는 28만, 연간 관광객은 이천만, 둘레 11km, 177개의 운하, 400개의 다리로 118개의 섬을 연결한 도시다. 세계 최고로 아름다운 도시 중 하나인 베네치아지만, 역사는 처절했고 생존에 급급했었다.

서기 4~5세기부터 북쪽 훈 족과 롱고바르디 족의 위협과 공격으로 베네토 지역 주민들이 살아남기 위해 갯벌로 향했다. 살기도 어렵지만, 외부의 침입도 어려운 갯벌에 수백만 개의 말뚝을 박아 도시를 건설했던 것이다. 수많은 전쟁 중에도 13~15세기에는 동서 중계무역과 십자군에게 식량과 운송수단을 제공하고 부를 축적하여 지중해를 지배하는 도시가 되었다. 그러나 몇 세기를 흐르는 동안 오스만 튀르크 족의 동로마 점령, 프랑스와 스페인의 팽창, 17세기 인구의 절반을 죽음으로 몰고 간 흑사병으로 인해 쇠퇴해져서 최고 때의 반밖에 안 되는 인구로 줄어들었다.

그러는 중에도 예술과 학문의 도시로 계속 발전하였고 현재는 이탈리아 내에서 잘사는 도시가 되어 나라 경제에 큰 도움을 주고 있다. 베네치아는 아름다운 궁전과 미술관, 성당에 있는 화려한 예술 작품, 그리고 2월 중순에서 3월 초순까지 열리는 환상적인 카니발(가면 축제)로 전 세계에서 관광객을 끌어 모으고 있다.

지금은 나무를 콘크리트로 교체하여 더 든든하게 건물을 지지한다고

베네치아

산 마르코 성당

해도 밀물 때 들어오는 물로 수위가 높아져 산 마르코 광장까지 물이 차서 건물들이 부식하고 있다고 한다. 베네치아를 유지하는 데 천문학적인 비용이 들어가고 100년 후에는 베네치아가 가라앉을 것이라는 예측이 암울하다.

베네치아의 28만 인구 중 구시가에 사는 6만여 명의 주민들은 관광객을 상대로 살아가겠지만, 그 외의 지역에서 출퇴근하는 현지인들을 바포레토라는 배에서 보니 어쩐지 타인에게 눈길도 주지 않는 냉정함을 느꼈다. 하긴 관광객이 와서 배출하는 쓰레기와 떠들썩함, 침몰 위기 때문에 현지인들은 이 도시를 떠나고 싶은지도 모르겠다.

산 마르코 광장에 있는 산 마르코 성당은 828년에 두 상인이 이집트 알렉산드리아에서 마가복음의 저자 마가(마르코)의 시신을 발견하고 이슬람에서 금기시하는 돼지고기 바구니 밑에 유골을 숨겨 베네치아로 갖고 온 후 도시의 수호성인으로 모시게 된 것을 기념하기 위해 세운 성당이다. 지금의 형태는 1063년에 완성된 것이다. 성당 입구 상부의 네 마리 청동 말은 13세기 십자군이 콘스탄티노플에서 가져왔고, 자재와 장식품은 터키와 이집트에서, 내부 조각상은 로마와 지중해에서 가져왔다. 성당 옆의 두칼레 궁전은 9세기에 베네치아 공화국의 총독 궁전으로 세워졌으나 몇 번의 화재로 현재 건물도 1063년에 재건된 것이다. 베로나에서 가져온 분홍색 대리석 건물이라 외양도 온화하고 아름다웠지만, 광장과 조화가 완벽했다. 2층 내부에 있는 화가 틴토레토의 천장화 '천국'은 무려 가로 7m, 세로 22m의 유화로 크기가 어마어마하다. 조각상 '사자의 입'과 '만취한 노아'가 볼만했고 궁전과 감옥을 잇는 '탄식의 다리'는 희대의 플레이보이 카사노바가 감옥으로 갈 때 그를 연모하던 여인들이 탄식하고 눈물을 흘려 붙여진 이름이라 한다.

산 마르코 광장의 캄파닐레 종탑(높이 99m)은 10세기경에 세웠지만 20

산 마르코 성당과 캄파닐레 종탑

세기에 완전히 무너졌기에 다시 건축한 것이다. 꼭대기 전망대에서 베네치아 전체를 조망하면 좋다는데 난 이것도 나중에 남편과 같이 본다고 미루었다(이러다가 영 못 보게 될 수도 있는 거다). 산 마르코 광장에 있는 카페 플로리안(Caffe Florian)은 1720년에 개업했는데 영국 시인 바이런과 괴테가 단골손님이었다고 한다. 비싼 커피 한 잔 시켜서 바깥 테이블에 앉아 달콤한 실내악을 들으며 행인을 쳐다보기에 좋지만, 비둘기가 너무 많아 머리에 뭐가 떨어질지도 모른다. 여행지로서 베네치아에서 주의해야 할 것은 비둘기와 그 분비물, 소매치기, 12%의 봉사료와 18%의 팁이 청구되는 음식값, 개똥, 그리고 9~11월 사이 밀물 때 몰려드는 물이다. 산 마르코 광장이 가장 낮아서 장화로도 모자랄 정도로 수위가 높을 때도 있다고 한다. 어떤 사람은 곤돌라를 운전하는 곤돌리에의 휴대폰과 담배, 바가지 씌우는 것도 조심하라 했고, 가을 지나면서부터는 오후 4시만 되면 찾아오는 어둠도 조심하라고 했다. 또 하나 더, 베네치아의 7, 8월은 사람이 너무 많아 좁은 골목길은 덥고 열기로 가득 찰 것을 예상하고 가야 한다. 이것도 조심해야 할 목록 중 하나이다.

베네치아에서 방문할 만한 미술관은 14~18세기의 베네치안 예술을 만날 수 있는 아카데미아 미술관(Gallerie dell' Accademia)과 현대미술 전시

베네치아의 유리공예 촛대

리알토 다리

장인 페기 구겐하임(Peggy Guggenheim) 미술관이다. 산 마르코 성당 외에도 14~15세기에 지은 콤포 데이 프라리(Campo dei Frari, San Polo), 17세기의 산타 마리아 델라 살루테 성당(Basilica di Santa Maria della Salute)을 빼놓을 수 없다.

베네치아의 수상버스인 바포레토(vaporeto)를 하루 종일 타는 종일(one day) 패스를 사면 20유로가 들지만 우리는 별로 배 탈 시간이 없어 7유로를 주고 산 마르코 광장에서 리알토 다리까지 체험 삼아 한 번 타보고는 대부분은 걸어 다녔다. 베네치아는 택시도 모터보트다. 100여 개의 섬을 연결하는 미로 같은 운하와 골목 때문에 길을 잃기 십상이다. 산 마르코 광장 가는 길과 리알토 다리는 항상 사람들로 북적인다.

리알토 다리는 1,200년간 대운하를 건너는 유일한 다리였다. 예전의 다리는 두 번이나 화재로 소실되었고 현재 돌로 만든 것은 1591년도에 건축된 것이다. 다리 주변에는 토산물, 수공예품과 해산물, 과일과 채소 가게가 있고 해산물 식당이 많아 현지인과 관광객이 몰려드는 곳이다. 일단 한번 그곳을 봤다면 그저 골목을 따라 걸으면 된다. 현지인들이 사는 집 창문에 걸어놓은 제라늄 화분도 보이고 빨래를 스치는 바람도 자유롭게 만날 것이다. 그리고 골목 코너 건물에는 항상 산 마르코로 가는 방향을 표시해 두었으니 안심하고 다니면 된다.

　연인과 부부가 극치의 낭만을 느끼고 싶으면 노을 무렵에 곤돌라를 타라고 한다. 늙은 부부도 그런 로맨틱한 감정을 느낄 수 있을는지는 모르겠지만 물 위에서 보는 베네치아는 또 다른 감흥을 준다고 했다. 곤돌라는 바포레토가 가지 못하는 좁은 운하를 지날 수 있는데 2~6사람이 각자 돈을 내면 30~50분간 탈 수 있다. 타기 전에 가격을 협상해야 하지만 보통은 80유로가 든다. 그 돈을 내고 늙은 친구끼리 타느니 다음에 남편하고 같이 왔을 때 타려고 미루었다.

　베네치아의 부라노 섬은 레이스로, 리도 섬은 해수욕장이 있는 휴양지와 베네치아 영화제로, 무라노 섬은 유리 공예로 유명하다. 토르첼로 섬은 잘 알려지지 않았지만, 베네치아의 근원인 섬인데 습지가 늪으로 변해 한때 2만 명이던 인구가 지금은 겨우 17명밖에 살지 않는 섬으로 변했다. 그러나 천 년 넘은 교회가 두 개나 있고 한적하고 아름다운 곳이라 한다.

Day 1. 베네치아 출발

    오전 내내 베네치아의 골목을 쏘다니며 예술 작품 같은 유리 공예품과 장식품을 구경하다 오후 3시에 기차역 앞 다리를 건너 선사에서 제공하는 무료 셔틀버스를 타고 유람선으로 갔다. 안개 때문에 배가 늦게 도착해서 6시에야 짐 체크인이 끝났다. 하루 종일 돌아다니다 무거운 가방 끌고 장시간 대기했더니 온몸이 욱신거렸다. 방에 들어오니 살았다 싶었다.

Day 2. 바리(Bari), 이탈리아

바리는 이탈리아 반도의 발꿈치 부분에 위치한다. 아드리아 해를 사이에 두고 이탈리아 반도와 발칸 반도를 이어주고 흑해와 지중해, 두브로브니크와 아테네와 그리스 각 섬을 떠나는 출구로 관광객들이 들리는 정도라 한다. 그러나 구시가지에는 아직도 중세 건물이 많이 남아 있어 귀중한 유산을 만날 수 있었다.

오늘날 산타클로스의 유래가 된 성 니콜라스 성당은 12세기 후반에 건축되었고 여기에 성 니콜라스의 유해가 보관되어 있다. 터키 미라(Myra)에 누워 있는 니콜라스 성인의 유골을 1087년 62명의 선원이 바리로 갖고 와서 그의 유골을 보관하기 위해 지은 성당이다. 바리는 성 니콜라스를 도시 수호성인으로 모셨다. 이탈리아 사람들은 마가(마르코)의 시신도 823년에 알렉산드라에서 강탈하여 베네치아로 갖고 와서 수호성인으로 정하고 시신의 안치를 위해 산 마르코 대성당을 지었는데 왜 수호성인에 목숨을 거는지 모르겠다. 성경대로 하나님의 뜻대로 살 생각은 안 하고 예수의 제자와 예수 믿는 성인의 시신, 그것도 강탈해서 모시면 만사형통한다고 믿는가 보다. 더 유명한 건축물은 중세의 사비노 성당이라고 해서 그곳을 가느라 골목길을 걸었다. 창문에 많이 널린 빨래가 햇볕을 쬐며 바람을 맞고 있었다. 중세 때부터 이어져 내려온 일상사에서 사람 사는 냄새를 맡았다.

바리는 어느 곳을 방문해야 할지 몰라서 항구에서 버스 타고 시내를 돌아다녔는데 나중에 알고 보니 마테라와 알베로벨로에 가는 것이 가장 좋은 선택이었음을 알고 실수했다는 생각이 들었다. 바리에서 남서쪽으로 55km 떨어진 마테라는 높은 지대의 산속 바위 절벽을 파서 만든 동굴집 사시(Sassi)로 유명한데 종교 때문에 박해받던 사람들이 살기도 했다.

석기 시대에서 현대까지 지은 집 사이에 석회암이 깔린 골목길에는 대리석으로 지은 집이 독특하고 사소 카베오소(Sasso Caveoso) 도시 전체가 1993년에 유네스코 문화유산도시로 지정되었다. 이곳에서 멜 깁슨 주연·제작의 '패션 오프 크라이스트'를 촬영했다고 한다. 라틴, 비잔틴 영향을 받은 회벽에 수채화로 그린 프레스코화가 인상적인 돌로 된 교회가 백 개가 넘는다니 놀랍다.

바리에서 한 시간 정도를 가면 돌덩어리가 많은 척박한 땅이라 관개를 하지 않고는 식물을 키울 수 없는 곳이지만 밭을 일구면서 빼낸 돌들을 재료로 사용해 멋진 원통형 돌집, 트룰리(trolli)를 만들어 관광 명소가 된 알베로벨로가 있다.

원뿔형 지붕 맨 꼭대기에는 손으로 깎은 하얀 석회암 돌멩이가 손잡이같이 뾰족탑을 만들어 올렸다. 해, 별, 초승달과 십자가, 하트 모양 등의 상징물로 꾸몄다. 시멘트 몰타르를 쓰지 않고 그 지방 돌만으로 쌓아 올렸는데 도시 전체에 약 1,000채가 있다. 스머프 마을이라고 하는 이 도시도 유네스코 문화유산도시로 1996년에 지정되었다.

바리의 공용 버스로 1.5유로, 걸어서 20분이면 정류장에 갈 수 있다. 관광버스는 16유로, 각각의 선택 관광은 40~50유로가 든다.

Day 3. 카타콜론(Katakolon), 올림피아(Olympia), 그리스

 카타콜론은 올림피아로 들어가는 작은 어촌이다. 올림피아까지는 25 마일(40km), 선택 관광을 하려고 했는데 우연히 식탁에서 만난 미국인 부부가 자기들은 기차를 타고 거기로 간다는 것이다. 무슨 기차? 항구 에서 내려 조금만 걸어가면 기차역이 있는데 그것을 타면 2유로만 내면 된다고 한다. 그들과 함께 항구 옆에 있는 역에서 기차를 타고 올림피아 를 가보기로 했다. 1.5유로, 입장료 6유로, 정보가 돈이구나!

카타콜론 항구에서

그런데 내려서 해안가의 아기자기한 기념품점과 식당을 지났는데도 역이 보이지 않았다. 계속 철로를 따라 한참을 걸은 후 역을 발견하고는 기차를 탔다. 알고 보니 가까운 역이 바다 모래사장 끝나는 곳에 있었는데 놓친 것이었다. 사실 처음 가는 길인데 잘못된 정보로 올림피아를 못 보는 게 아닌가 걱정했으나 다행히도 타게 되니 기뻤다. 검표하는 승무원에게 1.5유로를 주고 기차 안을 살피니 관광객은 우리밖에 없고 그리스 현지인밖에 안 보인다. 창문 밖으로 그리스 시골 구경을 30분쯤 하니 올림피아라 한다.

그런데 역에서 내려서도 한참을 걸었다. 해가 쨍쨍해 그늘을 찾아 헉헉거리고 올라가는 데 유람선 선택 관광버스가 우리 옆으로 쌩 지나갔다. 차 안의 모두가 고생하는 우리를 보고 있는 듯했다. 운동 삼아 걷는다며 씩씩하게 올라갔지만, 꽤 멀었다.

올림피아는 그리스의 초기 스포츠와 종교의 중심지로 고대 올림픽의 발생지다. B.C. 776년부터 대회를 개최했으나 A.D. 393년에 비잔틴 황제 테오도시우스가 금지시킬 때까지 4년마다 한 번씩 열었다. 처음에는 단거리 경주 한 종목만 있었으나 후에 13종목으로 늘어났다. 우승자는 올리브 잎으로 만든 관이 수여되었는데 출신지에 가면 개선장군의 대접을 받았다고 한다.

1806년에 프랑스의 남작 쿠베르탱의 제안으로 재개되었다. 올림픽이 열릴 때마다 성화를 이곳에서 채취하여 올림픽 개최지로 운송되기 때문에 TV로 성화 봉송 장면을 보게 된다. 2,800여 년 전에 만든 4만 명의 관중을 수용하는 운동장과 192m의 육상 경기장, 제우스와 헤라의 신전과 학교, 실내 경기장, 기원전 350년 전 조각가 프락시텔레스의 헤르메스 동상의 유물을 볼 수 있었다.

육상 경기장에는 마라톤 출발선과 도착선이 표시되어 있었다. 무너진

올림피아

돌기둥과 기단이 길 따라 차곡차곡 쌓여있는 모습에 가슴 저 밑에서부터 감동이 몰려왔다. 왜 옛것을 보면 마음이 흔들리는가. 아마 코앞에서 현재의 나, 과거라 해 봤자 내 나이도 안 되는 세월에만 집착하며 바라보다 몇 천 년 전부터 지금까지 내려오는 인류의 흔적과 역사의 존재를 체험하기 때문인지 모르겠다. 코로니온 언덕 아래에 있는 박물관에는 1875년에 독일인에 의해 발굴된 유물이 전시되어 있었다. 아직도 발굴이 계속되고 있다고 한다.

Day 4. 산토리니(Santorini), 미코노스(Mykonos), 그리스

산토리니

에게해의 진주라는 산토리니는 키클라데스 제도 남쪽 끝에 있다. 산토리니의 아크로티리 유적지에서 발굴된 프레스코화와 다양한 도기들을 보면 고대 문명이 뛰어났다는 것을 알 수 있으나 B.C. 1600년경 일어난 화산 폭발로 섬 가운데가 바다로 가라앉아 하루아침에 자취가 사라져 버렸다고 한다. 당시 대부분 섬이 사라져서 전설에 있는 아틀란티스의 사라진 도시라고 상상하는 사람도 있다.

현재는 섬 외곽과 가운데 봉우리만 남아있다. B.C. 7~6세기에는 북아프리카까지 활동범위가 넓었으나 그 뒤 그리스, 로마제국의 지배를 받았고 비잔틴 제국과 오스만 제국의 지배까지 받았다. 1830년에 그리스가 터키로부터 독립하자 산토리니도 독립하였는데 산토리니의 희고 푸른 건물과 하얗고 파란 줄의 그리스 국기 색깔이 서로 닮았다. 산토리니의 가장 최근 화산 활동은 1956년에 일어났다.

산토리니의 선택 관광에는 화산섬과 고대 유적지인 티라 유적지, 아크로티리 유적지를 방문하는 것과 이아 마을 관광이 있다. 기항지 관광에 참여하는 사람은 아티니오스 항구에 7시에 도착해서 7시 반부터

관광을 하고 선택 관광에 참여하지 않는 사람들은 9시에 본섬인 티라 (Thira) 항구에 도착한다. 선택 관광은 작은 돛배를 타고 화산지역 해안을 둘러보며 검은 화산석을 구경한 후 배에서 내려 활화산인 분화구까지 걸어가서 용암과 화산석의 형성에 대해 관찰을 하고 분화구에 가서 산토리니 섬 전체를 관망하는 것이다.

분화구보다 더 크게 움푹 팬 칼데라의 절벽을 보고 내려와서는 배를 타고 무인도인 팔레아 카메니 섬의 온천 쪽으로 가는 것과 산토리니 섬 전체를 돌아다니는 관광이다. 섬의 남쪽 끝은 고대 유적지인 아크로티리 마을이 있다. 그리고 화산 활동으로 만들어진 검은 화산석 때문에 블랙 비치, 검붉은 화산석 때문에 레드 비치, 하얀색의 벼랑 때문에 화

이트 비치가 있는데 이곳도 둘러본다.

　선택 관광하는 사람들은 7시 15분부터 배에서 내렸는데 우리는 9시가 되어서야 나갈 수 있었다. 섬이 작아서 둘러 볼 시간이 충분하다 하였지만, 차별대우 받는 것 같아 기분이 유쾌하지는 않았다. 유람선을 댈 수 있는 항구가 없어서 텐더 보트를 타고 나가니 시간이 퍽 걸린 셈이다.

　내려 보니 섬의 위쪽 마을에서 아래 부두까지 당나귀들이 지그재그로 된 언덕길을 줄지어 내려오고 있었다. 하얀 건물을 절벽 위에 이고 있는 산토리니 섬 위쪽 피라 마을까지 올라가는 방법은 걷든지, 케이블 카 아니면 당나귀 타기가 있었다. 겁이 났지만, 모험심이 발동해서 당나귀를 타자고 했다. 일행들이 무섭다고 싫다 했으나 안타면 후회한다고 무조건 강력히 타자고 했다. Y가 탄 당나귀는 말같이 큰데 내 것은 작고 늙어 보여 측은하기까지 했다. 그런데도 큰놈에 지지 않으려는 듯 가파른 길을 앞질러 빨리 가니 더 무서웠다. 떨어질 것 같아 안장을 꼭 잡았다. 고생하는 당나귀가 어쩐지 가여워 목덜미를 만지며 "아이고 착하다. 잘 올라가네" 했더니 거친 노새의 털 아래서 따뜻함이 전해졌다. 앞서 가던 Y는 신발 한 짝이 벗겨졌다고 고함을 질렀으나 신발을 발끝에 걸고 계속 올라갈 수밖에 없었다. 다른 당나귀들이 계속 올라오고 있었기 때문에 멈춰 설 수가 없었던 것이다. 앞에 있던 당나귀가 배설을 하자 철퍼덕 떨어지고 냄새가 진동했다. 여러 가지 새로운 경험에 스릴이 넘쳐 모두 재미있었다, 모두 잘 탔다, 잊지 못할 경험이라고 하였다.

동부 지중해 크루즈에는 산토리니가 포함되어 있을 가능성이 높으므로 유럽인들은 산토리니를 들릴 때마다 새로운 곳을 가 볼 수 있겠지만, 우리 같이 두 번 오기 힘든 사람들은 사진과 포스트 카드에 나오는 풍경을 보러 이아 마을에 주로 간다. 택시 기사와 흥정하여 이아(Oia) 마을까지 4명이 20유로를 내고 대절하였다. 이아 마을은 산토리니 섬의 서북쪽에 있는데 전망이 탁 터여 짙푸른 바다와 하얀 건물 벽 사이 골목 길로 한가한 고양이가 어슬렁거리고 있었다. 광고와 포스트 카드, 달력에 나오는 산토리니의 랜드마크인 아기오스 조르기오스 교회는 둥글고 푸른색 돔과 하얀 십자가가 에메랄드 빛나는 바다를 배경으로 관광객의 시선을 끌었다.

산토리니 아랫집의 지붕은 윗집 마당이 되어 다닥다닥 이어져 절벽

위를 아슬아슬하게 미로와 같은 골목길을 따라 구불구불하게 이어진다. 골목길로는 차가 다닐 수 없어서 당나귀가 운송 수단이 되었나 보다. 숙련공이 아닌 그 누군가가 벽에 흰 칠을 하고 창틀에 파란색, 계단과 집 앞 항아리 화분도 흰색과 파란색, 대문도 파란색, 담은 하얀색, 그렇게 서투르게 칠했지만, 예술적으로 보였다. 흰색은 햇살이 강렬하여 햇빛을 반사하라고, 파란색은 시원하게 보이려고 칠했는데 이제는 그것도 법으로 벽은 흰색으로 칠해야만 한다고 규제하고 있다고 한다.

단순한 아름다움이 세계 각국의 관광객을 끌어들이고 마을을 꿈꾸는 곳으로 만들었다. 빨간 제라늄과 부겐빌레아가 하얀 집과 조화를 이루어 모든 게 그림으로 다가왔다. 날씨가 더없이 맑아 햇볕이 쨍쨍 얼굴이 따끔거릴 정도였다. 짙은 청색 바다에서 불어오는 청량한 바람을 힘껏 들여 마시며 가슴을 정화했다. 높은 언덕에서 바라보는 수평선, 하얀 구름, 평화로운 마을. 차 경적 소리가 안 들려서인가, 내 눈을 막는 높은 건물이 없어서인가, 마음이 편안해졌다.

사진 찍고 감탄하고 북적거리는 관광객을 빠져나와 절벽 끝 전망대 같은 곳에 오래도록 앉아 여유를 즐겼다. 한가하게 돌아다니는 개가 온순하였다. 노을이 지면 온통 붉게 물든 수평선과 주황빛으로 변한 건물들을 바라보는 경치가 환상적이고, 보랏빛 하늘가엔 하나둘씩 별이 떠오르고 주택가 불빛이 더해지면서 서서히 하루가 저무는 모습이 더없이 아름답다고 하지만 우리는 오후 1시까지 텐더 배를 타고 배로 가야 한다. 저녁 무렵에 미코노스를 가야 하니까. 다시 택시를 타고 나와서 내려올 땐 케이블카를 타고 왔다. 부두에서 올림피아 갈 때 만났던 미국인들에게 당나귀를 탔다고 하니 부러워했다.

미코노스

　주민이 오천 명인 미코노스엔 성수기 때는 열 배, 열다섯 배의 관광객이 몰려온다고 했다. 미코노스에는 저녁 7시 넘어 도착했고 보름달이 산 위에 걸려 있었다. 부두에 가까운 기념품 가게 앞 골목에서 부조키로 '희랍인 조르바'를 연주하는 거리의 악사가 있어 바로 옆에 앉아 감상했다. 흥에 겨워서 손뼉도 치고 음악에 맞춰 양손 벌려 시르타키를 추었다. 지나가던 사람들이 좋아하며 악사에게 돈을 주었다.

　예술품 같은 기념품 가게들을 지나 풍차가 보이는 곳까지 꼬불꼬불 골목길을 따라 언덕에 올라갔다. 방향도 알 수 없는 길이었지만 계속 올라가면 항구가 보일 것으로 생각하고 걸음을 쉬지 않았다. 과연 산복도로에서 차가 다니는 것이 보였다. 풍차가 있는 언덕에서 바다를 바라보니 코스타 유람선이 불을 환하게 밝히고 정박해 있었다. 그곳에서 재미있게 여행 경험을 나누고 있는 캐나다인 부부와 미국인 모녀 네 명에게 나를 소개하고 대화에 끼어들었다. 버락 오바마에 관해 물었더니 그가 지금 당장 경제 사정을 낫게 하지는 못하겠지만, 젊은이들이 그를 좋아하며 그에게 거는 기대가 크다고 했다.

　바람이 차서 부두(Proto)라고 쓴 표지판을 따라 골목길로 내려갔다. TV 소리도 들리고 아이가 우는 소리, 집안에서 큰소리가 나는 것을 듣고 사람이 사는 냄새를 맡았다. 어렸을 때 살았던 우리 집이 떠올랐다. 무수히 이사 다니다 부산의 산복도로 가까운 골목길 안쪽, 다닥다닥 붙어있던 상자 같은 판잣집 중 하나였다. 어둠 속에서 고양이가 조용히 돌아다니고 있었다.

　부두에 오니 보름달이 산 위로 휘영청 떠올라 어두운 바다를 비추었다. 16세 생일에 물 위에 올라와서 불빛이 휘황찬란한 유람선에서 울려

미코노스
출처: 로얄 캐리비언 크루즈 한국총판

나오는 흥겨운 음악과 왕자에게 마음을 빼앗겼던 인어공주처럼 여기 미코노스 주민들도 어두운 바다 위의 저 거대한 유람선의 황홀한 불빛을 보고 마음이 빼앗길까? 어디론가 저런 배를 타고 좁은 골목길에서 고함지르는 현실에서 떠나고 싶다고 생각할까? 미코노스에서 머무는 시간이 의외로 짧아 그저 보름달밖에 기억이 안 날 것 같다.

밤에는 트로피컬 나이트(Tropical Night)라고 하여 댄스 강사가 라틴음악에 맞춰 스텝을 가르쳐주고 있었다. 노래 가사에 맞춰 오른손 올리고 왼손 올리고 손뼉 치고 옆으로 세 스텝 가서 돌고 하는 식으로 알려주었다. 못 알아들으면 앞, 옆 사람들 동작을 따라 하면 된다. 30분쯤 격렬하게 움직이는 젊은이 따라 하는데 땀이 비 오듯 한다. 오늘 운동은 이걸로 충분하다.

Day 5. 로도스(Rhodos), 그리스

어젯밤에 무리한 탓인지 늦게 일어나고 9시가 되어서야 밖으로 나갈 수 있었다. 4.5유로를 내고 버스 타고 고고 유적지 린도스를 가려 했지만, 시간이 걸릴 것 같아 가까이 있는 택시를 흥정했다. 네 사람이 35유로. 린도스는 항구에서 남쪽으로 56km 떨어졌었는데 마을보다 높이 서 있었고 천연요새 같은 아크로폴리스와 아테나 신전, 신전 들어가는 입구 기둥과 로마 시대의 유물, 교회당과 학교 유적지가 있었다. 높은 곳에서 바라보는 바다와 주변 경관이 뛰어나서 여러 장 사진을 찍고 한가하게 두어 시간 바다를 한참 바라보다 내려왔다. 내려오다 이국적인 무늬의 장식 접시를 파는 아기자기한 가게도 구경하고 2만 원 주고 예술품 같은 수제 가죽가방을 샀다. 우리가 타고 온 택시가 돌아가는 손님을 구하지 못해 아직도 서 있기에 우리는 그 차를 타고 항구 근처 구시가에 있는 유적지로 갔다.

구시가는 1988년 유네스코 세계문화유산으로 등록되었다. 14세기 예루살렘을 방문하는 순례자들을 보호하고 의료 행위를 펼치다 이슬람의 공격에 쫓겨나서 이곳에 자리 잡았던 성 요한 기사단의 단장(Grand Master) 궁전이 있었다. 몰타의 기사단이라고도 하는데 돌로 된 단장의 궁전과 중세시대의 유적이 단아했다. 꼬불꼬불한 골목 사이 예쁜 정원, 개성 있는 문과 창틀이 있는 거주지를 산책하며 중세의 향기를 맡았다.

린도스 아크로폴리스 성벽

린도스 아크로폴리스

린도스 유적지

린도스 아크로폴리스에서 바라 본 바다

린도스 유적지 내

로도스 구시가

린도스

자갈이 꼭꼭 박힌 길은 비가 와도 질펴거리진 않겠다. 울퉁불퉁 하지만 오랜 세월 동안 견뎌온 길이 감탄스럽다. BC 2세기에 만들었다는 잔존 유물 중 단순 소박하지만, 아치형으로 움푹 들어간 천정이 있어서 그 시대에도 이런 건축이 가능한 것이 감동적이었다. 우리는 "대단하다", "야 아직도 이렇게 남아있다니" 연방 감탄사를 이었다.

로도스 세계에서 온 가족들

린도스 레이스 가게

　나오는데 구시가 끝나는 지점에 있는 레스토랑에서 첫날 우리 식탁에 배석했던 중국인 자매와 그녀 형제들이 나이 드신 아버지를 모시고 식사를 하고 있었다. 우리는 골목 끝 카페에서 3유로 주고 카푸치노를 시켜서 아픈 다리를 쉬며 행인들을 바라보았다. 그냥 앉아서 자유롭게 쉬는 이 맛에 돌아다닌다. 유람선으로 돌아가기 전 골목 시장 가게는 온통 레이스 천지였다. 시집간 딸에게 선물 주려고 예쁜 구슬로 수놓은 레이스 식탁보를 몇 세트를 샀더니 아주 무거웠다.

Day 6. 해상

음식

S는 새로운 음식을 한 입 먹고 찡그리기도 했지만 코스타 포츄나 음식이 코스타 콘코디아 음식보다 덜 짜고 맛있다고 했다. 일주일간 여행하면서 입맛이 적응되었는지 아니면, 입에 익어서 맛있다고 했는지 모르겠다.

멸치젓갈을 하얀 모차렐라 치즈 위에 듬성듬성 얹은 피자, 바지락을 듬뿍 넣은 크림소스 스파게티, 문어를 부드럽게 삶아 피망과 양파와 함께 올리브유에 볶은 것, 오징어와 새우를 데치고 오이와 토마토를 버무려 와인 식초를 친 것도 있었고 가지 사이사이에 간 소고기, 치즈, 토마토를 섞어 찐 것 모두 맛있어서 많이 먹었다. 약간 묽은 녹두죽에 푸슬푸슬한 밥도 말아 먹었다. 칼로리 감량을 위해 샐러드에는 주로 발사믹식초를 뿌려 먹었고 침이 흐르는 달콤한 케이크는 먹지 않으려 애썼다. 아침엔 귀리죽과 자두, 멜론, 수박, 오렌지, 배와 사과 등 온갖 과일을 먹고 소시지와 베이컨은 먹지 않았는데 체중 증가를 막기 위함이었다.

사우나

코스타 크루즈를 타고 제일 좋았던 것 중 하나는 사우나였다. 평소에 시간 여유가 없어서 사우나를 별로 즐기지 않았는데 이번에는 달랐다. 바다가 보일 뿐 아니라 파도를 가르며 움직이는 배를 느끼며 하는 사우나는 새로운 경험이었다. 여러 번 크루즈를 갔지만, 이번 사우나는 으뜸이었다. 우리는 시간이 되면 사우나를 하러 가서 땀을 흘리고 수다를 떨면서 더 이상 바랄 바가 없이 행복했다. 그전에도 그 뒤로도 이렇게 기분 좋게 사우나를 하지는 못했다.

선내 여흥

복화술(입을 움직이지 않고 전혀 다른 소리를 내어 목소리의 출처를 은폐하는 기술)을 하는 이가 관중석에 앉은 한국 여성 '김'을 데리고 무대로 나가 7가지 언어의 다양한 목소리로 일본, 독일, 미국, 이탈리아, 프랑스 사람 흉내를 내며 웃겼는데 말을 못 알아듣는 우리까지도 모두 즐거워 그 사람의 재능에 감탄했다.

클래식 음악 바이올린 연주자는 사실 소리가 거칠고 음이 드물게 빠지기도 해서 피아노 반주와 악기가 따로 노는 것 같았다. 그러나 젊은이가 땀을 연신 닦아가며 최선을 다해 연주하고 모두에게 익숙한 곡이라 박수를 치며 격려했다. 팬터마임 공연도 훌륭했다. 가느다란 막대기 위에 접시 열 개를 올려놓고 차례차례로 돌리며 떨어지지 않게 해서 긴장감을 높였다.

밤에는 그리스 춤 시르따끼 강습시간이 있었다. 이 춤은 남녀노소 가리지 않고 그리스 사람들이 파티 때면 빠지지 않고 흥을 내며 춘다. 크레테 섬이 고향인 그리스의 작가 니코스 카잔스키의 소설을 영화로 만든 '희랍인 조르바'의 음악에 맞춰 진지하게 추었다.

Day 7. 두브로브니크, 크로아티아

아드리아 해의 진주, 두브로브니크는 이탈리아 동쪽 아드리아 해를 건너 보스니아와 헤르체고비나 아래에 있다. 1차 세계 대전 전부터 두브로브니크는 세계적인 관광도시로 일 년 내내 사람을 끌었는데 구 도시 (Old Town) 전체가 유네스코 세계문화유산으로 등록되었다. 1991년부터 95년까지 세르비아의 대통령, '발칸의 도살자' 밀로세비치가 세르비아, 몬테네그로, 유고와 연합해서 전쟁을 일으켜 침략했던 도시이다.

우리는 부두에서 내려 40유로 주고 택시를 대절하여 산 위로 올라갔다. 기사는 도중에 사진 찍을 만한 곳에서 내려주며 사진도 찍어주고 가이드처럼 설명을 잘해 주었다. 꽃 피는 철이 지나 메마른 길가엔 엉킹

퀴 꽃이 간간이 피어 있었다.

산으로 올라오니 밀로세비치가 바다에서 언덕으로 폭탄을 날려 부서지고 철근이 드러난 케이블카를 타는 곳이 있었다. 가슴이 아팠다. 이 세상 모든 전쟁은 무언가를 얻으려고 일으켰지만 결국은 파괴와 인간에 대한 절망만 남아있고 소중한 것은 다 잃어버렸다. 지금도 세계 곳곳에서는 전쟁이 치열하고 오래전에는 내 눈으로 아프가니스탄의 유물이 무너지는 것을 보면서 가슴이 함께 무너지는 기분을 느끼지 않았던가. 언덕에서 구도시의 연주홍색 기와에 살굿빛 벽의 낮은 주택을 바라보는데 아름다운 구시가지 건물들이 하마터면 포탄으로 파괴되었을 지도 모를 것을 생각하니 아찔했다. 우리나라에서 일어나지 않은 일이라고 해서 무심해질 수 없음을 실감했다.

구시가지에는 수천 개의 주황색 테라코타 지붕이 다닥다닥 붙어 있었지만, 눈에 튀는 색깔이 없어 하나도 눈에 거슬리지 않았다. 우리나라의 새마을 사업 때 만든 파란색 조립식 강판 지붕 색과는 달리 조화롭고도 아름다운 경치가 연출되었다. S가 바다 왼편 섬을 보고 저것은 내 거야 하며 소유권을 공포했다. 재빨리 옆의 누구는 오른쪽 섬은 내 차지야 했다. 제국주의가 왜 경쟁적이었는지 알겠다.

내려와서 올드 타운의 입구인 파일 게이트(Pile Gate)부터 천천히 둘러보았다. 두브로브니크는 1272년에 법률이 제정될 만큼 정치, 역사와 문화가 앞선 도시며 지중해에서 가장 아름다운 도시 중의 하나로 알려졌다. 남유럽에서 가장 오래된 약국에선 아직도 아스피린을 살 수 있다.

두브로브니크가 독립국이었을 때 최고 통치자 렉터(Rector)가 사용했던 궁전은 아드리아 해 근처에서 가장 아름답다는 15세기 건물이다. 1667년 대지진 때 파괴된 것을 17세기에 재건했는데 여러 세대를 지나면서 개축, 증축했기에 르네상스, 바로크 양식과 고딕 양식이 혼재한다.

아치형 주랑 기둥의 조각, 정원의 샘, 분수 등이 하나같이 섬세한 예술품이었다. 1808년 나폴레옹에게 망할 때까지 궁전은 렉터의 집무실이었는데 독립국일 때는 12명의 렉터를 선출한 뒤 한 달에 한 명씩 번갈아가며 통치하게 해서 권력이 집중되는 것을 막았다고 한다. 지금은 박물관으로 도시의 주요 행사가 이곳에서 열린다.

궁전 내에 있는 박물관에서는 대공과 귀족의 의상을 포함해 15,000여 점의 유물이 전시되어 있고 17~19세기에 사용하던 가구도 전시되어 있다. 해양 박물관, 프란시스코 수도원 박물관과 도미니크 수도원 박물관에도 15~16세기의 보석, 회화, 자수, 조각과 서적, 민속 의상 등 수많은 귀중한 자료를 보존하고 있었다. 우리는 아름다운 도미니크 수도원에 들러 성악가의 아름다운 연주를 감상하였다.

여행 정보지와 책을 보면 두브로브니크의 뛰어난 예술과 카니발, 페스티발에 대해 많은 소개를 했지만 크루즈 와서 오전 9시에서 오후 1시까지 그 모든 것을 체험하는 건 어렵다. 꼭 해봐야 하는 것은 성벽을 걷는 것이다. 도시를 둘러싸고 있는 높이 25m, 길이 2km, 두께 4~6m인 돌로 쌓은 성벽 위를 걷도록 계단 위를 올라가면 된다. 계단 두 군데 중 파일 게이트(Pile Gate) 바로 안쪽에 있는 건 쉽게 찾을 수 있다. 그 위를 걸으며 테라코타 지붕 너머로 반짝이는 아드리아 해가 보이는 경치는 참으로 아름다우니 빠트릴 수 없다. 또 조그만 광장을 중심으로 난 조약돌 깔린 좁은 골목길을 걷는 것이고 그리고도 시간이 남는다면 그냥 앉아서 햇볕 쬐며 주홍빛 지붕과 돌로 된 집들과 빛나는 아드리아 해를 바라보는 것이다.

시간이 되어 급히 1.5유로를 주고 버스를 타고 항구로 가서 배 옆의 슈퍼마켓에 가서 성탄절에 쓸 냅킨과 초콜릿을 샀다. 짐을 챙기고 문밖에 내놓고 일찌감치 잠을 청했다.

렉터 궁전

산 위에서 본 두브로브니크 전경

두브로브니크 성벽   두브로브니크 성벽에서

Day 8. 마지막 날

마지막 날, 일찍 일어나 밥 먹고 베네치아에 내렸는데 로마 가는 기차 시간까지 두어 시간 남아 할 일 없이 바포레토(수상 버스)를 타고 산 마르코 광장까지 타고 가서 사진을 찍고 돌아다녔다.

볼일이 급해 카페에서 커피 한 잔 살 테니 화장실 좀 쓰자 하니 옆 건물에서 볼일 처리하란다. 옆 건물은? 도서관이었다. 분위기 고색창연하고 엄숙한데 천정조차 장엄하다. 서가를 흘낏 보니 낡아서 마치 몇 백 년 전 서적처럼 보였다. 어둡고 나무로 된 벽면인데도 인터넷 사용하는 곳도 있고 화장실은 현대식이었다.

어느 도시든 맥도널드 가서 화장실 사용한 적이 많은데 도서관에 볼일 보러 온 것은 처음이다. 그날 로마로 기차 타고 가서 골뱅이 민박에서 하룻밤 자고 다음 날 비행기 타고 하루 지난 오전에 인천에 도착했다. 이번에는 비행기 값을 아끼는 대신 이동하는데 시간이 많이 걸렸다.

친구들

　친구들과 사나흘 해외여행 나갈 날짜 맞추기도 여간 힘든 게 아닌데 이번같이 거의 20일 동안 다니다 오니 지금 생각해도 꿈인가 싶다. 친구들과 여고 시절 매일 수다 떨며 우정을 쌓았으니 마치 자매처럼 무엇을 해도 약점 잡힐 것 없고 무엇이든 이해받을 수 있을 것 같은 사이가 되었으니 서로 언짢은 일이 생긴다고 할지라도 그리 문제 될 것도 없었다.

　네 명이 함께 여행 다니니 좋은 점은 택시를 타는 것이었다. 선사에서 제공하는 선택 관광은 영어로 안내를 하니 알아듣기도 힘들지만, 비용도 만만치 않다. 그러나 우리 네 명이 택시를 대절해도 값은 삼분의 일이나 사분의 일밖에 안 들었다. 친구들은 교양 있고 무던해서 서로를 배려했다. 우리는 크루즈에서 춤도 배웠고, 온갖 여흥을 함께 했다. 바다를 바라보며 사우나도 하고 산해진미로 여왕처럼 대접받았다. 우리들이 고등학교 때부터 친구라 하면 듣는 사람 모두 부러워했다.

　우리가 10월 말에 여행을 시작한 것은 돈을 아끼기 위해서였다. 계절에 따라 여행비용은 차이가 심하다. 딴 여행도 그렇지만 비수기라 반이 안 되는 가격으로 크루즈를 갈 수 있었다. 남편 눈치 보고 아이들 먼저 하며 늘 뒤로 밀리던 자신을 이번 기회에 아주 호강시켰다.

　우리는 55년 동안 살면서 이런 호강을 해도 될 만큼 엄마로, 아내로,

직장인으로 열심히 살았다며 호기롭게 걸어 다녔다. 그러나 속으로는 먹을 때마다, 좋은 것을 볼 때마다 남편과 자식을 생각했지만 애써 잊어버리고 그저 감사하고 즐겁게 다녔다. 오래 떨어져 있으니 가족이 보고 싶어서 마음이 더 애틋해진 것도 알게 되었다. 이번에 다녀온 지중해 크루즈는 내 나머지 인생을 기쁘게 해 줄 만큼 아름다운 추억이 많이 쌓였으니 하나님께 또 감사!

일자	2009년 5월 31일~6월 7일(7박 8일)
	런던 도버 항 출·도착
선사	프레드 올슨 크루즈(Fred. Olsen Cruise Lines)
유람선	발모랄 호(Balmoral)
규모	43,500톤, 길이: 218m, 폭: 28m, 높이: 11층, 2012년 리모델링
승객 수	약 1,350명(직원: 510명)
일행	3명(부부와 딸)
비용	1인당 £599(3번째 승객은 무료, 팁만 내면 됨)

일자	기항지	도착	출발	비고
1일차 2009-05-31 (일)	도버, 영국 (Dover, England)		늦은 오후	출발
2일차 2009-06-01 (월)	해상			해상
3일차 2009-06-02 (화)	베르겐 (Bergen, Norway)	이른 아침	늦은 오후	정박
4일차 2009-06-03 (수)	올덴, 노르피오르드 (Olden, Norway)	이른 아침	늦은 오후	정박
5일차 2009-06-04 (목)	플롬, 송네피오르드 (Flam, Norway)	09:00		정박
6일차 2009-06-05 (금)	에이드피오르드 (Eidfjord, Norway)	11:00	21:00	정박
7일차 2009-06-06 (토)	해상			해상
8일차 2009-06-07 (일)	도버, 영국 (Dover, England)	07:00		도착

노르웨이 피오르드 크루즈

(2009년 5월 31일~6월 7일)

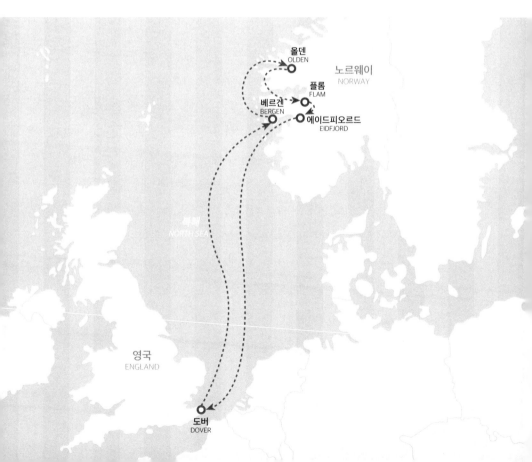

올덴
OLDEN

노르웨이
NORWAY

플롬
FLAM

베르겐
BERGEN

에이드피오르드
EIDFJORD

북해
NORTH SEA

영국
ENGLAND

도버
DOVER

떠나기 전 배경

이번 여행은 남편이 36년간 다녔던 회사에서 명예퇴직하고 다른 회사로 옮기기 전, 한 달 동안 다녔다. 대학 졸업하고 들어간 회사에서 남편은 1974년부터 2010년까지 일만 했으니 당연히 그는 여행이라는 보상을 받아야 한다고 생각했다. 여행을 즐기지 않는 그에게는 보상이 아니라 고역인지도 모른다. 그러나 비행기 표 예약한다고 알리고 일단 구입하고 나면 남편은 준비를 하고, 막상 다닐 동안은 여행을 즐긴다.

영국 도버 항에서 크루즈로 1주일간 노르웨이 피오르드를 다녀온 다음, 스코틀랜드에서 1주일, 그리고 인도에서 2주일 지내는 여정이었다. 인디아 항공사 표는 델리를 들러 런던 가는데 두 나라 여행비용이 좀 싸게 먹혔다. 그렇지만 뭄바이를 들러서 남인도를 갔기에 이동 시간이 많이 걸렸다는 게 흠이다. 크루즈와 스코틀랜드 여행은 대학생인 둘째 딸과 함께했다. 크루즈 여행은 선실 하나에 세 명이 같이 자면 한 사람의 팁 비용만 더 주면 되니 딸의 비용은 거의 공짜나 다름없었다.

인도에서는 딸이 2주일 동안 어느 학교에서 자원봉사로 영어를 가르치는 동안 우리 부부만 남인도 트리반드룸 주위를 돌아다닐 것이다. 그리고 남편 미국 대학원 동료였던 스와미를 만나고, 영국에서는 둘째 딸을 일 년간 잘 돌봐줬던 하우씨 부부를 만날 예정이다.

델리와 런던에서 이틀 밤
(5월 29~31일)

오전 8시 인천 출발, 인도 델리에 오후 4시 반 도착, 예약한 호텔 차를 기다리고 있다가 1시간가량 지나도 안 와서 전화하니 택시 타고 오면 돈을 주겠다고 하였다. 호텔가는 내내 포장은 되어 있으나 복잡하고 매연이 심한 길을 교통질서를 지키지도 않고 달려가니 정신없고 지쳐서 애초에 계획했던 밤 9시의 '붉은 성(Red Fort)'에서 하는 '빛과 소리' 공연은 보러 갈 엄두가 안 났다.

호텔은 현지인에게는 천 루피 정도 받고 외국인에게는 2,500루피를 받았다. 그리고 메이크마이트립(makemytrip)보다 익스피디아(Expedia)를 통해 예약하는 것이 더 싸다는 것도 알게 되었다. 리셉션의 직원이 명함을 줬는데 'UC 버클리 MBA'라고 적혀있었다. 그 학교 출신이니 믿고 다시 찾아달라는 뜻인가? 근데 믿긴 뭘 믿어? 우리에겐 가격을 두 배 이상 받아 놓고는.

다음날 새벽에 델리 거리를 걸어보기로 했다. 사람들이 길바닥 자리 위에서, 평상 위에서 자는데 바로 옆으로 사람이 지나가도 개의치 않았다. 노인의 릭샤를 타고 붉은 성(Red Fort)을 갔다. 아직 문을 열지 않아 안에 들어가지 못했지만, 밖에서 봐도 붉은 사암으로 지은 성채가 단순하고 아름다웠다. 적의 근접을 막는 해자 주위로 매와 까마귀가 한가롭게 날아다녔고 다람쥐가 나뭇가지 위로 오르내렸다. 그리고 2차 세계대전과 파키스탄과의 전쟁 때 목숨을 잃은 군인들을 기념하여 세운 인디아 게이트를 갔는데 경비병 두 명이 지키고 서 있을 뿐 광장에 덩그러니 서 있었다.

가까운 공원에 가니 배를 울렁울렁, 가슴도 울렁울렁 자기 의지대로 움직이는 사람, 웃으며 손뼉 치거나 한 발을 몸에 붙이고 한 다리로 서서 합장하며 요가 하는 등 많은 사람들이 아침 숲 그늘에서 운동을 하고 있었다. 특히 하하 크게 웃으며 손뼉 치는 사람을 보니 나도 우스워 웃음은 전염된다는 게 맞다 싶었다.

하여튼 재미있게 시간을 보내다 레드 포트를 다시 찾아가니 입장료가 현지인은 10루피, 외국인은 250루피로 엄청난 차이다. 그렇게 비싼 줄 모르고 갔으나 인도 돈이 충분치 못해 결국에는 못 봤다. 사실 레드 포트는 타지마할을 지은 무굴제국의 왕 샤 자한이 1650년경에 건축했다기에 보고 싶었는데 아쉽다. 누구는 겉보기에는 압도적이어도 들어가 보면 그게 그거라 했는데 안 보니 알 수가 있나?

런던에 도착한 첫날, 공항 근처 홀리데이 인에서 하룻밤 잤다. 패밀리 룸 숙박비가 49파운드, 깔끔하고 넓어서 만족스러웠다. 다만 식당 조식이 숙박비에 비해 엄청나게 비쌌다. 세금 포함 20파운드 정도였다. 이 호텔도 리셉션 데스크 뒤 가격표에 고시한 호텔 요금은 239파운드로 엄청난 할인으로 머무는 것이었다.

런던은 델리와는 모든 것이 확연히 다르게 깨끗했다. 거리, 정원, 가로수가 단정하고 쓰레기는 찾으려야 찾을 수도 없었다. 다음 날 인터넷으로 미리 예매한 런던 빅토리아 버스 터미널에 가니 출발 시각까지 네다섯 시간이 남아 짐을 맡기고 런던을 둘러보기로 했다. 터미널 바로 옆에 버킹엄 궁전 근위병 교대 시간이 10시 30분이라 했다. 그거 한번 보자고 서 있다 지루해 궁전 옆에 붙어있는 세인트 제임스 공원에도 가고, 교대식 더 잘 보이는 곳 찾느라 높은 곳에 앉았다, 계단 위에 올라갔다 내려왔다 기다리는데 짜증이 났다. 기다린 게 아까워 더 서성거리다가 검은 털 달린 높은 모자 쓰고 단추가 양쪽에 달린 빨간색 유니폼을 입은 근위병이 멀리서 행진곡을 연주하며 나타났으나 잘 보이지도 않았다. 근위병 보려고 고생하는 게 기분이 나빠 남편이 그만 가자고 했다. 차라리 템즈 강가를 산책하든지, 공원 벤치에 앉아 맛있는 라떼라도 마실 걸 그랬다.

이렇게 시간 보낸 게 아깝다며 투덜거리고 버스 터미널로 가서 두 시간 반 걸려 크루즈 출발지인 도버 항구에 갔다. 나중에 알고 보니 런던에서 도버 항까지 크루즈 선사에서 무료 셔틀버스를 제공해 주었는데 그걸 모르고 차비를 쓴 셈이다. 프레드 올슨 크루즈 선사의 클래식 노르웨이(Classic Norway) 여정에는 당연히 영국인 승객들이 많다. 자국 항구에서 편하게 떠나니 비행기 값이 절약되는 것이다.

Day 1. 도버 항 체크인

오후 3시쯤 체크인을 했는데 의외로 수속 시간이 짧았다. 네 시에 해
상 구조 연습을 했다. 사이렌이 울리면 구명조끼를 입고 선실별로 정해
놓은 갑판으로 가서 지시 사항을 따르는 연습이다. 그것을 마쳐야 배가
떠난다. 선실에는 이층 침대 한 개와 싱글 침대 한 개가 놓여 있었다. 세
사람이 함께 떠나는 시간 내기도 힘들고 돈도 드는데 이번에는 거의 공
짜로 딸에게 좋은 추억을 선사하리라 마음먹었다.

선실에 가자마자 배포해 준 소식지 '데일리 타임스'를 읽었다. 선택 관
광 신청 데스크, 차와 커피, 샌드위치와 케이크, 간식 제공 시간과 장소,
가게 여는 시간 등이 자세히 나와 있었다. 매일 이 소식지를 읽으면 어
떻게 시간을 보내고 어떤 옷을 입을지 잘 알 수 있다.

첫날에는 배를 이리저리 돌아다니며 정찬 식당, 뷔페식당, 사우나, 수
영장, 헬스장을 둘러보았다. 디스코장, 도서관과 극장도 둘러보았다. 또
기항지 관광을 뭘 할지 미리 정했기에 선택 관광을 신청했다. 첫날, 배
떠나는 순간은 갑판 위에 올라가서 항구를 구경하였다.

도버 항은 이천여 년 전 영국 정복을 위해 로마의 율리우스 시저와
1801년에 나폴레옹과 항전을 위해 넬슨 경이 도착했던 곳이다. 배 위에
서 도버 항을 바라보니 하얀 절벽 위로 도버 성이 보인다. 그곳에 로마
시대 등대와 전쟁 때 도피할 수 있는 나폴레옹식 터널이 있다고 한다.

도버 화이트 클리프
출처: 로얄 캐리비언 크루즈 한국총판

또한, 프랑스의 침략을 막기 위해 세운 Drop Redoubt Fortress(성) 등 영국 역사에 중요한 곳이 많았지만 우리는 배 탈 시간에 겨우 닿았기에 그곳을 가보지 못했다.

크루즈 시작 전 항구와 주변 도시를 관광하는 건 돈이 절약되는 일석이조의 효과가 있다. 시간이 많다면 그런 기회를 놓치기는 아깝다만 이번에는 여의치 못했다. 차라리 일찍 떠나는 버스가 있었다면 몇 번이나 가 본 런던에서 시간을 보낼 게 아니라 도버에서 왔다갔다 하는 게 나을 뻔했다.

Day 2. 해상

만난 사람

하루 종일 항해를 한 둘째 날 아침에 뷔페식당으로 가서 낯선 여자 둘과 같이 식사를 했다. 음식을 담은 접시를 들고 다니며 빈자리를 찾아 먹으면 되는데 자리가 없으면 낯선 사람과 동석을 해야 한다. 그들은 본차이나 웨지우드 식기 만드는 회사 가까이에 산다고 했다. 한 명은 21 일간 남극 크루즈를 다녀오자마자 친구와 함께 이 크루즈를 왔다 했다. 여행사에서 갑자기 연락이 왔는데 떠나기 며칠 전 마지막 세일 가격이 하도 싸서 친구가 설득해 왔다고 한다. 아마 정가로 팔고 남은 빈 선실을 바겐세일 하나 보다.

그녀는 사우스햄튼 항구에서 배를 타고 스페인 마드리드에 가서 칠레까지 비행기를 타고 갔다 했다. 거기서 다시 배를 타고 칠레 피오르드와 남극까지 갔는데 무엇이 가장 좋고 기억에 남았는지 물으니 수많은 펭귄을 가까이에서 본 것이라 했다. 21일간 여행하고 다음 날 크루즈를 떠나왔다니 경제 사정과 기운도 받쳐 주겠지만, 여행에 대한 중독이 아니고야 어찌 여기에 왔을까? 하여간 크루즈에서 사람들을 만나면 여행에 대한 대화를 많이 한다. 어디가 기억에 남나, 왜 좋은가 하고 묻고 듣다 보면 시간이 모자랄 지경이다.

그동안 미국과 이탈리아 크루즈 선사를 이용했는데 영국 선사는 처음인데 다른 점이 많았다. 당연히 영국식 억양이 두드러지는 나이 든 사람들이 많았고 나비넥타이와 턱시도를 갖춘 사람도 많았다. 전체적으로 시끄럽고 활기찬 분위기라기보다는 조용한 분위기였다. 미국과 이탈리아 선사에서는 아이들과 젊은이, 가족들이 어울리는 활발한 분위기였다면 여긴 품격 있는 사교 모임에 참석하는 기분이었다.

저녁 정찬 식당 우리 옆 테이블의 나이 든 남녀도 교양 그 자체였다. 말도 소곤소곤 조용히, 밥도 조용히 먹었다. 그들은 부부가 아니라 친구였다. 우리는 옷 잘 차려입고 줄 서서 기다렸다가 웨이터가 자리를 안내해 주고 그들이 가져다주는 것을 먹는 정찬 식당에 가기가 번거로워 뷔페식당에 가는 걸 좋아한다. 그런데 이들은 크루즈 오면 자신들은 가만히 앉아 있고 웨이터가 갖다 주는 음식을 먹는다 했다. 귀족처럼 지내고 싶어서 뷔페식당은 가지 않는다면서. 그것도 말이 되네. 그러나 먹는 방법으로 출신이 바뀌지도 않을뿐더러, 시간 들여 메뉴판 보고 음식 고르기도 귀찮아 우리는 뷔페식당에서 자주 먹었다. 단지 그들을 홀로 먹게 하는 것이 예의가 아닌 것 같아 때때로 그곳에 가서 먹었다.

그리고 이 배는 다른 나라 배에서는 없었던 세탁실이 있었는데 2파운드를 주고 토큰을 사면 세탁이 가능했다. 그곳에는 다리미가 있어서 다림질할 수 있다. 그런데 그 부인이 남편도 아닌 남자의 옷을 다려 주기에 깜짝 놀랐다. 뭐야, 친구면 그런 것 안 해 줘도 되지 않나?

티타임과 로사리오 트리오

티타임은 영국인의 품위를 드러낸다. 남녀가 정장을 하고 조용히 클래식 음악을 들으며 책을 읽는 사람이 많다. 보기만 해도 침이 흐르는 부드럽고 달콤한 케이크와 쿠키를 먹고, 우유를 듬뿍 탄 뜨거운 홍차를 마시며 낮게 흐르는 클래식 음악을 들으며 한가한 시간을 보낼 수 있다. 다른 선사에서는 경험해 보지 못한 특별한 시간이었다. 늘 소란하고 들떠 있다가 발모랄 호에서는 클래식 음악과 책이 있는 티타임이 오후마다 있었다.

　클래식 음악이라는 말이 나왔으니 말인데 이 배에는 발모랄 오케스트라, 밴드와 가수 외에, 라이트 클래식 연주자인 '로사리오 트리오'가 있었다. 아름다운 협주곡이 들리는 곳을 가보니 그들이 연주했다. 연주 끝에 우리를 보고 어디서 왔느냐 물어서 한국이라 하니 여러 사람이 듣는 가운데 한국 노래라고 소개한 후 '만남'을 불러주었다. 그들은 필리핀인들이었다. 그들이 사는 필리핀 도시 근처에 한국인들이 유학을 많이 와서 친하게 지낸다고 했다. 그리고 한국인 클래식 음악가들이 많고 실력이 좋다는 얘기를 했다. 그 세 사람 중 첼리스트는 결혼을 했고, 한 명은 바이올리니스트, 또 한 명은 키보드 반주와 노래를 하는 젊은이였다. 가수는 우리에게 관심을 보이며 연주가 끝나도 가지 않고 웃으며 여러 가지 재미난 얘기를 했다. 자기들은 서로 잘 모르는 사람이었으나 이곳에서 일하기 위해 트리오를 결성해서 지원하여 계약하게 되었다 했다. 한번 나오면 석 달 동안 크루즈 회사를 위해 일하며 필리핀에 있는 가족들이 그립다, 자기들 방은 1층 선실이다, 기항지에서 내리면 자기들도 육지에 나가 돌아다니다 승객들보다는 1시간 전에 돌아오므로 바다에서 갇혀 지내는 건 아니라고 여러 가지를 얘기했다.

댄스 교실

이곳 댄스 강사들은 나이가 들고 목소리조차 참 조용했다. 블랙 풀 영국 전통 댄스 스포츠 대회에서 수상 경력이 있는 실력 있는 강사들이었다. 하지만 전에 이탈리아 선사 유람선으로 지중해 갔을 때 DJ들이 흥겹게 몸을 흔들어대며 음악을 크게 틀고 강사들이 마이크로 고함을 지르며 신나게 승객들에게 춤을 가르치며 손잡고 춤추던 분위기하고는 비교가 된다. 조용히 차분히 천천히 가르쳐서 잘못하다가는 지루하다는 느낌이 들 정도였다. 그러나 참석자들이 많지 않아 플로어가 복잡하지 않아서 좋았다.

첫날 소식지에 '테리, 에드워드, 피터' 세 명의 남자 댄서들은 홀로 오신 여성분들, 또는 남편이나 파트너가 춤을 원하지 않는 여자 분들의 파트너가 되어줄 것이라고 소개했다. '피오나'는 댄스 파트너가 필요한 남성분에게 도움을 줄 것이라 했다. 남편은 크루즈 오면 백화점 문화센터에서 배운 댄스 스포츠를 연습하기를 즐기는 편인데 이번에는 딸이 있어서인지 춤추려고 하지 않았다. 심지어 나보고 혼자 춤추러 가라고 했다.

이번 크루즈는 어쩐지 뚱해 있는 딸과 춤을 추지 않으려는 남편 때문에 마냥 유쾌하지는 않았다. 그런데도 완전 초보자를 위한 폭스트롯, 왈츠와 자이브 교실에 가서 운동 삼아 추다가 남편을 꾀어 데리고 가서 함께 추기도 했다. 춤을 못 추는 사람도 있을 것이고 좀 하는 사람도 있겠지만 그런 건 중요하지 않다. 참여하면서 남하는 대로 따라 하면 된다. 둘째 딸에게도 좀 배워보라 하였지만, 반응이 시큰둥하다. 하여튼 사교를 좋아하지 않는 성인 자녀를 데리고 크루즈를 가는 건 좋은 아이디어가 아니라는 것을 또다시 깨달았다.

Day 3. 베르겐

　7년 전 혼자서 베르겐을 들렀을 때 오슬로에서 밤 침대 기차를 타고 왔었다. 그때 언젠가는 남편하고 꼭 같이 와야지 했는데 그 소원을 이룬 셈이다. 여기서는 190크로네 주고 베르겐 카드를 사면 버스, 박물관과 미술관을 무료로 이용할 수 있다. 지난번 여행 때 이 카드를 사서 본전 뽑으려고 지나치게 많이 돌아다녔더니 힘들었다. 그건 자유롭게 다니는 카드가 아니라 구속 카드와 노동 카드였다. 그때 카드를 잃어버려 구매 창구로 가서 사정을 말했는데 재발급이 안 된다기에 옥신각신한 끝에 창구 여자가 손으로 쓴 영수증을 받아서 다녔었다.

　베르겐에 오니 그 모든 소동과 긴장감이 떠올랐다. 이번에는 베르겐 카드를 사지 않고 가까운데, 볼 수 있는 곳만 무리하지 않고 걸어서 다니기로 했다. 배에서 내려 시내까지 걷는 길이 멀지 않았고 두 번째라 당황스럽지는 않았다. 배에서 제공하는 선택 관광은 할 필요가 없을 정도로 베르겐은 좁은 도시라 걸어 다녀도 충분하다. 그런데도 베르겐은 노르웨이에서 오슬로 다음 두 번째로 큰 도시라 한다.

　처음 왔을 때 베르겐 카드로 버스 타고 걷기도 하면서 한 시간 이상 걸려 작곡가 그리그 집을 찾아가서 입장료 반값 할인받았었다. 물론 호젓하게 그의 음악 들으며 좋은 시간을 보냈지만, 이번에는 일정을 단순화시키기로 했다. 그저 다리가 아프면 쉬고, 무료하면 걷는 것이다.

베르겐호콘 왕 성 근처

브리겐 지역 베르겐
출처: 로얄 캐리비언 크루즈 한국총판

　배에서 내리면 먼저 만나는 호콘 왕 저택과 성, 그리고 마리아 교회를 갔다. 베르겐에서 가장 오래된 석조 건물이다. 처음 건물은 12~13세기에 지어졌다 하나 현재 건물은 중세 때 지은 것이라 한다. 크지는 않으나 소박한 돌 건물이 세월의 풍상을 견뎌서 지금까지 존재한다는 사실만으로도 우리에게 축복을 나눠주는 느낌이다. 바다가 보이는 푸르고 싱싱한 풀밭과 흐드러지게 핀 야생화, 열 지어 서 있는 나무와 바다에서 불어오는 바람으로 인해 춤이라도 추고 싶을 만큼 자유롭고 상쾌한 곳이었다. 베르겐은 천천히 걸어 다니며 바람맞으며 그렇게 돌아다니면 된다.

　조금 더 걸어 내려오면 베르겐 선착장 앞, 브뤼겐 지구의 오래된 목조 건물들을 자세히 살펴볼 수 있다. 첫 건물들은 중세 한자동맹 시대에 지었는데 지난 600여 년 동안 여러 번 불타고 다시 짓고 하면서도 잘 보존하여 지금은 유네스코 세계문화유산 목록에 올라 있다. 아직도 화재의 위험이 있어 불을 쓰지 못하게 한다는 데 밖에서 보면 비스듬히 기울어져 쓰러진 것도 있어 위태로워 보였다.

　다닥다닥 붙어있는 목조 건물 옆과 뒷골목을 따라 공방들과 기념품점, 카페, 레스토랑이 있는데 가게의 물건들은 질이 좋았다. 그중에 유리 세공품은 현대적인 디자인과 찬란한 빛깔이 환상적이었다. 실용적인 목적으로 쓸 수 있는 화병, 그릇, 찻잔들을 사고 싶었지만 무겁고 파손 위험이 있어 포기했고 조화로운 무늬의 고품질 모직 스웨터는 무겁고 이십만 원 정도로 비싸 포기했다. 그곳을 나와 어시장을 어슬렁거리며 꽃과 생선, 음식을 구경하다가 기념품으로 열 개 백 크로네 하는 열쇠고리와 자석을 샀다.

큰길 따라 한참을 걸어가 베르겐 대학 구내에 있는 해양 박물관에 닿았다. 바이킹 시대부터 바다를 주름잡던 나라라 배 만드는 기술이 발달한 것을 보여주었다. 나무에서 시작해서 현대의 조선 기술에 이르기까지 상세히 많은 것을 보여 주었다. 우리나라 조선 건조 실적이 세계 1위이지만 노르웨이는 유람선과 요트 같은 부가가치가 높은 배를 만들고 돈을 번다. 그리고 선박 건조 설계도대로 잘 지었는지 살피는 감리는 노르웨이 선급 회사가 세계 1위라 한다. 독일과 덴마크, 스웨덴 선급 회사도 알아준다 한다. 우리나라는 세월호가 보여 주었듯 선급 회사가 인정을 받지 못한다. 대형 선박 건조 후 노르웨이 선급 회사의 감리를 받으면 안전하다고 인정받는 것이다.

그곳을 나와 대학의 아름다운 정원과 식물원을 한가하게 걸어 다녔다. 햇볕이 좋아 상의를 벗고 누워 해바라기를 하며 책을 읽는 학생들이 많았다. 우리는 벤치에 앉아 샌드위치와 음료로 간단히 점심을 때웠다.

그곳을 나와 시내 한가운데 있는 호숫가 분수를 쳐다보다 플뢰위엔 산 케이블 열차인 후니쿨라 타는 데까지 갔다. 1인 당 왕복 70크로네, 협궤 열차를 타고 경사 26도인 가파른 산, 전망대까지 6분 만에 간단히 올라갔다. 도시 전체와 항구 먼 곳까지 한눈에 들어왔다. 시원한 바람이 불어와 여름을 느끼지 못하는 아름다운 이곳에는 세계 각국에서 온 여행자들 천지다.

해안선이 들어왔다 나갔다 꼬불꼬불한 것이 리아스식 피오르드다. 홀로 또 함께 사진을 찍고 기념품 가게에서 엽서 두 장을 샀다. 여름엔 해가 길어 열 시쯤 되어야 야경을 볼 수 있을 것이다. 산 밑까지 그리 멀어 보이지 않아서 바람을 맞으며 걷고 싶은데 왕복표 산 것이 마음에 걸렸다. 후니쿨라 운전사가 아까 표 샀던 곳에서 환불받을 수 있다고 해서 발걸음도 경쾌하게 걸어 내려왔다. 운동 삼아 걷기에 적당했다.

하이킹 길을 따라 내려오다가 베트남에서 노르웨이로 이민 왔다는 여고생 둘을 만났다. 우리가 한국서 왔다니까 자기는 '대장금'을 보는데 너무 재미있다며 한국에 가고 싶다고 말했다. 그리고 우리가 마치 한류의 일부분이라도 되는 듯이 우리에게도 호기심을 나타내며 뭔가 더 얘기하고 싶어 했다. 우리는 '대장금'을 보지도 못했는데. 걔들이 아리랑 TV를 통해 한국 드라마를 보는데 자기네들 정서에 맞아 재미있다 했다. 그 후로도 해외에 갈 때마다 한류의 열풍을 접했지만, 그 당시는 처음으로 듣던 얘기라 흥미로웠다. 이 먼 나라, 북구의 노르웨이에 사는 아시아 여고생이 우리나라 배우 이름을 알고 있다니 신기했다.

여고생들과 헤어진 후 매표소로 가서 왕복표를 샀으나 한 번밖에 안 썼으니 표를 돌려주고 돈을 받고 싶다 했더니 돈은 안 주고 편도 표를 줬다. 전망대에 올라가려는 사람들에게 그 표를 팔려고 했으나 이미 샀다, 내일 타려고 미리 표를 사러 왔다, 저 위에 사는 사람들은 10크로네 주면 살 수 있다는 등 우리 것을 사지 않았다. 딸아이가 일본 여자 대학생에게 가서 세 장에 70크로네로 팔았다. 그들은 35크로네 이익을 본 셈이니 서로가 좋은 일이었다. 이때 야무진 딸아이가 도움이 되어 흐뭇해졌다.

내려와서 길을 걷다 2002년 베르겐에 홀로 왔을 때 들어가서 축구를 보았던 호프집을 지나가게 되었다. 월드컵 축구가 아니었으면 담배 연기 가득한 호프집을 절대 들어가지 않았을 것이다. 그런데 지나가다가 커다란 TV에 우리가 이탈리아에게 1대 0으로 지고 있는 걸 보고 염치불구하고 들어가서 관람했다. 설기현이 한 골 넣는 걸 보고 너무 좋아서 나도 모르게 "아 잘했다" 고함을 지르고 박수를 쳤다. 아무도 나를 모를 터인데 점잔 뺄 것 없지 하며 "한 번 더, 한 번만 더, 제발" 했더니 TV 주위로 더 많은 남자들이 모여들었다. 그들이 뭐라 말하는지도 모르겠고 알 바 없으니 나 혼자서 열을 내고 긴장하였다. 지느냐 이기느냐 하는 이런 판에 신경 쓸 필요가 없었다. 연장전에서 기적같이 안정환이 한 골을 넣자 너무 기뻐 식탁을 두드리고 박수를 치며 "안정환 파이팅" 하고 이름을 불렀다. 옆의 남자들이 흥미진진하여 같이 박수를 치며 축하해주었다.

극적인 승리로 너무 기분이 좋아 한 잔씩 돌리려다 참고 나오는데 사진 찍자며 어떤 술꾼이 어깨동무를 하였다. 축구가 아니었으면 '어깨동무를 해?' 싶었지만, 기분이 째지는 바람에 사진도 찍어주고 내 디카에도 한 장 남겼었다.

베르겐을 떠나며 그래도 아쉬운 건 작곡가 그리그의 집, 박물관 (Troldhaugen)을 다시 못 가 본 것이다. 전에 왔을 때 그곳에 들러 스크린에서 하르당에르피오르드의 풍광에 빠져 혼자 조용히 그리그 음악을 들으며 그의 일생에 관해 알았던 시간이 참으로 좋았기에 그게 그리운가. 아니면 혼자 있는 조용한 시간이 아쉬운가.

Day 4. 올덴과 브릭스달 빙하

올덴은 푸른 초장에 세워진 멋진 마을이었다. 여러 가지 색깔의 야생화가 눈을 끌고 예쁜 집 사이로 흐르는 시냇물은 맑고 차가웠다. 요스테달 빙하 아래 갈라진 세 갈래 피오르드 가운데 올덴은 노르 피오르드의 남쪽 입구에 위치한다. 작은 마을이라 배에서 10분만 걸어도 시내에 도달한다. 오늘은 10시간을 여기서 지낼 수 있다. 여기서 가장 인기 있는 선택 관광은 Kjenndalen 빙하와 Lovatnet 호수 유람인데 이건 오전, 오후 관광 모두 신청이 마감되었다. 크루즈 떠나기 전 온라인으로 예약 신청했어야 하나 보다. 대신 브릭스달 빙하에 가기로 했는데 배 선착장에서 빙하까지 약 23km 거리다. 추워서 옷을 여러 겹 껴입고 장갑과 마스크까지 하고 대중 버스를 타고 갔다.

버스 안에서 젊은 한국 여자가 우리를 보고 반가워했다. 회사에서 체험 여행시켜 줬다며 둘째 딸도 재미나게 얘기했다. 버스 정류장에서 내려 빙하까지 올라갔다 내려오는 데 두 시간밖에 걸리지 않았다. 유럽 최대 규모의 빙하인 요스테달 빙하 지류인 브릭스달 빙하는 트롤 카로 불리는 지붕 없는 오픈카도 있고 마차도 있어서 힘들이지 않고 갈 수 있다. 그러나 날씨가 맑고 걷고 싶어서 천천히 올라갔다. 경사가 완만해 가는 길이 경쾌했다.

브릭스달 빙하

빙하 바로 밑은 빙하 녹은 물로 된 푸르스름한 호수가 있었다. 고무보트로 호수를 저어 빙하 바로 옆까지 갈 수도 있으나 호수가 그리 넓지 않아 빙하는 가까이에서도 보였다. 빙하를 구경하고 근처 휴게소에 가서 아까 버스에서 만난 젊은이와 뜨거운 커피와 차, 빵과 케이크를 나누어 먹었다. 그녀는 홀로 다니니 자유롭고 좋으나 노르웨이 피오르드 지역은 정류장까지는 오래 걸어야 하고 버스도 잘 오지 않아 불편하다고 했다. 그래도 이렇게 멀리 떨어져 인적조차 드문 곳에서 용감한 한국 아가씨를 만나니 반가웠다.

요새는 세계 곳곳에서 한국 젊은이들을 만난다. 70년대 말 우리가 미국에 가서 4년간 지낼 동안은 대한민국의 존재감이 없었는데 이제는 우리나라가 마치 세계의 중심이 된 듯 다니는 사람들이 많다. 버스에서 내린 후 그녀와 헤어져 경치가 좋은 길로 걸어 내려오니 조금 피곤하여 근처에 있다는 폭포를 못 가고 앉아서 쉬었다.

앉아 쉬다 기운을 얻어 바다 옆의 한가하기 짝이 없는 작은 동네 아

담한 집 사이를 걸어 다녔다. 수량이 풍부한 시냇물 옆으로 보라색, 주황색, 노란색 가지각색의 야생화가 피어 있었다. 삽상한 바람을 맞으며 산책하는 시간이 마치 천국을 거니는 듯 마음이 평화스러웠다.

마을 가운데 14세기의 스타브 교회 자리에 1759년에 세워진 오래된 교회가 있었다. 교회 가까이에 싱거(SINGER) 재봉틀 회사를 세운 백만장자 싱거 하이멘의 집이 있었다. 예전 미국에 살 때 싱거 재봉틀 한 대사는 게 소원이었는데 비싸서 못 샀고 브라더 재봉틀을 사서 딸아이 옷과 인형 옷도 만들고 즐거운 시간을 보낸 적이 있다. 아마 그때 원했던 걸 못 샀기에 그의 이름이 기억났나 보다.

배 떠날 시간이 몇 시간이나 남아 있어서 천천히 더 걸어 다니다 선물가게를 들러보니 모직 제품, 백납 제품, 트롤(스칸디나비아 동굴이나 야산에 산다는 장난꾸러기 요정, 난쟁이 인형)과 가죽 제품이 많았다. 배로 들어가기 전에 날씨가 추워서 아무래도 안 되겠다 싶어 약간 두꺼운 모직 스웨터를 하나 샀다. 예쁘고 딱 맞는 데다 할인하여 값이 쌌으나 알고 보니 아동용 13세짜리 사이즈였다. 어때, 아동 것이든, 성인 것이든 마음에 들면 된다. 그 옷은 지금도 겨울에 잘 입고 다닌다.

Day 5. 플롬

　오늘은 송네피오르드로 가는 관문인 플롬에 도착하여 뮈르달이라는 곳까지 한 시간가량 기차를 타고 갔다 내려오는 여정이다. 플롬까지 오는 동안 피오르드 풍경이 너무 아름다워 넋을 잃고 갑판 위에서 바라보았다. 산 위를 덮고 있던 빙하가 골짜기를 따라 내려오면서 땅바닥과 옆을 깎으며 U자 계곡을 만들고 바닷물이 그 계곡을 따라 들어오면 구불구불 드나듦이 복잡한 해안이 형성된다. 그게 피오르드다. 해안 옆 가파른 절벽 위 까마득히 높은 곳에서 폭포가 마치 하얗게 빛나는 옥양목 베 자락 같고 면 실타래 같다. 점점이 박혀있는 그림 같은 집 몇 채는 자연을 거스르지 않은 채 있는 듯 마는 듯 조용히 앉아 있다. 배를 쫓아오는 갈매기를 지적에서 보면서 경치를 즐기며 그저 '하아' 하고 감탄만 한다. 피오르드 지역은 비가 오기도 하고 해가 갑자기 '쨍' 하고 나기도 하면서 날씨가 변덕을 부린다. 하루 종일 이렇게 배 타고 지내고 싶다. 산 위에 쌓인 눈, 호수, 바다, 계곡, 시냇물 모든 것이 창조주의 조화로움을 그대로 보여주었다.

　플롬은 유럽에서 제일 길고 깊은 송네피오르드의 지류에 있다. 노르웨이의 해안은 구불구불해서 펼치면 지구 반 바퀴 도는 길이라 한다. 피오르드 해안을 따라 천천히 걸어가면 과수원과 오두막, 농가가 하나하나 어우러져 더하고 뺄 것 없는 완전한 아름다움을 갖추었기에 관광

기차타고 찍은 마을

효스 폭포

객에게 플롬은 인기가 있다. 세계에서 제일 아름다운 피오르드로 유네스코 세계문화유산에 지정된 네뢰위 피오르드(Naeroyfjord)를 가까이에서 체험하고 싶다면 플롬에서 카약이나 보트를 타면 좋다.

선착장의 배를 뒤로하고 기차표를 샀다. 1944년에 완성된 플롬 산악열차는 약 20km의 거리 동안 20여 개의 터널을 통과하는 데 험준한 산악 지형과 깊은 협곡, 아기자기한 마을 풍경과 93m 높이의 효스 폭포(Kjosfossen)를 볼 수 있어 풍광이 압권이라 할 수 있다.

가족들의 감탄을 기대하며 역에서 내렸는데 조금 전까지 보이던 둘째 딸이 사라지고 없었다. 역에서 잠시 쉬다가 플롬까지 다시 돌아가는 기차를 타고 내려간 것 같았다. 딸은 기차 안에서도 우리말을 듣지 않았다. "저 경치 좀 봐" "야 대단하다. 여기로 와서 좀 구경해 봐" 하면 못 들은 체하며 건너편에 무표정하게 앉아 있었다. 수량이 엄청난 효스 폭포를 지나가도, 아름다운 마을을 봐도 모른 체해서 속이 상했지만, 꾹 참으며 그냥 신경 쓰지 말자하고 마음을 달랬었는데 결국 기차역에 내려 제멋대로 사진 찍고 다니다가 10~20분 후에 갑자기 기차가 떠나니 당황해서 도로 타고 내려간 것 같았다.

역무원에게 우리 애가 기차 타고 내려간 것 같다 하니 영어를 할 줄 알면 별일 없을 거라고 했다. 그러나 기분이 여간 나쁘지 않았다. 남편과 역을 벗어나 골짜기로 내려오면서 온갖 생각을 다 했다.

마음이 좋았다면 호수처럼 잔잔한 피오르드 옆을 한두 시간 걸으며 더 산책했을 터인데 그냥 배로 들어와서 샤워를 하고 있는데 딸이 들어왔다. 딸은 우리가 자기 때문에 얼마나 괴로워한 줄 모를 것이다. 자기 혼자 기차에 올라 우리를 찾으니 없어서 당황스럽고 괴로워서 눈물이 나왔다고 했다. 아빠가 야단을 쳤다 하나 야단을 야단답게 치지 못하고 오히려 부드럽고 온유한 것이 인격이 높은 줄 알고 조용히 말했을 것이다. '우리를 보고 다녀야지, 말도 없이 사라지면 되나.' 나 같으면 이렇게 말했을 것이다. 하고 싶은 말은 많았지만 아무 말 안 했다.

딸을 못마땅해 하는 나도 사실은 할 말이 없다. 7년 전 여기 왔을 때 짐 가방을 잃어버릴 뻔했기 때문이다. '노르웨이 인 어 넛셀(Norway in a Nutshell)' 패키지 표를 사면 오슬로 - 뮈르달 - 플롬 - 구드방엔 - 보스 - 베르겐 구간을 버스, 유람선, 산악열차나 기차를 이용하여 피오르드의 핵심을 둘러볼 수 있다. 당시 혼자서 그 표를 구입해서 오슬로에서 베르겐까지 야간 침대 기차를 타고 가서 베르겐서부터 역순으로 다녔다.

뮈르달 역에 와서 플롬으로 가는 기차를 기다리다 추워서 따뜻한 차 한 잔 마시며 같은 테이블에 앉은 영국 아가씨와 말을 터서 재미나게 수다를 떨었다. 그녀가 자기는 휴가 때마다 노르웨이에 와서 피오르드 지역을 2주일간 내내 걸어 다닌다 했다. 그러다 기차 안에 가방을 두고 내린 걸 기억하곤 소동 끝에 찾은 기억이 났다. 나도 실수를 하건만 딸을 못마땅하게 여긴 게 지금 생각하니 미안하다.

Day 6. 에이드피오르드(Eidfjord)

하르당에르피오르드 지류인 에이드피오르드에 내려서 11시까지 두어 시간 산책했다. 콸콸 흐르는 냇가를 건너서 호수를 지났다. 손바닥만큼 큰 야생화와 별사탕같이 작은 야생화를 보며 감탄하며 걸었다. 말과 양, 소가 한가하게 풀을 뜯고 있는 농가를 지났다. 평평하고 너른 들판 가운데 바이킹 돌무덤이 곳곳에 앉아 있는 곳도 지나고 산딸기가 많이 열린 오두막집도 지났다. 걷다 보니 이렇게 공기 맑고 아름다운 주택들이 띄엄띄엄 한가로운 마을이 우리나라에 없는 것이 아쉽다.

우리나라같이 아름다운 나라에서 왜 이렇게 살 수 없는가? 왜 모두 도심에 우글거리고 높은 아파트에 살며 차 소리가 시끄럽고 오염이 가득 찬 곳에만 사는가? 도시에서 떨어지면 비포장이고, 병원과 학교가 멀고, 경치 좋은 곳은 식당과 여관으로 채워져 쓰레기가 날아다닌다. 자연과 더불어 살 수 없는 것인지 혼자서는 어떻게 해 볼 수 없는 무력감으로 우울해진다. 다시 새소리에 귀를 기울이고 하늘을 쳐다보자 기분이 나아졌다. 그렇지, 내가 어찌해 볼 수 없는 일은 받아들이고 내가 할 수 있는 일을 하자고.

언덕 높은 곳에 다다르니 멀리 바다가 보이며 유람선이 위풍당당하게 정박해 있는 게 보였다. 열심히 걸어서 11시에 떠나는 관광버스를 타고

에이드피오르드   뵈링 폭포

뵈링 폭포(Voringfoss)에 갔다. 뵈링 폭포는 하르당에르비다 국립공원 서쪽 끝에 있는 폭포다. 플롬에서 뮈르달 가는 도중에 있는 효스 폭포는 높지는 않지만 엄청난 수량으로 힘차게 내려오는 걸 바로 앞에서 보았다면 뵈링 폭포는 182m 높이로 길게 이어지는 계곡 사이로 하얗게 물안개를 일으키며 낙하하는 걸 멀리서 위에서 바라보았다.

폭포를 더 가까이서 구경하려고 구릉지 같은 고원 위 산책길을 걸어갔다. 마침 폭포 아래 계곡 사이에 무지개가 걸려있어 바라보는 사람들이 모두 탄성을 질렀다. '오, 주여 당신은 참으로 위대하십니다' 절로 찬사가 나왔다. 정신없이 광활한 고원과 계곡을 바라보다 주차장에 오니 광대 같은 재미난 모자를 쓰고 아코디언을 켜는 할아버지가 있었다. 선사제공 선택 관광비는 52파운드, 약 십만 원쯤 드는데 우리는 현지 여행사 이용 200크로네, 약 4만 원 들었으니 그것도 만족스럽다.

Day 7. 해상

수영장과 스파

이 배의 스파는 온갖 것을 다 제공한다. 마사지와 보톡스 주사로 얼굴 주름 없애는 광고를 많이 한다. 돈 쓸 생각은 없었지만, 가격은 알아보았다. 스파에서 매일 할인해 주는 종류가 다르다. 등과 발, 무릎과 발목, 머리 마사지에 20파운드, 핫 스톤 마사지 75분에 66파운드, 관절염과 해독에 좋은 해초와 진흙 마사지에 40파운드, 침술, 머리 손질, 온몸 마사지, 살 빼는 마사지, 타이 마사지, 아로마 약초 마사지, 피부 노화방지 시술 등 없는 게 없다.

침술로 살 빼는 것, 집에서 할 수 있는 지압 레슨 등은 평소에는 시간이 없지만, 경제적인 여유가 있는 사람들은 크루즈 와서 이용할 만하다. 나중에는 사람들을 끌려고 간편 마사지 하면 값을 반으로 깎아 준다고 광고한다. 프레드 올슨 크루즈 스파가 이렇게 다양하게 여러 가지를 제공하는 줄 몰랐다. 다른 크루즈 선사보다 값이 싸고 대중적으로 선택할 수 있는 프로그램이 많았다.

스파와 함께 붙어 있는 사우나는 돈이 들지 않고, 그 옆에 헬스장이 있으므로 건강에 신경을 쓰는 사람들은 거기를 자주 들락날락했다. 그러나 발모랄 배의 수영장과 사우나는 작았다. 자쿠지 물은 따뜻했으나 수영장 물은 차가웠고 갑판 위 바람 때문에 수영은 불가능해 보였다. 사우나도 좁아 겨우 두 사람이 들어가므로 실망스러웠지만, 다음 날 사용하려고 미리 예약을 했다. 그런데 이번 크루즈 동안엔 사우나에 한번가 보았을 뿐 헬스장을 별로 이용하지 않았다.

게임

항해만 하는 날 오후 네 시에 탁구 대회가 있는데 조금 늦게 갔더니 이미 두 사람씩 짝을 지어 네 팀이 치고 있었다. 이긴 사람은 직원이 준 표를 갖고 가서 유람선 로고가 새긴 열쇠고리를 상으로 받았다. 대회가 끝나기를 기다려 남은 사람들과 번갈아가며 탁구를 쳤다. 남편은 그중에 잘 치는 남자와 여러 번 쳤다. 처음엔 오랜만에 쳐서 그런지 매번 공을 헛치더니 시간이 갈수록 잘 쳐서 그 남자를 이겼다. 둘째가 또 잔소리했다. 우리더러 이기려고 너무 공격적으로 세게 친다고 했다. 남편은 그 남자가 드라이버로 몰아치니 나도 후려친 것이라고 했다. 나는 공을 잘 조절 못 하니 그저 갖춘 실력대로 열심히 친 것뿐이라고 변명 아닌 변명을 해야 했다.

그 외에도 다트 던지는 시합, 골프 퍼팅, 상식과 음악 퀴즈, 카드와 보드 게임, 카펫 볼링, 빙고, 공예 교실, 닌텐도 위 게임 등 지루할 틈이 없이 할 게 많았다. 구경하다 재미있어 보이면 차례를 기다렸다 해 본다. 집에 있으면 언제 이런 것 해 보나 싶어 적극적으로 참여하는 편이지만 기항지에 내려서는 돌아다니느라 피곤했고, 돌아와서 저녁 먹고 쇼 구경하면 잠자기 바빠 게임을 많이 하지는 못했다. 그 외에 선장이 주최하는 선상 파티, 마술과 코미디언의 공연, 카지노 게임 등 시간 보내기에 좋은 프로그램이 많이 있었다.

Day 8. 런던 도착 후
1주일간 스코틀랜드

도버 항에서 버스로 런던 터미널, 거기서 걸어 빅토리아 역에서 기차 타고 베드포드 하우 박사 집에서 하룻밤을 잤다. 다음 날 아침 8시에 스코틀랜드로 향발, 하우 부인이 세 시간 운전 후 하우 박사가 두 시간 하고 글래스고 근처에선 부인이 길을 잘 안다고 바꿔서 운전했다. 글래스고 동쪽 그리녹(Greenock)까지 30분, 오다가 두어 군데 휴게소에 들러 점심을 먹고 화장실에도 가니 휴식시간까지 더해서 총 8시간 걸렸다. 그들 집에 가니 오후 4시쯤 되었다.

오는 길은 내내 환상적이었다. 청명한 하늘, 따뜻한 햇볕, 한가로운 구름, 시원한 바람, 완벽한 날씨에다 푸른 구릉과 언덕에 이름 모를 야생화가 끝없이 피어 있었고 간간이 나타나는 소 떼와 양 떼가 평화로웠다. 그리녹 하우 박사 집은 150년 된 삼층집 중 1층이다. 리모델링하면서 사용한 건축 자재의 질이 좋아 전기 스위치부터 마루, 벽지 디자인과 높은 천정까지 완벽했다. 그들의 베드포드 집은 40년밖에 안 되어 새집(new house)이라 했다. 그리녹 집은 클라이데 강과 바다가 만나는 곳에 있어서 나가면 바로 액자에 걸린 그림 같았다. 해변을 낀 아담한 집들이 경치에 품위를 더했다.

산책 삼아 그리녹의 명소인 라일 언덕(Lyle hill)에 올라가 아름다운 경치를 감상했다. 그리녹에서 또 가 볼만한 곳으로는 공동묘지. 공동묘지는 유럽에서 두 번째로 큰 것이라 돌아보는 데 두어 시간 걸리고 이끼 낀 정원에서 고색창연한 묘비를 읽는 것만으로도 스코틀랜드 역사를 알 수 있다고 했다. 이곳은 증기기관의 발명가 제임스 와트가 태어나서 묻힌 곳이다.

9일에는 글래스고까지 버스를 타고 가서 2층 관광버스를 탔다. 하루 종일 석주가 늘어선 유서 깊은 글래스고 대학(15세기에 설립)과 교내 아트 갤러리와 유명한 디자이너 찰스 매킨토시 집, 켈빈그로브 미술관, 세인트 멍고의 종교 예술 박물관, 글래스고 대성당을 돌아다녔다. 남편은 세계 각국의 종교에서 보여주는 탄생, 성장, 결혼, 죽음에 관함 종교적인 의미와 예식을 보여주는 사진, 그림, 옷과 장신구 등을 차례대로 전시해 둔 세인트 멍고 박물관이 오늘 본 곳 중 가장 좋았다고 했다. 그곳의 특별 전시 작품인 어느 화가의 그림, 가난에 찌든 비참한 표정의 인간들이 섬뜩할 정도로 표현된 것이 내 눈에 어렸다.

글래스고는 무역항으로 이름을 날렸고 산업혁명이 시작된 곳으로 화학, 섬유, 기계, 조선의 공업 중심지였다. 그러나 이삼십 년 전부터 조선 회사는 한국으로 갔고 철강 회사도 다른 나라로 갔으니 산업은 기울고 인구도 줄었다. 그런데 현재의 글래스고는 런던과 에든버러 다음으로 3번째로 관광객이 많고 유럽 내에서는 10위안에 드는 쇼핑과 관광 도시가 되었다.

글래스고가 '유럽의 문화도시(Cultural City in Europe)'로 뽑혔을 때는 시민들이 너무 자랑스러워 만나는 이마다 이 사실을 언급했다. 배에서 만난 승객도, 하우씨 부부도, 버스에서 만난 사람도 나에게 얘기했다. 예전 교과서에서 배운 대로 공기가 나쁜 공업 도시가 아니라 문화 주도형 예술 도시가 되어 일 년 내내 조지 스퀘어에서는 콘서트와 축제가 끊이

그리녹 바다 　라일 언덕에서 본 그리녹 정경

글래스고 대성당

글래스고 대학

지 않는다. 바르셀로나가 가우디를 자랑한다면 글래스고는 건축가 디자이너인 매킨토시를 내세운다. 그런데 하루 만에 이 도시를 훑다니 어쩐지 가슴이 아려왔다. 천천히 쉬어가며 그림 하나하나 뜯어보고 예술가와 같이 공감하고 나누고 싶었으나 이번엔 그냥 이렇게 보냈다. 아, 아쉽기만 한 글래스고 여행이여!

10일, 스코틀랜드의 참맛을 아주 조금 경험했다. 하우씨는 클라이데 강과 서쪽 바다가 만나는 하구를 올라가 글래스고 서쪽에서 다리를 건너 스코틀랜드 최초의 국립공원인 로몬드 호수(Loch Lomond) 쪽으로 운

로몬드 호수

전했다. 야생화가 가득 핀 초원 끝에 고사리 같은 양치식물이 덮인 구릉이 열병식을 하며 나란히 서서 계속 달리고, 열어놓은 창문으로 덥지도 차지도 않은 상쾌한 바람이 들어와 가만히 있어도 가슴이 부풀었다.

전망이 좋은 곳에 차를 대고 사진을 찍고 심호흡을 했다. 잔잔한 환희가 밀려왔다. 오는 내내 파노라마처럼 펼쳐진 숲, 호수, 들판과 꽃을 바라보니 하나님이 우리를 위해 이렇게 아름답고 완벽한 선물을 베푸셨다는 것에 감사하지 않을 수 없었다. 모든 야생의 자연이 온화한 햇살에 반짝거렸다.

로몬드 호수에서 유람선을 타고 한 시간 동안 호수 주위를 둘러보았다. 호수를 따라 나타나는 성과 저택이 호텔과 호스텔로 바뀐 얘기, 마이클 잭슨, 톰 존스가 머물렀다는 곳을 녹음 방송했다. 한 무리의 인터내셔널 학생들이 탔는데 글래스고의 어학원에서 영어를 배운다고 했다. 폴란드, 소말리아, 이란, 이라크에서 온 학생들이었다. EU와 피난민은 학비가 무료라 했다. 스코틀랜드 사투리 억양 강사에게 배우는지 물었더니 잉글랜드에서 온 강사가 가르치며 글래스고는 인구가 적고 공기가 맑아 더 살기 좋다고 했다.

스코틀랜드 하일랜드(Highlands) 가는 입구, 협곡(Glen)도, 로렌즈(Lowlands)도 주마간산, 하루밖에 시간이 없어 아쉬웠다. 다음에는 나 혼자 와서 자유롭게 오랫동안 방랑객처럼 구릉과 산야를 돌아다닐 것이다. 그래도 찬란했던 풍광이 꿈결인 양 아련한 추억처럼 가슴에 안고 돌아왔다.

11일, 베드포드로 다시 내려오니 오후 4시, 하우씨 집이 시내와 가까워 걸어 다녔다. 베드포드는 천로역정 작가인 존 번연의 고향이며 번연 박물관이 있다. 그가 성령의 감화를 받아 침례교 평신도로 노방전도와 설교를 하자 국왕 찰스 2세가 영국 국교 외의 교파를 탄압하며 허가 없이 복음집회를 이끈 번연을 잡아서 12년간 투옥시킨다. 지금은 사라진 그의 감옥 터엔 '내가 잠잘 때 한 꿈을 꾸었네'라고 쓰여 있다. 그가 옥중 꿈속에서 본 것과 기도하다 받은 계시를 기록한 것이 1672년 불후의 명작『천로역정』으로 성경 다음으로 많이 읽힌 책이다.

12일 아침에 하우씨가 베드포드 역까지 데려다줬다. 오전 9시 이후, 오후 7시 이후 통학과 출퇴근하는 시간을 피해서 사용할 수 있고, 런던 지하철까지 포함한 왕복표 21파운드를 주고 사서 먼저 리치먼드에 있는 큐 가든(Kew Garden)에 갔다. 박물관이나 미술관도 가지만 우리 부부

큐가든

는 어딜 가든 숲과 정원, 식물원에 가길 좋아한다. 1759년 설립된 세계 최대의 식물원, 3만 종 이상의 식물이 전시된 큐 가든도 확실히 온 보람이 있다. 온실이 얼마나 크고 높은지 천정까지 닿은 나무는 20m가 넘었다. 온실 내부에 계단이 있어서 올라가서 아래를 내려다보니 마치 정글 같다. 큐 가든은 250년이 넘도록 식물 연구 교육기관으로 종자와 작물 공급, 원에 관련 정보와 식물 분류, 멸종위기 식물 보호에 이르기까지 큰 공헌을 하였다.

아침 10시부터 온실 몇 군데 들어가서 구경하고 나온 것 같은데 벌써 오후 3시가 지났다. 얼마나 넓은지 하우씨는 자세히 다 보려면 삼사일은 족히 걸린다 했다. 둘째는 안내도를 보며 부지런히 우리를 데리고 다녔다. 일본 정원과 탑도 봐야 하고 두더지 굴 같이 생긴 곳과 장미원, 바위 동산도 가자고 끌었다. 피곤하여 도저히 젊은이 못 따라가겠으니 혼자서 다니라 하고는 우리는 아름드리 우람찬 나무 아래 벤치에 앉아 쉬었다. 힘들다, 돌아다니는 것도 한때다. 구경도 좋지만 아무 말 없이 한참이나 바람맞고 있으니 더 좋다.

13일 새벽에 나오면서 남편이 하우씨 부부에게 복 주시고 건강을 지켜주시라고 간절히 하나님께 부탁했다. 공항까지 가는 콜택시 비용을 다 대 주시고 우리에게 정성으로 친절을 베푸신 분들에게 어떻게 은혜를 갚아야 할지 모르겠다. 하여튼 신세를 많이 끼쳤다. 감사 편지와 남은 파운드화를 봉투에 넣어 소파 위에 살짝 두고 나오면서 다시는 만나지 못할 것 같아 눈물이 나오려 했다.

남인도로 가다

인도로 가는 길. 남한의 33배, 인구는 8억5천만, 성직자 브라만에서 카스트에 끼지도 못하는 불가촉천민 등 계급제도가 있는 곳, 여행하기 전 주의할 점을 다시 읽었다. 복대와 가방 철저히 지키기, 소지품은 몸과 눈에서 떼지 않기, 홍정 시에는 종이에 적어서 할 것, 인도인이 권하는 음식 먹지 않기, 숙소에서 영수증 받기, 카스트 신분 묻지 않기, 홍정할 때 화내지 말고 웃으며 말하기. 으음, 긴장이 되고 기대가 크다.

인도 남서부 끝 케랄라 주의 주도 트리반드룸 공항에서 남편의 대학원 친구 스와미를 만났다. 예약해 둔 호텔에 우리를 데려다주고 그는 집으로 갔다. 짐을 풀고 조금 쉬다 택시를 타고 그와 약속한 레스토랑으로 갔더니 그의 아내와 22살 난 마누(Manu)라는 아들이 나와 있었다. 우리도 24살 된 딸을 데리고 갔으니 세월이 참으로 많이도 흘렀다. 거의 24년 만에 만나는 셈이었다. 그의 부인 우마는 은행에서 일하다 은퇴하였는데 살이 많이 쪄서 조그만 얼굴과 가녀린 몸매였던 옛날 모습은 많이 없어졌다. 스와미는 큰 키가 약간 구부정해졌고 안경을 썼으며 검은 콧수염은 하얗게 변했다. 그는 거듭난(born-again) 채식주의자가 되었다 했다.

스와미와 우마는 브라만 출신으로 미국에 살 당시에는 햄버거와 피자도 먹고 뭘 가리는 것 같지 않았는데 지금은 일절 육식을 하지 않는다고 했다. 그때 워싱턴 D.C.에 학회 참석차 가서 함께 관광을 했는데 당시 우리 큰 딸이 걸린 수두에 면역이 없는 그 부인이 전염되어 얼굴에 발진과 물집이 생겨 고생했던 것이 기억났다. 옛날얘기를 하고 서로 늙었다고 웃었다. 스와미는 자기 연구소가 사정거리가 긴 뛰어난 미사일을 개발하는 데 성공했다고 했다. 우리는 북한과 대치하는 상황이지만 인도는 파키스탄과 세 번이나 전쟁을 했기 때문에 미사일 개발이 심각했을 것이다.

저녁을 먹은 후 그의 집에 가서 함께 사는 우마 어머니께 인사드리고 선물을 드렸다. 그가 현대차, LG 냉장고와 TV, 그리고 한국 전자 제품을 쓰는 데 질이 좋다고 하여 약간 우쭐해졌다. 그런데 그의 집은 좁은 골목에 나란히 들어서 있는 연립주택 같았고 마당이 없었다. 방도 좁고 거실도 어둡고 좁았으니 브라만 계급에 미국 박사 연구원이 사는 게 그리 여유로워 보이질 않았다.

하룻밤 그의 집을 방문하고 판단을 할 순 없겠지만 어쩐지 그런 인상을 받았다. 그가 연말에 한 번씩 이메일로 안부를 전하면서 자기 집에 놀러 오라고 해 놓고도 하룻밤도 자기 집에서 우리를 재워주지 않아서 사실 속으로는 섭섭했다.

트리반드룸

    트리반드룸은 한때 향료, 백단향 나무와 상아의 무역항이었지만 지금은 인도 소프트웨어 전문가의 80%가 사는 IT 중심지로 소프트웨어 수출로 유명하다. 스와미가 근무하는 비크람 사라바이 항공우주 센터, 테크노파크와 테크노시티, 바이오 센터, 케랄라 공대, 과학기술 대학과 인도 우주과학 기술 연구소도 있다. 인도 남부 공군 본부와 로켓 발사 시험장이 있어서 소위 중산층과 지식인이 많이 살고 있으며 다른 도시와는 달리 기독교인의 비율이 높다. 다른 지역은 불과 2~4% 정도이지만 이 지역은 기독교인의 비율이 18.4%라 한다. 불가촉천민을 비롯한 하층 계급이 주로 많았지만, 요즈음은 중상층 젊은이들의 기독교인 수가 증가하고 있다고 한다.

    오늘 아침 우연히 산책 목적으로 갔었던 이름도 기억나지 않는 해변에서 순교자의 묘지와 십자가를 보았다. 예수의 제자 도마가 인도 남쪽에 전도 왔다는 사실은 1293년 마르코 폴로의 견문록에서도 발견된다한다. 어느 기행문에서 읽었는데 저자가 케랄라 주와 가까운 인도 최남단 땅끝 카니아쿠마리(깐야꾸마리)에 갔더니 어느 성당 앞에 예수의 제자 도마가 서기 52년에 여기 와서 포교했다고 쓴 것을 읽었다고 했다.

    어젯밤 스와미가 우리더러 파드마나바스와미 사원에 가보라고 추천했다. 그곳은 엄청난 금과 보석이 지하에 저장된 세계에서 제일 부유한

인도 해변

케랄라 순교자 무덤

케랄라 전통 고기잡이

힌두사원이라고 했다. 그런데 남자는 도티, 여자는 사리 같은 인도 전통 복장을 입은 사람만이 들어갈 수 있다 해서 가볼 생각도 안 했다.

산책하다 백사장 가운데 사람들이 몰려있어서 갔더니 남인도 전통방식으로 고기를 잡는 중이었다. 조그만 배가 그물을 끌고 바다로 들어가서 한가운데 그물을 치면 사람들이 그물을 끌어당겨 생선을 잡는 것이다. 모두 짙은 갈색의 군살 없는 건강한 남자 15여 명이 소리를 지르며 그물을 힘들여 끌고 있어 남편도 같이 그물을 끌며 힘을 보탰다. 얼마나 고기가 잡힐까, 이렇게 가까운 해변에 생선이 잡힐까, 좀 더 먼 바다가 낫지 않을까, 처음 보는 광경이라 신기해서 기대를 하며 기다렸다. 그런데 고기가 많이 잡힌 것 같지 않았다. 이 많은 사람이 애를 쓰는데 잡히는 고기는 얼마 안 되면 이 사람들의 노동은 무슨 소용이 되나, 괜히 내가 마음이 쓰였다.

둘째가 학교에 가기 전 시장에 가서 비 올 때 신는 고무신, 벌레 퇴치약과 물린 데 바르는 약, 빨랫줄과 간식 등 필요한 물건을 샀다. 식당에서 카레라이스와 탄두리 치킨을 먹고 릭샤를 타고 호텔에 돌아온 후 로비에 있는 여행사를 통해 4시간에 500루피(약 12,000원)를 주고 기사 딸린 차를 빌려 아이를 학교에 데려다주었다.

학교에서 식사와 숙소를 제공해 주는데 유럽의 자원봉사자들이 오히려 기부금을 많이 내놓고 떠난다 했다. 우리 딸도 가진 돈을 다 주고도 집에 돌아와서 자기 통장에서 삼십만 원쯤을 빼서 부치는 것을 보았다. 가난한 학교 사정을 보면 그저 도와주고 싶은 마음밖에 안 든다 했다. 그동안 늘 말꼬리 잡고 간섭하고 애먹이던 딸과 헤어지니 그야말로 속이 시원했다. 한편으로는 그 학교에서 잘 견딜지 걱정도 되었다. 나이가 몇 살인데 걱정하냐며 남편이 말했다.

케랄라 주, 하우스 보트

어제 계약했던 여행사에서 차를 보냈다. 뒷좌석에 덮인 수건을 걷어내고 안전띠를 찾아 맸더니 운전사 아쇽이 뒷좌석에서 좌석 띠 매는 사람을 처음 봤다고 했다. 그는 차 보험이 있고, 아이는 두 살, 운전한 지는 4년 됐다며 안심하라고 했다. 그는 말이 많았다. 케랄라 주는 타밀나두 주와 여타 다른 주에 비해 잘살고 있다, 문맹률이 낮아 99%는 글을 읽을 수 있다, 다른 주는 맨발로 다니나? 여기는 다 신발을 신고 다니고 잘살고 있다고 했다. 잘 사는 기준이 신발을 신는 것이었다. 그것도 슬리퍼. 힌두, 모슬렘, 크리스천, 불교도들이 평화롭게 어울려 살고 있으며 모슬렘들은 비즈니스계로 많이 나가 있고 중동과 관계를 맺어 장사를 잘한다고 했다. 기독교도들은 미국이나 영국에 나가 살면서 돈을 벌어 부친다 했다. 100년, 200년 전에는 브라만 힌두들이 높은 지위, 성직자였고 요새도 힌두 성전에서 일하고 있지만 지금도 잘 사는 것은 아니라고 했다. 브라만들은 대개 얼굴이 흰 편인데 검을수록 계급이 낮은 경우가 많고 노동자 계급이라 했다. 그러면서도 요새는 계급 차이는 없고 돈 많은 사람이 지위가 높다고 했다.

그는 케랄라 사람들이 높은 야자나무에 올라가 코코넛을 따는 것보다는 딴 데서 사다 먹는 게 더 경제적인 건 타 주의 노동력이 싸다고 하며 케랄라 주는 관광 수입과 외국 가서 번 돈, 테크노 빌의 IT 산업이 활력을 준다고 했다. 그가 아슬아슬하게 운전하는 스릴을 맛본 지 네시간, 왼쪽으로 이어지는 바다와 야자수가 나란히 선 가로수길, 많은 가게를 지난 후 모함바라는 곳에 닿았다.

오후 2시, 운전사와 헤어지고 예약해 둔 그 유명하고 호화롭다는 하우스 보트를 탔다. 방이 세 개, 거실 한 개, 세면대와 화장실이 방마다 있고 부엌이 배 뒤쪽에 있어서 전용 요리사가 생선튀김, 양배추와 각종 야채 볶음, 토마토 양파 샐러드 등 다섯 가지의 요리를 했다. 얇은 밀전병을 튀긴 것은 짭조름하여 맛있었고 모든 요리가 먹을 만했다. 요리사가 맥주나 뭐 마시고 싶은 게 없는지 물었다. 영국에서 사 온 6파운드짜리 2006년 산 쉬라즈 까베르네 적포도주가 있어서 마실 거라 했더니 그는 실망한 눈치였다. 아마 음료로 돈을 좀 벌고 싶었는지 모르겠다. 우리보고 얼마짜리 포도주냐고 해서 약 사백 루피라 했더니 아주 싸다고 했다. 포도주와 음식, 모든 게 맛있어서 포식한 후 약 40분간 낮잠을 잤다. 선장과 조수, 그리고 요리사까지 세 명이 온전히 우리 둘만을 위해만 하루를 봉사하는 것이다.

오후 네 시쯤 선장은 본격적으로 배를 몰았다. 빠르게 달리다 뭔가 볼 만한 장소가 나타나면 속도를 늦추고 우리에게 시간을 주었다. 바람은 선선하고 구름은 그늘을 만들어 주었다. 아무것도 안 하고 그저 강만 바라보아도 마음이 평화롭고 시간이 잘 갔다. 남편은 평생 이런 호강은 처음 해 본다며 기뻐했다.

그런데 5시 반쯤 어느 곳에 배를 대더니 마을을 한 번 둘러보라 하였다. 조그만 시골 마을을 돌아보며 사람들과 나마스떼 인사를 하고 어슬렁거리며 걷는 개와 오리에게도 인사하고 배로 돌아왔더니 선장이 오늘은 유람을 끝내고 여기서 아침 8시까지 하룻밤을 잔다고 했다. 내 귀

하우스 보트

를 의심하며 설마 했다. 여기서 14시간을 지낸다고? 22시간 중 두 시간 늦어 20시간 중 6시간만 물에서 구경한다고? 되물었다. Backwater Cruise가 뭐냐고 하니 밖으로 나가 다른 배를 타야 한다고 했다. 자기네들은 이게 끝이며 다른 배도 똑같다고 했다.

별수 없이 다시 나가서 인도 젊은 부부를 만나 물으니 그들도 작은 배를 타고 돌아본다 하여 그들을 따라갔다. 조그맣고 긴 배에 노 젓는 젊은이 2명, 미국 부부까지 모두 8명. 우리는 배에서 떨어질까 무게 중심을 잡고 아슬아슬 긴장하며 앉았다. 인도 부부는 첸나이 IBM에서 일하는데 회사에서 포상휴가를 줘서 무나르 차 농장을 지나 구경 왔다 했고 조지아 애틀랜타에서 사는 미국 부부도 휴가차 왔다고 했다.

인도 운하

　배가 좁은 운하를 지나는 데 사람들은 빨래하고 목욕하고 고기를 잡고 있었다. 집안에는 TV를 켜 놓았고 아이들에게 고함치는 소리도 들렸다. 바나나든 생선이든 일 년 내내 먹을 것이 있고 난방비가 안 드니 사람들이 태평한가 보다. 표정이 한가롭고 평화로워 보인다고 남편이 말했다. 뱃삯은 600루피, 좋은 구경하고 배로 돌아와 저녁을 먹었다. 이번에도 생선튀김, 감자조림, 카레 레몬 감잣국, 야채 볶음 등이 입맛에 맞았다. 요리를 잘한다고 칭찬해 주었다.

　그러나 진짜 모험은 밤부터였다. 밤 9시에 샤워하려는데 매미같이 큰 바퀴벌레가 나타나서 '까악' 질겁한 것도 순간, 샤워 중에 녹물 섞인 흙탕물이 나와 으악 고함지르니 물이 떨어졌다는 게 아닌가? 남편이 생수 1리터짜리 얻어줘서 온몸에 뿌리고 겨우 마무리했다. 선풍기를 틀고 모기향을 피우고 문을 꼭꼭 닫고 모든 소지품을 가방 안에 넣고 바퀴벌레가 못 들어가게 했다.

떼까띠

 하우스 보트로 다시 떠났던 곳으로 돌아와 떠나면서 세 사람에게 100루피씩 팁을 줬더니 입이 벌어진다. 어젯밤 바퀴벌레와 더러운 물을 생각하면 주고 싶지도 않았지만, 이들이 팁으로 먹고살 것을 생각하니 매정할 수도 없다. 하우스 보트 유람은 완전히 속은 기분이 든다. 처음에는 관광 안내 책자에서 본 대로 꼴람에서 알레삐까지 유람하는 건 줄 알았는데 무함마라는 곳에서 한두 시간 배 타고 유람하는 것이었고 물과 벌레로 위생상태가 나쁜 배인 줄 몰랐던 것이다. 여행사 직원 샤지는 우리가 그 지역을 잘 모르니 아무렇게나 자기에게 이익이 되는대로 일정을 짜 준 것이었다.

 놀랍게도 어제 우리를 데려다준 운전사는 차 안에서 자고 우리를 기다렸다 했다. 그와 함께 무함마에서 떼까띠까지는 또 네 시간. 가는 내내 파인애플, 고무나무, 잭 프루트 과일나무와 야자수가 늘어선 길을 올라갔다.
 높은 산에 올라갈수록 차밭이 산언덕 너머까지 펼쳐져 있었는데 질서정연하게 골골이 열을 지어 있는 것이 아니라 넓은 면적의 밭에 끝없이 차나무가 심어져 있었다. 물론 그들 나름대로 나란히 심었을 것 같은데 내가 보기에는 그저 나무를 꽂아놓은 듯이 보였다.

보자기와 바구니 같은 것을 치마에 두른 여자들이 머리에 천을 쓰고 차밭에서 찻잎을 따고 있었다. 계속 산에 올라가는 동안 공기는 쾌적하고 날씨가 선선해졌다. 떼까띠에 가서 숙소를 구했는데 하룻밤 800루피, 깨끗하고 주인 부부가 아주 친절했다. 스파이스 가든이라는 식당에서 저녁을 먹었는데 320루피 주고도 짜고 맛없어서 겨우 먹고 나왔다.

정글 투어

　새벽 5시 반에 떠나는 정글 트래킹에서 지프로 데리러 왔다. 어제 밤 늦게 잤고 오늘 새벽 4시에 일어났으므로 눈이 감길 만한데 투어 내내 눈이 반짝거렸다. 운전석 양옆은 팔걸이가 있어서 문이 없어도 떨어지지는 않을 것 같은데 지프 뒷좌석은 지붕이 없어서 차 양 쪽 난간과 차를 가로지르는 머리 위 철봉을 꼭 잡아야 했다. 차가 달리는 두어 시간 내내 힘을 썼더니 기운이 떨어졌다.

　앞좌석에 앉았던 남편과 자리를 바꾸었다. 운전사는 동물을 찾으며 숲 속에서 뭔가 나타나면 차를 세우고 몸을 일으켜 자세히 밖을 쳐다봤다. 시커먼 게 움직이다 재빨리 사라지는데 머리가 가분수인 Bison(들소) 같았다. 뭔가 나타나나, 긴장하며 눈을 굴리며 짐승을 찾았다. 저 멀리 산꼭대기에서 영양이 보이고 사슴 같은 게 보였지만 자주 나타나지는 않았다. 11시 50분쯤 트래킹 시작하는 곳에 닿은 후 점심을 먹었다.

　오늘 트래킹에는 가이드 2명, 40대 중반 미국 여성 셜리와 초등생 아들 아론, 딜런, 인도 부부와 딸 두 명, 그리고 우리 둘, 모두 11명이다. 먼저 가이드가 시키는 대로 우비를 덮어쓰고 손 팔목과 무릎까지 덮는 토시 같은 비닐을 감고 끼운 채 운동화 안팎에 소금을 뿌렸다. 포장된 길을 조금 지나니 흙길 옆 넓은 풀밭이 나타났다. 초원에는 간간이 코끼

정글 투어   정글 투어 일행

리 똥이 한 버킷씩 놓여 있었다. 가이드는 똥을 보더니 코끼리가 지나
간 지 얼마 되지 않는다 했다. 비는 추적추적 내리는데 똥만 보일 뿐 코
끼리는 보이지 않았다. 우리는 말 잘 듣는 착한 아이처럼 그의 뒤를 말
없이 따라갔다.

　그런데 갑자기 가이드가 이건 호랑이 똥이라고 뭔가 가리켰다. 마른
풀 조각이 꽁꽁 감긴 코끼리 똥과는 다르게 회색 점토로 된 굵은 떡가
래 같은 것을 토막토막 잘라 쌓은 모양이었다. 마치 호랑이 습격이라도
받는 듯 긴장이 되며 떨렸다. 가이드는 호랑이가 아기 코끼리를 쫓아서
코끼리 떼가 숲 속으로 가 버렸다고 했다. 우리는 앞뒤 좌우를 살펴보며
호랑이가 근처에 나타날까 봐 경계했다. 코끼리 한 떼는 위로, 한 떼는
아래로 달아났다고 해 그가 가리키는 대로 아래위를 두리번거렸다. 숨
을 죽이고 소리하나 내지 않고 살살 걷고 살폈지만, 호랑이, 코끼리는커
녕 다람쥐 한 마리도 안 보였다. 그래도 인내로 똥을 쫓아 걷다가 드디
어 숲 속, 정글 안으로 들어가 걷기 시작했다.

　비는 계속 내리는데 어느 순간 멈춰 서서 보니 거머리 몇 마리가 운동
화에 붙어 있었다. 기겁을 하며 소금을 뿌리고 나뭇잎으로 떼어내며 몸
서리를 쳤다. 그때부터는 피곤이고 사파리고 뭐고 간에 상관하지 않고
발밑을 쳐다보며 거머리가 붙지 않도록 발을 흔들며 계속 움직였다. 잠

시 후 다시 보면 또 거머리 여러 마리가 운동화에 붙어 있었다. 헝겊이 든 나뭇잎이든 계속 떼어 내도 거머리는 끈질기게 운동화 위와 발 토시 까지 올라와 징그럽게 붙어 있었다. 몸을 부들부들 떨며 "아아악" 하며 떼어 내고 계속 빨리 걸었다.

초등생 딜런과 아론은 "엄마, 머리 위에 올라왔나 봐. 머리 안에서 뭐가 움직여. 온몸이 뭔가 스멀거려" 하고 고함을 질러댔다. 걔들 엄마는 "너희들이 그렇게 생각해서 그래. 발에만 있으니 떼어 내기만 하면 끝이야" 하고 인내로 아이들에게 설명해 주었다. 호랑이도 우리 괴성에 놀라 달아났겠다.

정신없이 두어 시간 걸으니 정글을 벗어나고 인가가 있는 비포장 길에 올라왔다. 가이드는 짧은 바지에 슬리퍼를 신고 양말도 신지 않고 토시도 하지 않은 채 그저 소금을 뿌리며 거머리 따위는 신경도 쓰지 않고 우리를 인도했다. 정글 안의 질척거리는 길을 벗어나서 안도의 한숨을 쉬는데 미국 엄마 설리가 셔츠 윗도리를 들췄다. 허리춤에 아기 손가락같이 통통한 거머리 놈이 떡하니 붙어 있는 게 아닌가. 난 몸서리치며 찢어지는 목소리로 "아악" 하며 동시에 내 손에 감은 토시로 용감하게 떼어 내었다. 부들부들 떨면서. 아론이 자기 발 토시를 벗더니 몇 마리 붙어 있다며 짓궂게 몇 마리 잡아서 병에 넣었다. 이제는 모두 거머리 사냥꾼이 되었다. 비를 맞고 바람이 부니 추운 데다 거머리 때문에 하도 떨다 보니 기운이 다 빠졌다.

식당에 가서 장작불을 쬐며 옷을 말리고 점심을 먹었다. 뜨거운 차와 쿠키로 기운을 차린 후 보트를 타고 호수에서 동물을 찾아보기로 했다. 혹시 호수 주위로 짐승들이 보이나 하고 살펴보아도 흔적도 없다. 설리는 어제 페리야르 보호구역 입구 가까이 있는 큰 호수에서 350루피를 주고 2층 보트를 탔더니 바이슨(비손) 서너 마리, 긴팔원숭이와 수달을 보았다고 했다. 우리도 차라리 그거나 탈 걸 오늘 정글 투어는 별로였다. 오히려 거머리 투어라고나 할까. 그렇다고 우리에게 이 투어를 소개해 준 사람을 원망할 것도 못 된다. 어쩌다 보니 우리가 간 날, 시간, 기후가 맞지 않아 운이 나빴을 뿐이라고 생각하는 수밖에 없었다.

숙소로 돌아오니 6시가 되었는데 몸도 젖고 운동화도 젖어 발이 불어 있었다. 근처의 아유베다(Ayurveda) 마사지를 알아보니 90분에 500루피, 높은 평상 위에 비닐 깔아놓은 데 누우니 약간 떨렸다. 향기 좋은 기름을 온몸에 바르고 손바닥으로 문지르고 특히 발바닥을 열이 나도록 문질렀다. 남편은 만족스럽다고 100루피를 팁으로 주자고 했다. 난 기대보다 좋지 않았다. 몸의 근육을 풀어주고 경락을 자극하여 혈행을 돕는 타이와 중국 마사지가 훨씬 더 좋았다. 마사지사는 아유베다 마사지는 적어도 14일간은 계속해야 하며 오일 요법뿐 아니라 음식, 증기, 목욕까지 다 포함해야 효과적이라 했다. 아유베다라는 뜻이 생명에 대한 지식이라는 뜻으로 아프면 자연 치유하고 화학 약품을 쓰면 안 된다 했다.

스파이스 가든에서 산 유칼립투스 기름을 이마에 바르고 코 양쪽 끝, 입술 인중 위, 턱과 목 쪽에 발라주면 코가 뚫리고 감기에 좋다고 하여 실제로 해 보니 향기로워 기분이 좋아졌다. 머리가 아프면 찻숟가락 하나 정도 뜨거운 물에 풀고 수건으로 그릇을 덮어 얼굴을 파묻고 약 5분간만 쐬면 두통이 사라진다고 했다. 이게 향기 요법(Aroma Therapy)인가 보다. 향기로운 냄새가 싫진 않았지만, 나로서는 치앙마이의 마사지가 그리웠다.

숙소에 오니 온몸이 기름으로 끈적거려 뜨거운 샤워를 했다. 창밖에는 달이 휘영청 떠 있어 숲 속 어디선가 원숭이들이 달빛 속에서 놀고 있을 것 같았다.

끝남

아침에 떠나기 전 여주인 사라에게 숙박비 외에도 음식과 팁을 후하게 주니 여간 기뻐하는 게 아니다. 사실 우리 나이에 기독교인에, 한국인이라는 걸 알린다면 해외여행하면서 인색하게 굴 수 없다. 웬만하면 기대치보다 더 주게 되는데 그것도 애국이다. 운전사 아쇽과 아침 8시에 트리반드룸으로 떠나면서 깨끗하고 선선한 이곳에서 살고 싶다는 생각을 했다. 사시사철 꽃이 피어 있고 푸른 이파리 사이로 아기 주먹 같은 꽃이 탐스럽게 피어 있는 곳, 집에 가면 생각날 것 같다.

케랄라 주는 아라비아 해가 면해 있고 강수량이 일 년에 300mm가 넘어 모든 식물이 싱싱했다. 둘째가 돕고 있는 학교에 가서 인사하고 아이를 데리고 나와 저녁을 먹었다. 딸은 처음에는 정신없고 힘들었지만, 며칠 아이들과 지내는 동안 정이 들어 이제는 견딜 만하고 이럭저럭 잘 가르치고 있다고 했다. 우리가 먼저 인도를 떠나고 딸은 그 뒤에 돌아왔다.

이번 여행은 생각했던 만큼 즐거운 건 아니었다. 비행기 삯을 아끼느라 회항했더니 런던에서 뭄바이로 뭄바이에서 케랄라, 델리까지 왔다 갔다 하느라 이동하는 데 시간이 들었고 피곤했다. 또 딸하고 크루즈를 가니 간섭이 심했고 남편 눈치, 자식 눈치 보느라 마음이 불편했다. 인도는 차라리 패키지여행을 가서 정보를 잘 알고 있는 가이드를 따라 다니든지 아니면 배낭여행으로 젊은이같이 아예 싸게 흥정하며 다니는 게 나을 뻔했다.

　그래도 인도는 경험이 남는다더니 돈 주고 경험 샀고 노르웨이는 피오르드의 아름다운 풍광 때문에 여러 번 더 가고 싶은 곳이 되었다. 프레드 올슨 크루즈사는 지금 생각하니 유람선 안에서 조용하고 쉬기 좋은 장소와 음악이 있었고 특히 오후 2시부터 4시 반까지의 티타임은 전통 영국 귀족같이 고상하게 지낼 수 있는 좋은 경험이었다. 스파 프로그램은 날짜에 따라서 세일하는 것도 있어 한 번쯤 시간이 있으면 체험하고 싶었다. 스코틀랜드도 짧은 기간 동안 맛본 것이 허사는 아니겠지만, 미련이 남아 언젠가 한 번 더 갈까 한다.

- **팁**: www.timberbushtours.com에 가면 글래스고에서 떠나는 스코틀랜드 하일랜드 가는 정보가 많다. 하루, 이틀, 사흘, 나흘까지 다양한 관광에 값도 알맞아 강력히 추천한다.

일자	2010년 1월 25일~2월 1일(7박 8일)	
	로스앤젤레스(산 페드로 항) 출·도착	
선사	로열 캐리비언	
유람선	랩소디 오브 더 씨(Rhapsody of the Seas)	
규모	78,491톤, 길이: 279m, 폭: 32m, 높이: 11층, 1997년 건조,	
	2012년 리모델링	
승객 수	약 1,998명(직원 765명)	
일행	12명(5 부부와 여자 2)	
비용	내부 선실 77만 원, 항공료 94만 원	

일자	기항지	도착	출발	비고
1일차 2010-1-25 (월)	LA, 캘리포니아 주, 미국 (LA, California, USA)		16:00	출발
2일차 2010-1-26 (화)	해상			해상
3일차 2010-1-27 (수)	카보 산 루카스, 멕시코 (Cabo San Lucas, Mexico)	07:00	14:00	정박
4일차 2010-1-28 (목)	마사틀란, 멕시코 (Mazatlan, Mexico)	07:00	17:00	정박
5일차 2010-1-29 (금)	바야르타, 멕시코 (Puerto Vallarta, Mexico)	10:00	18:00	정박
6일차 2010-1-30 (토)	해상			해상
7일차 2010-1-31 (일)	해상			해상
8일차 2010-2-01 (월)	LA 산 페드로 항구, 미국 (LA, California, USA)	07:00		도착

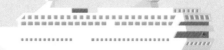

멕시코 리비에라 크루즈

(2010년 1월 25일~2월 1일)

미국
AMERICA

로스앤젤레스
LOS ANGELES

북태평양
NORTH PACIFIC OCEAN

멕시코
MEXICO

카보 산 루카스
CABO SAN LUCAS

마사틀란
MAZATLAN

푸에르토 바야르타
PUERTO VALLARTA

비행기 연착

    재작년 알래스카 크루즈를 함께 간 일행이 다시 크루즈로 뭉쳤다. 로스앤젤레스 산 페드로 항구에서 남쪽으로 멕시코 바하 캘리포니아 반도로 크루즈 가는 김에 닷새를 더해 데스밸리와 라스베이거스, 그랜드 캐니언을 들리는 총 13일 여정으로 짰다.

    프랑스 남부 니스에서 이탈리아 라 스뻬찌아에 이르는 지중해 연안 휴양지를 리비에라로 부르는데 캘리포니아 아래 멕시코 서부 해안도시 20개도 멕시코 리비에라라고 부른다. 남편은 그즈음 회사를 옮기고 바빠서 프랑스든 멕시코든 절대 안 간다고 하여 나도 별로 가고 싶지 않다. 하지만 친구들이 하도 졸라대는 바람에 친구 한 명을 더해 총 12명이 간 것이다. 지중해를 갈까 했지만, 지중해는 크루즈의 여왕이라 그곳에 갔다 오면 다른 곳과 비교가 될까 봐, 또 그곳은 남편과 함께 가려고 지중해 여행은 다음으로 미루었다.

    LA 가는 비행기를 탔는데 예상치 않은 일이 벌어졌다. 인천공항의 짙은 안개로 비행기 안에서 세 시간을 머무르게 된 것이다. 몸이 뒤틀리고 불편했지만, 나의 인내를 시험하는 심정으로 참고 기다린 후 무사히 LA 공항에 도착했다. 세 시간은 늦었지만 그래도 오게 되니 다행이다. 그 후 며칠 뒤에 라스베이거스에서 합류한 L 씨는 예정대로라면 오후 2

시에 도착했을 터인데 밤 9시 반에 나타났다.

그는 예상치 못할 일을 두 번이나 경험했다고 한다. 한번은 비행기가 고장이 나서, 한번은 비행기에서 뛰어내리겠다고 위협한 승객 때문에 회항하여 엉뚱한 공항에서 몇 시간이나 기다렸다고 하였다. 또 시애틀에 사는 Y도 라스베이거스에 와서 만나기로 했는데 밤 7시 도착 예정이었던 것이 밤 11시에 도착하여 하는 말이 폭풍이 부는 거친 날씨 때문에 세 시간을 공항에서 기다렸다고 했다. 다른 도시에서 떠난 세 무리가 모두 예기치 못한 일 때문에 이륙 시간이 지연되어 약속을 못 지켰고, 연락도 안 되어 우리는 마음대로 돌아다니지도 못하고 일행이 번갈아 가며 호텔 방에서 기다렸다.

20년쯤 전에는 더 심한 경험을 했다. 필리핀 항공으로 런던에 갔는데 일 년 사용 가능한 비행기 표가 국적기보다 무려 반 이상이나 쌌기에 여러 군데 들러서 갔다. 하루 더 걸린들 그동안 몇십 만 원 벌지 못하니 비행기 삯으로 돈을 절약하고 싶었다. 마닐라, 방콕, 아부다비, 프랑크푸르트를 들러 런던에 도착하는 여정이었는데 방콕에서 비행기 고장이 나서 점검을 다시 해야 한다며 공항 환승 구역에서 다섯 시간 이상을 기다렸다. 런던에서는 아는 사람이 데리러 온다 하였는데 그들에게 연락할 방법도 없고 난감하였다.

지금이야 휴대폰을 로밍하면 연락이 쉽지만, 그때는 항공사 카운터에 있는 전화를 이용해서 국제 전화를 걸었는데 여러 단계 승낙을 받느라고 꽤 시간이 걸렸다. 돈 아끼느라 고생을 한두 번 한 건 아니지만, 기약 없이 기다리는 것도 예사 고생이 아니었다. 비행기도 직항은 비싸고 경유하는 건 싸지만 고생스럽다. 고장 점검, 기후와 정신이상자, 테러범들 때문에 늘 예정했던 대로 되는 건 아니다.

데스밸리(Death Valley) 가는 길

LA 공항에 도착한 일행 11명이 인터넷으로 예약한 12인용 밴을 빌려 공항 근처에서 맛없는 멕시코 음식을 먹고 난 후, 오후 2시쯤 길을 떠났다. 내비게이션에 데스밸리로 가는 길을 찍어 놓고 동북쪽으로 달리기 시작했다. 3시간쯤 달리자 어둠이 깔리기 시작했고 데스밸리가 가까워져 오는 듯 황량하고 넓은 대지가 계속되었다. 어두운 차 안에서 지도를 읽으며 한참 달렸는데 눈이 내리기 시작했다. 눈 쌓인 낮은 언덕이 불빛 옆으로 희미하게 나타났다. 눈길에 차가 미끄러지자 속으로는 겁이 났다. 더구나 도로 표지판이 동쪽이 아니라 북쪽으로 나오니 태연한 척 말은 안 했지만 불안해졌다. 내가 의지하던 남편은 없고 일행은 나만 믿고 있었다.

아까 190번으로 오다가 갈림길에서 오른쪽으로 빠져야 하는데 왼쪽으로 빠졌기에 136번 길로 계속 달렸던 것이다. 내비게이터는 LA부터 한 시간쯤 달린 후 배터리가 다 되었다고 깜박거리더니 이미 꺼지고 작동이 안 됐다. 차가 달리며 충전된 것으로 내비게이터 작동되는 줄 알았지 무슨 배터리가 나가는지 이해가 되지 않았지만 별수 없이 지도에 의지하며 어둠이 깔리는 길을 한참이나 달려왔던 것이다.

눈이 내리고 길이 미끄러워 당황스러웠다. 중국산인지 미국산인지 엉망이라며 내비게이터를 욕하다 렌터카 회사를 원망했다. 누군가의 전화로 렌터카 회사에 전화하니 지금이라도 돌아오면 새로운 것으로 바꿔 준다고 하였다. 우리가 네 시간 이상 달려왔는데 하며 속상해서 내비게 이터 대여료나 돌려달라고 하며 화를 냈다.

갑자기 하늘에 나타난 맑고 밝은 달이 천지를 환하게 비추었다. 달무리가 흰하게 주위를 호위하고 있어 아름답고도 청아하며 신비하기까지 한 달을 쳐다보았다. 신비가 지나치면 공포가 되려나, 속으로는 여간 불안하지 않았다. 계속 앞으로 달렸으나 데스밸리까지 가는 표지판이 나오지 않자 잘못된 길로 들어선 것을 알았다. 길을 잃은 데다 차를 돌려 빼다가 바퀴가 눈에 빠져 모두 내려 찬바람에 오들오들 떨며 차를 길로 밀어 넣었다. 불안한 마음을 숨기며 내색을 하지 않고 새로운 경험이라며 재미있는 척했다.

아까 잘못 들어선 길 입구를 찾아 되돌아오는 길 내내 비가 쏟아졌다. 여기 사막 맞나? 이렇게 폭우가 내리는 사나운 날씨를 만날 줄은 몰랐다. 포장도로 위 웅덩이에 빗물이 고여 차가 지날 때마다 고인 물이 창문까지 솟아오르고 물대포를 퍼붓듯 앞길을 막았다. 가는 차도 오는 차도 없었고 가로등 하나도 없어서 도로 표지판이 잘 보이지 않아 두려웠다. 내가 직접 운전을 하지 않았지만, 옆자리에서 길 안내 하기도 쉽지 않았다. 하늘에 구멍이 뚫렸나, 웬 비를 이리도 세차게 쏟아 붓는 거야? 내가 아는 미국인 중에 캘리포니아 홍수통제센터에 다니는데 사막에 무슨 홍수인가 했더니 이렇게 한꺼번에 도로에 물이 차면 차가 미끄러워 사고 나기 쉽고 근처에 집이 있다면 물에 잠길 것 같은 느낌이 들었다. 도로 돌아갈 수도 없고 호텔 예약도 했으니 끝까지 계속 달릴 수밖에.

도로 위에는 위험, 홍수, 큰물 경고 이런 표지판이 희미하게 보였다.

사막에 그런 경고가 있을 줄은 상상도 못 했다. 길옆의 흙이나 모래보다 포장된 도로가 낮아 한꺼번에 순간적으로 쏟아진 비가 갈 곳을 찾지 못하고 길 위에 고이게 된 것이다. 차의 속도를 내다가는 부력으로 수중익선이 될 것 같았다. 위에서는 쏟아 붓지, 아래에서는 솟아오르지, 사방은 칠흑이라 운전하는 Y 선생도 말은 않아도 겁났을 것이다.

  낮에 본 운전대 옆에 붙은 경고문이 기억난다. 이 차는 보통 차보다 길이가 길므로 커브 돌 때 넉넉하게 간격을 두고 천천히 돌리라는 것이었다. 이런 긴 차를 운전해 본 적이 없기는 모두가 마찬가지이지만 국제운전면허증조차 이 면허증으로는 8인승 이상은 운전할 수 없다고 명기되어 있었다. 우리는 11인이 탔고 차는 12인승이지만 운전면허 법규 위반, 큰 차 운전 경험 없음, 내비게이터 고장, 11명 중 해외여행 보험에 든 사람은 나포함 3명, 황야에 비가 억수로 쏟아지는 날씨에, 밤길에, 타국, 모든 상황이 좋지 않다. 우리의 미래는 어떻게 될 것인가? 그렇게 속은 복잡하고 걱정이 많았지만, 드디어 목적지인 Furnace Creek Ranch가 다가왔다.

퍼니스 크릭 랜치
(Furnace Creek Ranch)

　LA에서 약 450km, 다섯 시간이면 오는 거리를 일곱 시간 이상 걸려 밤 9시 반이 넘어서 퍼니스 크릭 랜치(Furnace Creek Ranch)에 닿았다. 용광로처럼 뜨거운 땅에 있는 시내라는 뜻의 Furnce Creek에는 인(Inn)과 랜치(Ranch)가 있다. 1880년대에 지었고 224개의 객실이 있는데 10월 중순부터 5월 말까지 오픈한다. 하룻밤 자는데 세금 불포함인데도, 인은 약 육백 불, 랜치도 약 삼백 불이다.

　이렇게 비싼 이유는 있다. 이 척박한 곳에 호텔 짓기, 물자 나르기도 힘들고, 물과 전기 필요한 것 공급하기도 어려운 데 나무와 잔디를 심어 골프장과 정원을 만들고 수영장도 있으니 이해는 된다. 더구나 데스밸리 국립공원 내 가장 중심에 있으니 비싸더라도 원하는 사람은 얼마를 내든지 머물 것이다. 우리 같은 사람도 공원 한가운데서 데스밸리의 진수를 가까이서 체험하고자 여기 온 것이 아닌가?

　이젠 됐다 안도의 한숨을 쉬며 사무실에서 체크인하는 데 우리의 모험이 다시 시작된 것을 알았다. 폭우로 전깃불이 나갔으니 형광 막대기로 불을 밝히라는 것이다. 숙소는 칠흑같이 캄캄한데 가느다란 형광 막대기를 흔들어 불을 밝혔다. 사무실은 발전기로 밝혔다 했다. 그나마 전

퍼니스크릭 렌치

기 레인지와 전기 콘센트를 사용할 수 있게 해 줘서 누룽지에 물을 넣어 끓이고 컵라면, 햇반으로 배고픔을 해결했다.

여행은 예기치 못한 사건의 연속이고, 그래서 무료한 일상을 상쇄해 줄 만한 짜릿함이 있다고 하지만 당시에는 고생스러운 것을 즐길 여유는 없었다. 몸이 불편한 S는 열이 있는지 벌벌 떨며 한국에 돌아가고 싶다 하였다.

비가 그쳤기에 밤 11시쯤 밖으로 나와 한 시간쯤 산책하였다. 폭풍우를 건디고 나온 별들이 우리를 반겼다. 모두 평생에 본 별 중 가장 큰 별이라고 감격했다. 사람들은 별 볼일 없이 별 보러 데스밸리로 온다고 했다. 가로등은 물론, 집 한 채 없는 황야의 새까만 하늘에 흩뿌려 놓은 별들을 손으로 긁으면 우르르 담길 것 같은 착각이 들 정도였다. 별은 가까이서 양감과 질감을 지닌 3차원의 형체로 트윙클 트윙클 빛났다. 이곳의 별들은 검은 평면에 박혀 있는 게 아니라 하나씩 하나씩 존재감 있게 누가 꽂아 놓은 것들이었다. 사방이 캄캄한 우리 집 언덕 위에서 보는 별들도 아름다운 줄 알았는데 이곳의 별과는 비교되지 않았다. 데스밸리 별들은 더 크고 더 가깝고 더 빛났다. 그런데 다리가 아픈 게 아니라 하늘만 바라보며 걷다 보니 목이 아팠다. 이제는 목이 아프도록 산책을 했다는 뜻을 알게 되었다. 목이 아프도록 맑은 공기도 들어 마시고.

그날 밤 방에선 온수는 나온다 해도 세면대에서만 쫄쫄 나오는 정도라 샤워하기엔 무리였다. G는 그 물을 퍼다 샤워를 했는데 샤워실 내에서만 배수가 되는 줄 모르고 세면대 옆에서 퍼 쓰다 물이 방바닥으로 흘러 같은 방에 있던 E와 내가 물을 도로 퍼 세면대와 샤워실로 흘러 넣느라 수고했다. 어두워서 형체도 알아보기 힘든 방에서 물건 찾는 것도 힘들었다. S는 옷을 껴입고, 담요를 여러 겹 덮고 자느라 춥지는 않았으나 몸이 아파 돌아가고 싶다는 말만 했다.

아침에도 전기는 들어오지 않았고 커튼 친 어두운 방에서 형광 막대만 여전히 바닥에서 발광하고 있었다. 몇 사람은 어젯밤처럼 E가 가져온 전기냄비에 햇반을 데워 먹으러 사무실로 갔으나 직원들이 아침에는 사무실의 전자레인지도 못 쓰고 전기 콘센트도 못 쓴다고 하였다. 어젯밤처럼 편의를 봐 달라, 왜 안 되느냐고 물었지만, 그냥 규칙이 그렇다 했다. 아마 사람들이 왔다 갔다 복잡하고 냄새피우는 것이 싫고 귀찮아서 그러는 게 틀림없다고 생각했다.

기분이 나빠 결국 한 소리 했다. 사무실에 발전기로 전기를 공급한다는 것은 전기가 나가는 이런 일이 생기기 때문인데 그러면 손님의 방도 발전기로 전기를 공급하도록 미리 시설을 해야 옳지 않나, 이렇게 불편하게 해 놓고 왜 사무실 전기도 못 쓰게 하나, 숙박료가 얼마나 비싼 데 이렇게밖에 못해 놓나 하고 따졌다. 사무실 직원들을 기죽인 것 외에는 아무런 소득이 없는 이런 항의를 하는 나 자신이 좀 마음에 안 들었다.

데스밸리

이름만 들어도 죽음이 연상되는 데스밸리는 미국에서 가장 큰 국립 공원이다. 조반 후 퍼니스 크릭 박물관에서 데스밸리에 대해 알아보았다. 남북으로 160km, 가장 덥고, 가장 건조하며 가장 낮은 곳이 있는 곳으로 1849년에 금을 찾으러 갔던 13명이 사라지고 나서 죽음의 계곡(Death Valley)이 되었다 했다. 평균 38도, 여름 낮은 49도, 여름밤에도 38도 이하로 내려가지 않고 최고로 높은 온도는 57.7도(리비아는 58도 기록)라 한다. 강수량은 일 년에 50mm(우리나라 1,280mm)밖에 되지 않는다.

공기 순환이 안 돼서 더 덥고 산을 넘어오면서 비를 다 쏟아버려 대기가 늘 건조하다. 주변에 높은 산봉우리가 많아서 높이 3,368m 텔레스코프 봉(Telescope Peak)을 비롯해서 1,500m 자브리스키 포인트(Zabriskie Point), 파나민트 산(Panamint Mt.)과 1,750m인 단테의 전망대(Dante's View)에 이르기까지 다양한 볼거리가 있다. 특히 예술가의 팔레트(Artists Palette)는 마그네슘과 산화철 때문에 오랜 세월 동안 생긴 색깔로 형용할 수 없이 아름답다. 약 100종류의 식물과 물고기, 달팽이, 캥거루 쥐 등이 살고 있다고 하나 한국에서 온 아줌마가 무서워 숨었는지 자취도 찾아낼 수 없었다.

박물관 관람 후 북쪽으로 차를 몰아 스토브파이프 웰(Stovepipe Wells)

데스밸리

황금계곡

배드워터분지

근처의 메스키트 플랫 사구(Mesquite Flat Dunes)로 갔다. 황량한 땅에도 생명은 잉태되는가? 거친 황야에 불쏘시개 같이 말라빠진 관목 사이로 푸른 잎사귀가 나와 우리는 감탄하였다. 아무도 없는 넓은 사막 위를 한 시간쯤 걸어 다니면서 보니 사막이 단순하다고 흥미가 없는 곳은 아니었다. 걷는 것도 재미있고 가끔 보이는 식물을 보는 것도 재미있어 시간 가는 줄 모르고 다녔다.

북쪽의 스카티의 성(Scotty's Castle), 1920년 시카고의 보험업게 거물인 Albert Johnson이 길도 나기 전에 지은 건물로 가는 길은 간밤의 폭우로 폐쇄되었다. 데스밸리를 조망할 수 있는 단테의 꼭대기(Dante's peak) 가는 길도 폐쇄되었다. 아쉬운 대로 남쪽 배드워터 분지(Bad Water Basin)로 가는 길에 황금 계곡(Golden Canyon)에 잠시 들렀다. 절벽과 계곡의 모양이 아기자기 다채로운 가운데 불그스름한 단층의 색깔이 신기하게 변하는 것을 보면서 가는 비에 우산을 쓰고 걸었지만, 전혀 지루하지 않았다. 사실 우리는 말이 딸려 "아아" 하며 감탄사를 지르는 것으로 자연에 대한 경외감을 표현할 수밖에 없었다.

드디어 북미대륙에서 가장 낮은 곳, 해저 82m 아래의 땅, 배드워터 분지(Bad Water Basin)에 왔다. 비가와도 물이 나갈 데가 없어 고여 있다가 엄청난 증발량에 금방 물이 말라 버리는 곳, 더운 날에도 소금 호수가 마르지 않는 곳, 그 소금물에 조그만 벌레와 해조류가 사는 곳, 분지의 표면은 소금으로 덮여 있어서 태고에 이곳이 바다였다고 했다. 우리는 인증사진을 찍고 거기에서 나와 라스베이거스로 향했다. 그러나 그쪽으로 가는 길도 폐쇄되어 한 시간이나 길을 돌아가서 하룻밤 묵을 엑스칼리버 호텔로 갔다.

라스베이거스 쇼 관람

라스베이거스의 밤은 낮보다 아름답다. 밤에 라스베이거스를 관통하는 대로(Las Vegas Strip)를 걸으며 호텔 이름과 어울리는 공연을 구경하였다. 해적이 싸우고 대포까지 쏘는 트레저 아일랜드 호텔 앞에서 보물섬(Treasure Island) 공연과 미라지 호텔 앞에서 화산이 폭발하고 용암이 흘러내리는 것을 보았다. 벨라지오 호텔에서 하는 분수 쇼도 볼 만하였다.

룩소르 호텔은 이집트 스핑크스와 피라미드로, 파리스 호텔은 에펠탑과 개선문, 베르사유 궁전 같은 것으로 꾸며 무궁무진하게 볼 게 많았다. 우리가 머물렀던 엑스칼리버는 원탁의 기사 장식으로 중세 시대의 성 모양으로 꾸며져 있었는데 하룻밤 자는 데 30불 정도로 값이 싸다. 그 후 이틀간 잤던 밸리스(Bally's)는 뚜렷한 특징이 있기보다는 벨라지오 호텔 건너편이고 위치가 좋으며 시설에 비해 값도 쌌다. 3일 밤 다 $30~40에 잤으니 1인당 15,000원 정도밖에 되지 않았다. 그러다가 주말과 행사가 있는 날이면 라스베이거스 호텔은 갑자기 값이 오른다.

그런데 거금을 주고 벨라지오 호텔에서 본 '태양의 서커스단(Circus of Soleil)'의 'O' 쇼는 정말 세계적인 명성을 확인시켜 주었다. 무대 위로 물이 쏟아져서 깜짝 놀라는데 어느새 사람들은 배를 타고 다녔다. 갑자기 물이 사라진 자리에서 춤을 추고, 홀연히 누가 나타나서 다이빙을 하면

물이 가득 찼다. 묘기와 극적인 장면이 넘쳐나서 상상을 초월할 정도의 무대 장치가 믿기지 않을 만큼 굉장한 공연이었다. 한마디로 기상천외한 공연이었다, 와우! 배경 음악도 좋고 장면 하나하나 공을 들이고 완벽해서 돈이 아깝지 않았다.

이 먼 곳에서 이렇게 대단한 걸 보게 되다니 운이 좋다며 감탄해 마지않았다. 그런데 어떤 사람은 상해의 송성가무 쇼가 더 좋다고 하였다. 이 공연은 라스베이거스 공연 중 가장 비싼 것으로 $190이나 하였는데 7시 반 것은 애초부터 할인이라는 게 없고 예약도 차서 밤 10시 반에 40불 할인하여 $150에 주고 본 것이다.

그 다음 날, 우리가 머물었던 Bally's 호텔에서 본 것은 쥬빌리(Jubilee) 쇼였다. 호텔에 두 명을 한 명 값으로 해주는 쿠폰 할인이 있어 신나서 관람했다. 공연은 웅장했다. 타이타닉 침몰, 삼손과 델릴라, 가슴을 드러낸 아름다운 여인들의 캉캉 춤, 건장한 남자들의 힘찬 춤, 수많은 공연자들, 어디를 쳐다보아도 현란하고 화려한 동작으로 눈과 귀가 쉴 틈이 없었다. 가격 대비 쥬빌리 쇼가 더 볼만했다고 하는 사람이 있었다. 누구는 남편 뇌수술 후 기능을 못 했는데 이것을 보고 달콤한 밤을 보냈다고 했다. 이런 말을 들으니 함께 오지 못한 남편이 더 보고 싶었다.

불의 계곡(Valley of Fire)

그랜드 캐니언에 가려고 했으나 폭우로 길이 폐쇄되어 가지 못하고 그 대신 라스베이거스에서 동남쪽 80km에 있는 불의 계곡(Valley of Fire) 주 립공원에서 본 풍광은 특이했다. 붉은 계곡 암벽 일부가 검은색 기름으 로 덮여 있었는데 그 위에 인디언 원주민들이 BC 300년부터 AD 1150 년까지 그림을 그려놓은 게 독특했다. Petrography(petro 기름, graphy 그림) 라는데 해, 친구, 놀이, 춤, 그리고 전쟁 등을 나타내는 다양한 그림으로 글이 아닌 그림으로 소통하고 그들의 역사를 남겨놓았다. 이집트의 상 형 문자와도 같았다. 계곡이 깊진 않았으나 아기자기한 바위가 신기했

불의 계곡

다. 마치 외계인이 나타나서 우리 몰래 착륙했다 이륙하며 자기네들끼리 비밀스러운 미션을 수행할 것 같은 신비한 분위기였다.

우리는 붉은 사암의 암벽에 등을 붙이고 우주선에게 우리를 구출해 달라고 고함을 질렀다. 누가 더 간절히 구원을 요청하나 보자며 고함을 지르고 벽에 몸을 비틀고 온갖 장난을 다 쳤다. 우리 엄마가 보셨으면 '쯧쯧, 오십 넘은 것들이 저리 철이 안 들꼬' 하셨을 것이다.

그랜드 캐니언 서쪽(West Rim)

오래전 그랜드 캐니언 남쪽에 갔을 때 계곡 아래는커녕 위도 제대로
보지 못했다. 지금은 헬리콥터 선택 관광도 있다고 했으나 우리가 패키
지로 갔을 때는 가이드가 한 번 쭉 둘러보고 사진 찍고 가자했다. 머문
시간은 한 시간 정도? 그때 하도 아쉬워서 이번에는 제대로 본다며 국
립공원 내 마스윅 로지(Maswik Lodge)에 예약했다.

하룻밤 $110 정도였으니 그리 싼 것이 아니었건만 그곳에서 자지 못
했다. 며칠 동안 내린 폭우로 길이 폐쇄되어 아예 접근 불가였기 때문이
다. 공원 내 숙소에서 자며 노을도 보고 아침에는 아래쪽으로 걸어가고
남쪽 부분을 좀 오랫동안 체험하고 싶었는데 여간 아쉽지 않았다. 계곡
아래 노새 타고 가서 잠도 자는 숙소는 예약이 이미 끝났기에 할 수 없
이 마스윅에서라도 자려고 했는데 그곳조차 갈 수 없다니!

남쪽은 길이 막혀 못 갔지만 새로 개장한 서쪽 부분은 가까워 하루
만에 다녀올 수 있다 하여 길이 열리기를 기다렸다. 호텔 안내인이 새벽
6시에 떠나는 버스를 보았는데 아직 되돌아오지도 않고 돌아온다는 연
락도 없는 것 보면 괜찮은 것 같다고 했다. 그래서 용기를 내어 모두 길
을 나섰다.

그랜드 캐니언은 장엄했다. 확 트인 공간 아래 사방에는 광대한 협곡

그랜드캐니언 웨스트 림

이 병풍처럼 둘러있었다. 바닥을 유리로 만들어 계곡 밖으로 돌출시켜
만든 유리 보행 받침대(Glasswalk) 아래 아득한 강을 보자니 오금이 다
저렸다. 수천만 년 세월을 지나는 동안 휘몰아치는 바람과 폭풍우를 견
디고 쨍쨍 사정없이 강하게 내리쬐는 해를 인내하고 부드럽게 어루만지
는 달에게 위로를 받았을 것이다. 조용히 빛나는 별들을 친구삼고 절벽
을 깎아 흐르는 콜로라도 강을 수용하는 그랜드 캐니언. 모든 것을 받
아들이고 우뚝 존재하는 자연에게 무한한 경의를 표하고 싶었다. 그리

고 이 세상 모든 자연의 이치를 정하신 조물주의 능력에 경배하고 싶은 마음이 들었다. 우리는 바위 끝에 서서 두 손을 들고 기도하는 모습으로 붉은 절벽을 배경으로 사진을 찍거나 팔짝 뛰거나 여러 명이 사이좋게 온갖 모습을 취하며 캐니언과 함께했다. 그리고 그냥 말없이 오랫동안 캐니언을 바라보았다.

밤에 호텔에 가기 전 저녁을 먹으러 서울에도 있는 해산물 체인 레스토랑 토다이에 갔다. 우리 일행이 모두 14명이니 매니저에게 단체 할인을 해 달라 했더니 무슨 여행사에서 왔는지 물었다. 얼떨결에 아즐스 여행사라고 하니 약 20% 할인을 해 주는 것이 아닌가. 모두 흐뭇하게 잘 먹고 하루를 마감했다. 잘 먹으면 만사가 편안하다.

카보 산 루카스(Cabo San Lucas)

　라스베이거스를 떠나 유람선을 타고 해상에서 하루 머문 후 카보 산 루카스에 도착했다. 바하 반도의 남쪽 끝에 있으며 바다와 사막이 있는 카보는 오래전 고요한 어촌이었다가, 한때는 해적 소굴이기도 했다. 지금은 멕시코 리비에라와 코르테즈해(Sea of Cortez)의 주요 항구로 캘리포니아 주민들과 서부 태평양에 사는 사람들에게 인기 있는 여행지다. 현재 인구 25,000명, 더 이상 어촌의 모습은 찾아보기 힘들고 연평균 섭씨 26도의 연중 온화한 기후로 해마다 많은 여행객들의 발걸음이 끊이지 않는데, 12월부터 3월까지 여행하기 좋은 시즌에는 '봄 휴가 축제 기간 자극이 강렬해서 너무 놀다 심장마비로 쓰러질 지도 모를 위험(?)도 있다'고 광고한다.

　유명 배우 빙 크로스비와 존 웨인이 낚시하러 오고 1970년에 캘리포니아와 바하 반도를 잇는 고속도로가 생긴 후 더 많은 관광객이 몰려들었다. 지금은 별 6개 리조트로부터 민박에 이르기까지 모든 사람의 욕구를 충족시키는 인기 휴양지가 되었다. 항구가 작아 유람선은 바다 위에 띄워두고 텐더라는 작은 배를 타고 나와야 한다. 시내 중심가까지 15분이면 걸어갈 수 있으나 열기 때문에 택시를 타야 할지 모른다. 카봇의 해변 상인들은 집요하게 물건을 사라고 하는 바람에 어쩌면 좀 피곤해진다. 심지어 비아그라와 주름 제거 화장품까지 계속해서 사라고 한다.

멕시코에선 언제나 가격 흥정을 해야 한다.

카보는 12월 중순부터 4월 중순까지 혹등고래와 다른 종류의 고래를 보기 쉽고 서핑과 골프, 해양 스포츠, 낚시, 승마와 같은 다양한 야외 활동을 즐길 수 있어 특히 가족 단위의 여행객들에게 각광받는다. 어느 전단에서 서핑 타는 법을 아주 자세히 설명해 놓았다. 먼저 자세 잡는 법, 보드 조절하기, 파도 잡고 타기부터 이론을 가르쳐주고 실제 잘할 때까지 옆에서 가르쳐준다 하니 내가 젊었다면 한 번 배워보겠다. 이론을 잘 이해하지만, 다리에 힘이 없어 보드에 서 있기도 어렵고 파도가 몰려들면 몸 균형 잡기가 과연 글처럼 쉬울까마는 젊은이들은 시도할 만하겠다.

바하 반도의 다른 기항지와 마찬가지로 수상 스포츠와 해양 생물 관찰에 손님이 몰리지만, 텍사스에서 수입해 온 낙타로 바하 사막을 타고 다니면서 이색적인 경험을 할 수 있다. 7시간 동안 $170을 주면 바하 탐험 기회를 가지는 데 이건 아주 흥미진진한 순서다. 먼저 ATV 만능 차를 타고 고대 마을을 탐사하고 폭포에서 수영을 한 후 300m 절벽에서 부서지는 파도를 본다. 그리고 산과 황야를 지나 칸델라리아라는 200년 된 인디언 마을에 가서 그림 같은 다른 폭포에 다시 가서 수영을 즐긴다. 그리고 미그리뇨 해변(Migriño Beach)에 가서 점심을 먹고 말 타고 5km나 되는 모래 사구를 다닌다. 사구는 브래드 피트가 '트로이'를 찍은 곳이다.

당연하겠지만 카보 산 루카스는 해변을 빼면 안 될 정도로 아름다운 해변이 즐비하다. 연인의 해변(Playa del Amor)으로 불리는 플라야 미다노는 수많은 동굴이 있는 아름다운 해변으로 잘 알려져 있다. 우습게도 '연인의 해변'과 '이혼의 해변'이 근처에 자리 잡고 있었다. '연인의 해변'에서는 수영을 할 수 있지만 '이혼의 해변'에서 수영을 하다가는 파도가 거

카보 산 루카스

카보 산 루카스 물개

엘 아르코

칠레노 비치

칠고 위험해서 본의 아니게 헤어질 수 있다고 한다.

호텔이 소유한 비치 패스를 사면 수영도 하고 의자에 비스듬히 누워 편하게 쉴 수 있다. 제트 스키를 타고 수상스키를 하는 건 물론이고 흑인처럼 머리를 땋고 타투 문신을 하고 자정까지 마이애미 스타일의 파티를 즐길 수도 있다. 파라세일링으로 바다와 해변을 조망할 수도 있으나 우리 팀은 유리바닥 배를 타고 가서 태평양과 코르테스 해 사이를 가르며 튀어나온 엘 아르코(El Arco) 바위 근처에서 사진을 찍었다. 바위 위에 누운 바다사자와 바다 밑 물고기도 구경하였다. 오후에 밴을 대절하여 칠레노 비치(Chileno Beach)에서 스노클링을 하였는데 갑자기 물속에서 이상한 물체를 발견하곤 무서웠다. 자세히 보니 개 네 마리가 우리와 함께 수영을 하고 있었다.

유람선으로 돌아오는 길에 운전사가 유리 공장에 데리고 갔다. 녹은 유리를 파이프 끝에 묻혀 입으로 불면 아름다운 제품이 만들어졌다. 온갖 색이 들어간 조그맣고 아름다운 컵 두 개를 샀는데 햇빛이 비치면 영롱한 색깔이 살아나 여간 예쁜 게 아니다.

성탄 절기가 되면 컵 안에 초를 넣어 밝혀 거실을 반짝거리게 만들어 준다. 요새도 쳐다보면 카보 산 루카스가 생각나는 추억의 기념품이다. 이곳 역시 색깔과 문양이 화려한 탈라베라 도자기(Talavera Pottery)가 유명하지만, 유리 공장을 방문한 것도 새로운 경험이었다.

콩과 쌀, 옥수수가 주식인 멕시코 음식으로 배를 채우자면 타코와 브리토, 엔칠라다가 우리 입맛에 맞는다. 카보에서는 새우는 말할 것도 없고 가재와 생선회도 실컷 먹을 수 있다. 스포츠 낚시의 중심지답게 잡은 생선으로 요리해 주는 식당이 많기 때문이다. 테킬라와 마가리타는 이미 알려진 술이지만 병 바닥에 벌레를 넣어두는 메스칼(mescal)이라는 음료는 보기만 해도 몸서리치고 싶을 것이다. 의외로 바비큐를 연상시키

탈라베라 도자기

나초   타코   멕시코 밥

부리또   퀘사디아   화이타

는 냄새가 나서 보기보다는 마실 만하다고 하였다. 술 마시고 취해 본 경험이 없어서 언젠가는 술 마시는 사람을 이해하고자 한번 진탕 마실 기회를 노렸지만, 술 앞에서 주눅이 들어 평생 시도를 못 해봤다.

몰리(Mole)는 멕시코의 전통 양념이다. 몇 년 전 칸쿤(Cancun)과 치첸이 트사가 있는 멕시코 유카탄 반도에 갔을 때 몰리에 대해 많이 알게 되었 다. 고추, 계피, 토마토, 마늘, 양파, 월계수 잎, 참깨, 올스파이스(allspice), 박하 잎, 고수 잎(cilantro)을 넣어 만든 것인데 코코아와 초콜릿을 넣기도 한다. 갖은 종류의 몰리를 만들어 고기 위에 뿌리기도 하고 밥 위에 올려먹기도 하고 찍어먹기도 해서 멕시코 음식에서 몰리를 뺄 수 없다. 고추도 청양고추 같은 매운 할라피뇨와 맵지 않은 세라뇨처럼 다양한 맵기의 고추를 넣어 만든다. 몰리를 마스터했다면 전통 멕시코 음식에 대해 충분하다고 말하는 사람도 있다.

우리가 갔던 식당에서 마리아치 악단이 낭만적인 멕시코 음악을 들려주었다. 현악기, 트럼펫과 기타 등의 악기로 '라밤바'와 '라쿠카라차' '베사메 무초' '희미한 옛사랑의 그림자'를 연주했는데 음악만 들으면 황홀해 하는 까닭에 팁도 주고 음악에 맞춰 몸도 흔들며 아주 즐거운 시간을 보냈다.

멕시코 음악은 유쾌하고 열정적이며 애절해서 하루 종일 음악만 들으며 시간을 보내고 싶었다. 고교 졸업하고 서울에 있는 대학을 다닐 때 종로에는 클래식 음악다방이 많았는데 죽치고 앉아 몇 시간이나 음악을 듣곤 했다. 지금도 좋은 음악 들으며 설악산까지 몇 시간이나 운전해도 지루하지 않고 기분이 좋다. 클래식 음악 중독 기가 있어서 오히려 자제할 때도 있다,

신혼 초 남편이 내가 음악을 들으면 집중이 안 된다며 금방 음악을 꺼버려서 결혼 전 음악을 좋아한다더니 속았다는 생각으로 실망이 컸었다. 그런데 세월 따라 변해서 지금은 내가 좋아하는 TV 채널로 자주 클래식 음악을 틀어준다. 클래식뿐 아니라 세상의 모든 음악을 좋아하는 편이다. 가수 조영남이 번안하여 부른 '제비'도 멕시코 음악이다. 마리아치 악단이 쓴 챙이 넓은 모자는 솜브레로(Sombrero), 복장은 차로, 흰옷이든 검은색이든 두 줄의 금박 단추가 아주 멋있게 보인다. 음식도 맛있어서 우리 일행은 만족스럽게 배로 돌아왔다.

멕시코 말

　여행하면 현지어 몇 개를 익혀 쓰는데 멕시코 말도 수첩에 적어가서 써먹었다.

- Señor/Señora/Señorita(세뇨르/세뇨라/세뇨리타) 미스터/미시스/미스
- ¡Hola!/¡Chao!(올라/차오) 안녕(만날 때)/안녕(헤어질 때),
  Adiós(아디오스) 잘 가
- Como estas?(꼬모 에스타) 안녕하세요?
- Si/ No(시/노) 예, 아니오.
- Muchas gracias(무차스 그리시아스) 매우 감사합니다.
- Bienvenidos(비엔베니도스) 환영합니다.
- ¡Buenos días!(부에노스 디아스) 좋은 아침
- ¡Buenas tardes!(부에나스 타르데스) 좋은 오후
- ¡Buenas noches!(부에나스 노체스) 좋은 밤
- Feliz Viaje(휄리스 비아헤) 즐거운 여행이 되세요.
- Mucho gusto/Encantado(무초 구스토/엔칸타도) 만나서 반갑습니다.

마사틀란(Mazatlan)

미국에서 가난한 유학생일 때 TV에 나오는 사랑의 유람선(Love Boat)을 보면서 언젠가는 한번 크루즈 여행을 가야지 했는데 그 연속물을 최초로 찍은 항구가 마사틀란이다. 30년 지나 이곳에 유람선 타고 왔으니 소원을 이룬 것인가?

캘리포니아 바하 반도의 남쪽 끝 건너편 땅 멕시코 서부에 붙은 마사틀란은 1530년경부터 스페인 탐험가를 비롯하여 필리핀 상인, 미국, 중국, 독일 이주자들이 1800년대까지 몰려와 도시를 개발하고 무역항으로 발전시켰다. 게다가 해적들까지 몰려들어 악명을 날렸으나 관광도시로 거듭난 데는 존 웨인, 게리 쿠퍼 같은 할리우드 유명 인사들의 공이 컸다. 그들이 1940~50년대에 낚시하러 몰려오고 1960년대에 할리우드 자본으로 호텔을 짓기 시작하면서부터 본격적인 관광 도시가 된 것이다.

그렇지만 한때 마약 범죄가 들끓어 유람선이 왕래를 끊었다가 2013년에 다시 방문하기 시작했는데 지금은 안전하고 연중 온화한 기후로 매년 백만 명 이상의 관광객들이 찾아오게 되었다. 인구 약 44만 명, 무려 13km나 되는 세계에서 가장 긴 해변길이 있는 마사틀란의 한쪽은 호텔, 리조트와 기념품 가게와 쇼핑센터, 레스토랑이 즐비한 곳이라면 반대편 올드 타운에는 식민지 시대 흔적이 고스란히 남아있는 광장, 카페가 있다.

독특하고 세련된 문화가 있고 또 물가가 싸고 부동산 가격이 낮아 북미 거주자, 예술가들이 많이 살러 온다. 관광뿐 아니라 태평양에서 제일 많이 잡히는 새우와 멕시코에서 제일 인기 있는 맥주 공장(Pacifico Beer)이 유명하다. '사슴의 대륙'이란 뜻으로 흰 꼬리 사슴이 많은 마사틀란은 카보 산 루카스보다 물가가 싸고 10-2월이 성수기이다.

유람선 선착장에서 올드 타운까지는 15분 정도 걸으면 도착할 수 있으나, 해변 호텔 지역은 택시를 타면 $10쯤 든다. 유람선 선착장과 부두가 함께 해안을 쓰다 보니 하역 때문에 약간 복잡하기는 하지만 부두에서 선착장까지 무료 트램이 제공되었다.

올드 마사틀란(Centro Historico)은 2층 이상 건물이 없는데 유네스코 세계문화유산에 등재하기 위해 노력 중이라 한다. 도시의 중심이 되는 마차도 광장(Plaza Machado)에는 1833년 시작해서 1875년에 완성된 스페인 스타일의 성 수태 성당을 비롯해서 기념비적인 건축물이 적지 않다. 국립 역사 건축물 중 하나인 안젤라 페랄타 극장(Teatro Angela Peralta) 역시 인상적이다. 유명한 소프라노 디바, 멕시코의 나이팅게일, 1845년생인 안젤라 페랄타는 멕시코시티 국립음악원에서 공부했고 작곡, 피아노, 하프에 능통하여 20살 때 유럽에서 공연한 후 유명해졌다. 유부남 변호사와 사랑에 빠져 스캔들이 생겼으나 마사틀란에서는 아무도 신경을 안 쓰므로 1883년에 여기로 이주해서 살았다. 그녀는 이 극장에서도 공연하기로 약속했지만, 황열병이라는 전염병에 걸려 사망했다. 짧은 사랑의 허무함이여! 그녀 이름을 딴 건물이 남았으니 죽어서도 이름은 남긴 건가? 그 후 영화관이 되었으나 1975년 허리케인으로 내부가 훼손되었다. $1.3를 주고 극장에서 태풍으로 훼손되고, 심지어 방치되는 동안 무대 자리에서 자라고 있는 나무를 제거하고 복구한 과정을 볼 수 있다.

사람들이 모이는 올드 타운 중심부 레푸블리카 광장(Plaza Republica) 벤치에 앉아 오고 가는 사람들을 쳐다보면 여유롭다. 식민지 시대의 예쁜 건물과 길가의 카페, 갤러리 등 다채로운 색깔의 건물을 보며 걷는 길 역시 오랫동안 기억에 남을 것이다. 무료로 고고학 박물관과 미술관을 둘러 볼 수도 있다. 예술도 나라마다 특색이 있어서 이곳에서 만나는 멕시코 예술 작품이 서구 사회의 박물관에서 만나는 것과는 달라서 퍽 인상적이었고 나에게 예술에 대한 새로운 경지를 넓혀주었다.

광장에서 몇 블록 떨어진 중앙시장(Mercado Pino Suarez)에 가면 솜브레로부터 과일, 공예품 등 없는 게 없다. 이국적인 시장을 둘러보고 마리아치 밴드가 연주하는 곡을 들으며 멋진 레스토랑에서 식사를 하거나 길거리 음식을 가볍게 맛보든 모든 게 자유다.

마사틀란의 말레콘(Malecon) 해변 도로에는 진지하게 철학적인 것부터 변덕스럽고 우스꽝스러운 많은 조각품을 만날 수 있다. 남쪽 끝에는 다이빙하는 곳(Cliff Dive, High Dive)이 있었다. 14m 높이에서 1.5m 깊이의 바다로 뛰어드는 사람들이 바닥에 닿아

하이 다이브(High Dive)

마사틀란 비치

다칠까 조마조마하다는데 우리가 갔을 때는 다이빙 하는 사람들이 없어서 그냥 사진만 찍고 왔다. 누군가 사람들이 모여들면 다이빙을 하는데 관광객들이 약간의 팁을 준다고 한다.

좀 더 활동적인 것을 원하는 관광객들은 세로 델 크레스톤(Cerro del Creston) 언덕에 있는 159m 전망대(Lookout Hill)에서 눈앞에 펼쳐지는 장관을 본 후, 1879년부터 해협을 비춰주던 세계에서 두 번째로 높다는 등대 엘 파로(El Faro)까지 걸어갈 수 있다. 1933년에 전기로 바꾸었는데 60만 개의 초를 켠 정도의 밝기라 한다. 언덕까지 오르는 데는 한 시간 안 걸리지만 일단 올라가면 정말 잘 왔다고 느낄 것이다.

크루즈 터미널에서 10분 정도 수상택시를 타고 돌섬(Stone Island)에 가면 완전 다른 세상이 나온다. 얕고 따뜻한 바다에서 어린아이들을 데리고 온 가족이 헤엄치고 온갖 수상스포츠를 즐기며 한나절 시간 보내기에 더없이 좋은 곳이다. 또 자연 친화적으로 보존이 잘 된 사슴 섬과 늑대 섬, 새 섬에 가면 열대 맹그로브 숲에서 새를 관찰하고, 카약, 하이킹, 스노클링을 즐길 수 있다. 시내 중심가와 호텔 지역 사이에 있는 마사틀란 수족관(Mazatlan Aquarium)은 바다사자, 이국적인 새 쇼를 포함, 300여 종의 바다 생물들을 볼 수 있다. 물론 세계적인 골퍼가 디자인한 골프장 에스텔라 델 마르(Estrella del Mar)에서 골프도 칠 수 있다.

마사틀란은 세계에서 가장 새우 수출을 많이 하는 지역 중 하나다. 우리는 쇼핑가 끝 식당에서 해산물 요리를 시켜 먹으면서 양이 많아 만족했고 기타 연주를 듣고 달콤해졌다. 술을 좋아하는 사람들은 마가리타와 1800년대 독일인이 상륙했을 때 비법을 전수받아 만든 파시피코 맥주를 맛볼 수 있다.

2월 말~3월 초순경엔 리우데자네이루와 뉴올리언스 다음으로 세계에서 세 번째로 큰 카니발이 마사틀란에서 열린다. 마리아치 전통 악단과 록 밴드들이 연주하며 심장박동을 높이고 모두 홍분의 도가니가 되어 정신없이 즐기는 날이다. 1864년 프랑스 함대 물리친 것을 기념하는 의미도 있는데 1998년에 100주년이 되었다 했다. 불꽃놀이와 꽃에 관한 시 백일장, 꽃 아가씨 선발 등 다양한 행사가 관광객을 유혹한다.

유람선은 5시쯤 떠나니 이 축제에 참가하기는 힘들고 대신 LA에서 싼 비행기를 타고 올 수 있다면 축제에 흠뻑 빠질 수 있을 것이다. 우리도 보라카이, 푸켓 등 동남아 싼 비행기가 가끔 나오듯 미 서부 사람들도 마사틀란 가는 싼 비행기 표가 나오길 기다린다고 했다.

선택 관광 소개

'마사틀란 돌아보기'로 가격은 $27이다. 시장에서 지역 특산물을 구경하고 태평양 연안에서 가장 많이 잡히는 새우 시장에 가서 여러 종류의 새우도 보고 세일하는 해산물을 살 수 있다. 1875년 42년 만에 완공한 성 수태 성당을 방문하고 다이빙하는 것을 구경한 후 해안도로에 가서 어부와 인어 동상을 본다. 마사틀란의 역사적인 건축물, 안젤라 페랄타 극장을 돌아보는 관광이다.

USA TODAY 신문을 보면 마사틀란 여행 가기 전에 주의할 점이 나와 있다. 마약 딜러를 조심하라, 납치도 되고 살인도 이루어진다, 예방 주사를 맞으라, 물은 사서 마셔라, 식당 음식은 괜찮으나 거리 음식은 조심하라, 하지만 라임 주스에는 안티 박테리아 성분이 있으니 음식 위에 라임 주스를 뿌려 먹으면 안심이 될 거다, 혼자서 여행하지 마라, 관광객이 많이 다니는 곳에 가고 어두운데 가지 마라, 귀중품은 숙소 금고에 넣어 두라는 등 무시무시한 경고가 많았다.

푸에르토 바야르타
(Puerto Vallarta)

리처드 버튼과 엘리자베스 테일러가 영화를 찍으며 사랑에 빠져 여기에 집을 짓고 살지 않았다면 세계는 이곳을 알지 못했을 정도로 바야르타는 조그만 어촌이었다. 1963년에 존 휴스턴의 '이구아나의 밤(Night of the Iguana: 리처드 버튼, 에바 가드너, 데버러 커 주연)'이라는 영화가 촬영되자 더욱 알려지게 되었다. 반데라스만과 올드 타운 쿠알레 강이 보이는 곳에 위치해 전망이 뛰어난 카사 킴벌리 집에서 엘리자베스 테일러는 리처드 버튼과 함께 살다 이혼하고 1990년에 가구, 그림, 벽 장식물 등을 다 포함해서 집을 팔았는데 지금은 B&B로 쓰고 있다.

리차드 버튼과 엘리자베스 테일러가 나왔던 영화 중 제일 감동적이었던 1966년 작 '누가 버지니아 울프를 두려워하랴'는 정말 나를 매료시켰다. 영국 작가 버지니아 울프와는 전혀 상관이 없는 영화다. 대학교수 두 부부가 밤중에 벌이는 폭로와 독설로 1초도 긴장을 풀 수 없는 영화였다. 겉으로는 그럴듯하게 보이지만 고조되는 모욕과 경멸에 찬 대사로 위선을 하나씩 하나씩 벗기니 내 가슴이 서늘해졌다. 지성인이라는 교수들이 술기운을 빌려 그렇게도 솔직하고 비열하게 대화를 한 배경에는 모두 비틀린 욕망의 가슴 아픈 사연들을 품고 있었기 때문이었다. 그들에게 아니 모든 인간들에게 깊이 느낀 연민 때문에 나에겐 잊지 못할 영화가 된 것이다.

두 사람의 이름을 보면 그들의 대표작 '클레오파트라'가 아니라 그 영화를 먼저 생각한다. 하여튼 사진 기자들이 유명 인사를 쫓아오면서 바야르타는 북적거리기 시작했는데 지금은 멕시코에서 가장 인기 있는 휴양지가 되었다. 우리가 은퇴 후 물가가 싼 동남아, 필리핀에 가서 살까 생각하듯이 미국 서부 사람들은 은퇴 후 생활비가 적게 드는 따뜻한 이곳에서 제2의 인생을 시작하려는 사람들이 많다.

현재 25만 명의 인구와 300만 명의 관광객이 방문하는 바야르타에 봄이 돌아오면 카보 산 루카스처럼 혹등고래(Humpback Whale)들이 알래스카로부터 모여들고 태평양 돌고래는 일 년 내내 볼 수 있다. 유람선 선착장은 시내에서 5km 떨어져 있어서 항구 내의 미터기가 없는 택시를 탈 땐 미리 흥정하고 타면 되고, 항구 밖에 있는 노란 택시는 좀 더 싸서 5불 정도면 시내 중심가까지 갈 수 있다. 버스는 1달러(7페소)로 중심가나 호텔 지역까지 갈 수 있다.

해안 옆 메인 도로는 휠체어를 타고 다녀도 될 만큼 평평하지만 도로 안쪽 몇 블록만 지나도 경사지고 조약돌이 깔린 길이라 편한 신발은 필수다. 해안도로 말레콘을 걷다 보면 때로는 바위를 치는 거친 파도가 통행인에게 소금 비 세례를 퍼붓기도 한다. 거기서 거리의 악사 음악을 들으며 늘어선 조각상을 구경하는 것만으로도 눈이 호사스러워진다. 3m 짜리 해마 청동상과 어린아이 두 명이 사다리를 올라가는 조각을 포함해 하나하나 조각가의 예술적 창의성이 뛰어난 작품들이 많다. 우리는 도로 끝, 한없이 높은 곳에서 줄에 달린 의자(La Rotunda del Mar)를 타고 빙빙 도는 사람들 앞에서 사진을 찍고 바야르타에 온 흔적을 남겼다.

해마 청동상 　　　　　　　　바야르타 방문 기념 단체사진

시내 중심 광장에는 스페인 식민지 시대의 건축물이 많아 돌아다니며 구경할 거리가 많다.

리오 쿠알레 벼룩시장(Rio Cuale Flea Market)은 노점 상인들이 수예품, 은 세공품, 유리 공예품, 면 가방 등 화려한 색감의 비슷비슷한 물건들을 파니 한 번 들러볼 만하다. 호화롭고 매력적인 멕시코 가구, 액자, 그림, 가죽 제품 등 이국적인 물건이 눈을 사로잡는다. 밝고 화려한 색깔의 탈라베라(Talavera) 도자기는 아기자기하면서도 복잡한 디자인으로 멕시코 특유의 멋을 지녀 조그만 그릇이나 접시, 냄비 받침 하나라도 사면 좋은 기념품이 될 것이다. 시내에서 이리저리 돌아다니다 유람선 타러 가기 전에 있는 항구 기념품점에선 반값 이하로 후려치는 쇼핑 기술이 필요한 곳이다.

물론 모험을 즐기는 사람들은 정글과 폭포를 탐험할 수 있고 짚라인을 타고 내려가며 아찔한 속도를 맛볼 수도 있다. 또는 ATV(전 지형 만능차)를 타고 시에라마드레 산맥 근처에 있는 사막, 비포장도로, 바윗길과 황야를 구석구석 돌아다닐 수도 있어서 선택의 폭이 넓다. 고래와 거북이 관찰도 할 수 있고 선셋 크루즈, 멕시코 음악이 있는 디너 등 좋아하는 활동을 고르면 된다. 주로 스노클링, 스쿠버 다이빙, 카약 타기 등 해양스포츠가 인기 있고, 승마 트래킹, 테킬라 시음하는 선택 관광도 있다. 어렸을 때 오빠들과 외국 영화를 봤는데 거기서 "테킬라" 하고 반복해서 외쳐 뜻도 모르면서 우리도 "테킬라" 하고 외치며 까불었던 기억이 난다. 마가리타가 더 좋다는 사람도 있지만, 멕시코는 역시 테킬라라는 사람이 많다.

테킬라를 마시는 일반적인 방법은 다음과 같다. ① 라임 주스를 마신다. ② 테킬라를 홀짝 들이킨 후 ③ 토마토와 오렌지 주스로 만든 시고 매운 산그리타(Sangrita)라는 주스를 마신다. 다음 방법은 퍽 자극적이다. ① 소금을 코 위에 올려놓고 킁킁거리며 먹는다. ② 테킬라를 마신다. ③ 레몬을 눈에 뿌린다. 우익!! 술도 못 마시는 데 더 자극적인 이 방법으론 돈 준다고 해도 마실 자신이 없다.

선착장 근처에는 호텔과 리조트가 즐비한 골든 존(Golden Zone) 지역이 있는데 리조트 앞에서 파도 타며 즐길 수 있는 바닷가 접근이 가능하고 수영장과 스파, 해양 스포츠를 즐길 수 있어서 가족들에게 인기가 많다. 잠을 자지 않더라도 150페소 정도 주고 수영장, 탈의실 같은 시설을 사용하고 음료나 식사를 시켜 먹을 수 있으니 하루 편하게 보내고 싶다면 망설일 필요가 없는 것이다. 워터파크 시 라이언(Sea Lion Encounter)에 가도 하루 종일 가족들이 정신없이 재미있게 놀 수 있다. $19(아동 $15)이다. 태평양 연안에서 두 번째로 큰 도시 바야르타야 말로 모든 것을 갖춘 아름다운 도시다.

바야르타 리조트

　바야르타에는 바다로 들어가는 쿠알레 강이 마을을 가로지르고 흐르며 더운 열기를 식혀주고 그늘이 시원해서 사람들이 많이 찾아간다. 강가엔 분위기 있는 멋진 레스토랑이 많다. 신나면서 애절하고 로맨틱한 라틴 음악을 들으며 분위기에 취하고 싶다면 그런 레스토랑에서 돈을 아끼지 말고 음식을 사 먹어야 한다. 그러나 배만 채우면 끝이라는 실속 있는 사람들은 길가에서도 충분히 값싸고 맛난 멕시코 음식을 맛볼 수 있다. 무엇보다 유네스코 무형문화유산에 등록된 멕시칸 음식은 우리 입맛에 맞다. 타코나 토르티야 외에도 엔칠라다, 케사디아, 부리또, 화이타 등 좋아하는 음식이 깔렸고 해산물과 토마토, 오이, 양파와 아보카도, 라임과 살사 등 곁들여 먹을 것도 많지만 위대(胃大)하지 못한 것이 아쉬울 뿐이었다. 길거리 표 음식은 주의할 게 많다. 꼬치에 낀 바비큐 새우는 잘 익혔는지 점검해야 한다. 무엇보다 현지인들이 줄 서 있는 식당과 가판대 앞에서 사 먹는 것이 실패하지 않는 요령이다.

해상: 목걸이 패션쇼

유람선에서 카지노에서 도박하는 것, 조깅, 탁구, 수영과 사우나는 일상적이지만 배의 크기에 따라 골프, 아이스 스케이팅, 암벽 오르기도 할 수 있다. 그러나 패션쇼 참여는 흔히 할 수 있는 경험이 아니었다. 우연히 중심 쇼핑 거리에서 목걸이를 고르는 여자들을 보았다. 아크릴 위에 현란하고 육감적이면서도 예술적인 색을 입혀 만든 비싼 액세서리였다. 디자이너에게 나는 어떤 목걸이가 어울리겠는지 물어보니 하나 골라주며 곧 패션쇼가 시작되니 목걸이를 걸고 참여하라고 하며 어울리는 팔찌까지 채워주었다.

나보다 앞에 서 있는 키가 크고 늘씬한 여덟 명의 서양 여성들이 옷에 어울리는 목걸이, 귀걸이, 팔찌 등 화려한 것을 착용하고 사회자의 말이 떨어지길 기다리고 있었다. 단화를 신고 있었기에 자고로 모델은 키가 커야지 싶어, 구경꾼 속에 서 있는 친구의 높은 신발로 재빨리 바꿔 신었다. 모델로 뽑힌 여성들은 흰색, 검은색, 파란색의 단순한 색상의 옷을 입고 있었다. 모두 훤칠한 이 여성들 못지않게 나도 모델 할 수 있다고 스스로 최면을 걸고 허리를 곧추세우고 섰다. 곧 모델들이 사람들에게 목걸이, 팔찌 등을 보여 주며 반원을 그리며 걸어갔다.

맨 뒤에 서 있는 동안 모델처럼 뱅뱅 돌며 걷는 모습을 상상하고 무대에서 인사하는 연습을 해 보았다. 디자이너이자 사회자인 바바라가 한

액세서리 쇼

국에서 온 '영희'라고 소개할 때 두 손을 번쩍 들고 아래로 내리면서 무용가들이 하듯 발을 뒤로 빼고 인사를 했다. 그냥 단순하게 걷지 않고 경쾌하게 음악에 맞춰 걸으며 모델의 흉내를 내고 빙글빙글 돌기도 하며 팔찌를 건 손목을 턱 아래로 살포시 갖다 대면서 액세서리를 보여주었다.

사람들은 그저 조용히 걸어가는 딴 모델들보다 나를 쳐다보며 재미있어했다. 노랑, 오렌지, 옥색, 검은색 등 강렬한 원색이 섞여 있는 목걸이는 나의 흰 티셔츠와 흰 바지와 잘 어울렸다. 제일 뒤에 걸어갔는데 먼저 제자리에 온 모델들이 나를 보며 손뼉을 쳤다. 바바라는 나에게 포옹하며 가장 잘했다고 칭찬했다. 함께 구경한 친구들도 재미있어 했고 일행 중 한 명은 나에게 물건이라 했다. 모두들 목걸이가 내게 잘 어울린다고 했으나 비싼 것 같아 망설였는데 반값으로 할인해 주어 샀다. 모델 역할이 소비 심리를 자극시킨 탓도 있었다. 어울리든 안 어울리든 본전 찾느라 십 몇 년 동안 부지런히 목걸이를 사용했다.

게임과 춤

이번 크루즈 중 기억나는 게임 중 하나는 수영장에서 배치기하는 것이었다. 높지 않은 다이빙대에서 떨어지며 물을 가장 높이 가장 멀리 튀긴 사람에게 상을 주는데 주로 표면적이 넓은 남자들이 경연에 나섰다. 참석자들이 젖 먹던 힘을 다해 물 위에 힘껏 떨어져서 물을 높이 튀기려고 최선을 다했다.

구경꾼들은 누가 더 잘하나 손뼉 치고 휘파람 불며 쳐다보는데 그 중 보스턴에서 왔다는 젊은이도 손 다리를 쫙 벌리고 가장 물을 많이 가장 높이 튀기려고 애썼다. 비슷비슷해서 우열을 가리기 힘들었다. 그런데 사회자는 그가 1등을 했다고 선언했다. 아니 그는 빼빼하고 몸 표면적이 넓지도 않은데 그렇게 물을 많이 세게 튀어 오르게 할 수 있나? 아마 보스턴에서 캘리포니아까지 멀리 날아와서 유람선 탔으니 심사위원들이 가상히 여기고 잘 봐 줬나? 젊은이가 잘생겼나? 하지만 뚱뚱한 남자들이 육중한 몸을 날리는 모습이 하도 웃겨서 이들에게 공로상이라도 주고 싶을 정도로 즐거웠다.

그 외에 알코올음료와 주스들을 섞어서 만드는 바텐더 쇼가 볼만했다. 세이크에 여러 가지를 섞어 휘젓고 흔들고 던지며, 높은 도수의 알코올을 이용해 불을 내뿜고 신나는 음악에 맞춰 춤추니 모든 사람들이 경탄해서 그들의 기술에 매혹되었다. 더구나 무료 시음이라니? 위스키,

물 튀기기 대회

풀장 옆 운동

흥겨운 선내 활동

노을이 지는 갑판에서

진, 럼, 브랜디, 보드카 등 도수가 센 술에 섞는 주스와 과즙에 따라 엔젤스 키스, 블러디 메리, 블루 하와이, 맨해튼 등 이름도 다양하다. 칵테일에 대해 잘 모르니 무엇을 마셔야 할지 헷갈리고, 마실 기회도 많지 않은 나는 알코올이 들어있지 않은 버진 칵테일을 마시거나 피나콜라다를 마신다.

미국 유학 시절에 벨기에에서 온 장과 메리가 얼음, 화이트 럼과 파인애플 주스를 섞는 피나콜라다 만드는 법을 알려줬다. 그들이 도수 센 술을 사기에 비싸지 않나 했더니 포도주는 도수가 약한데도 한 병에 $10이지만 이것은 네다섯 배나 도수가 세지만 $20밖에 안 하니 오히려 싸다 했다. 그 말이 맞나? 하여튼 바텐더들의 활약이 뛰어나고 분위기가 흥청망청해서 재미있게 시간을 보냈다. 이들을 조주기능사(造酒機能士)라 하나?

또 거의 모든 유람선에서 하는 퀘스트(Quest) 쇼는 시간이 지날수록 징그러워졌다. 홀에 모인 사람들을 몇 팀으로 나누고 한 사람을 대표로 내세운 다음 사회자가 처음에는 동전 10개, 안경 3개, 스카프 2장, 허리띠 5개를 요구(quest)하면 팀원들이 협조해서 그런 물건을 빨리 찾아서 대표에게 갖다 준다. 차츰 여자 속옷, 블레이저, 하이힐을 요구해서 갖다 주면 그것들을 대표인 남자에게 입히고 걸게 해서 패션쇼를 하기도 하고 심지어는 잠자리 흉내도 내라고 한다. 불금인 이 쇼에 참석하려면 나이 제한이 있다. 관중들은 재미있어 포복절도하는 사람들이 많다.

어느 날은 가운데 복도, 쇼핑가가 있는 곳에서 가수들이 나와서 흥을 돋우면 승객들은 말 잘 듣는 학생처럼 그들이 시키는 대로 앞 사람의 어깨에 손을 대고 기차를 만들어 재미있게 돌아다닌다. 음악에 맞춰 춤을 추지 않아도 그냥 즐겁게 몸을 흔들면 된다. 또 풀장에서 춤을 가르쳐주는데 그 때도 부끄러워하지 말고 나가서 운동 삼아 시키는 대로 몸을 움직인다. 우리 일행은 주저하지 않고 음악에 맞춰 몸을 움직이며 운동을 했다.

끝나고 나서

출발할 때 인천 공항에서 비행기 점검으로 세 시간 이상 비행기 안에서 기다리느라 고생했고, 데스밸리에서 폭우를 만난 데다 고장 난 내비게이션 때문에 길을 잃었던 적도 있었다. 원했던 남측 그랜드 캐니언을 못 가게 되었지만, 그래도 좋은 구경과 경험으로 인하여 즐거운 여행으로 끝났다. 여행 중 친구들과 까불며 논 것을 잊지 못하겠다. 워싱턴에서 출장 마치고 합류했던 L 씨도 무사히 크루즈를 가게 되어 다행이었고, 시애틀의 Y 부부는 크루즈는 함께하지 못 했지만, 라스베이거스에서 함께 시간을 보낼 수 있어서 참으로 기뻤다.

다만 나는 남편이 없어서 외로웠던 것도 사실이었다. 옆에 있으면 잘해 주지도 않고 티격태격하면서도 없으면 보고 싶고 그리우니 이게 부부인가보다. 우리 친구들은 이제는 늙고 병들기도 해 춤을 다 배우지 않고 현재 세 부부만 배우러 다니고 있다. 우리도 백화점 문화센터가 집에서 너무 멀어 댄스 스포츠 강습을 안 받은 지는 10년이 넘었다.

크루즈 여행은 밤낮으로 붙어 다녀야 하니 동행이 누구냐에 따라 만족도가 좌우되는데 이 친구들과 알래스카와 멕시코 크루즈를 함께한 것이 행운이다. 이제는 이렇게 많은 동행이 같이 가자면 자신이 없을 것 같다. 모르면 용감하다고 잘 알지도 못하는 곳에 가서 헤맨 것을 지금 생각하면 부끄럽고 미안하다.

일자		2013년 3월 11~16일(5박 6일)
		싱가포르 출·도착
선사		로열 캐리비언
유람선		레전드 오브 더 씨(Legend of the Seas)
규모		7만 톤, 길이 264m, 폭 32m, 높이: 11층
승객 수		1,830명(직원 720명)
일행		여고 친구 3명
비용		슈피리어 발코니 70만 원, 항공료 40만 원

일자	기항지	도착	출발	비고
1일차 2013-03-11 (월)	싱가포르 (Singapore)		17:00	출발
2일차 2013-03-12 (화)	해상			해상
3일차 2013-03-13 (수)	방콕(람차방), 태국 (Bangkok, Thailand)	09:00	21:00	정박
4일차 2013-03-14 (목)	코사무이, 태국 (Ko Samui, Thailand)	09:00	17:00	텐더
5일차 2013-03-15 (금)	해상			해상
6일차 2013-03-16 (토)	싱가포르 (Singapore)	07:00		도착

싱가포르와
방콕, 코사무이 크루즈

(2013년 3월 11~16일)

태국
THAILAND

방콕
BANGKOK

코사무이
KO SAMUI

싱가포르
SINGAPORE

프롤로그

비행기 삯을 절약하려고 베트남 항공표를 사서 싱가포르 오가는 길에 하노이를 들렀다. 5박 6일 싱가포르 크루즈를 포함 총 11박 12일의 여정이다. 첫날은 하노이 숙박, 다음 날 오전 11시에 하노이를 떠나 싱가포르 도착한 것은 오후 3시. 다음 날 유람선을 탈 때까지 하루 동안의 시간이 있었다.

거스티 B&B에 짐을 풀었는데 쇼킹! 웃통을 벗어 던진 중년 남자가 건너편 침대 앞에 서 있었다. 8명 남녀가 같은 방에 잔단다. 깜짝 놀라 어찌 된 셈인가, 방을 바꿔 달라 하니 남자가 오고 여자가 안 오면 여자 방만 비게 되고 또 여자만 많이 오면 남자 방이 비게 되니 남녀 같은 방에 도착 순서대로 배정한다 했다. 우익, 그럴 수가? 모든 방이 다 같으니 별수 없다고 했다. 기가 차서 S와 H를 쳐다보았다. 그녀들도 당황스럽기는 나와 같았다. 이런 줄 모르고 인터넷으로 예약한 것이다.

방값 비싸고 숙소 구하기 힘든 싱가포르에서 다시 구할 수도 없고 그저 동행의 눈치를 살피는데 S가 시원하게 얘기했다. "신경 쓰지 말고 자면 되지. 다 그렇게 한다잖아." 아이고, 큰일이다. 내가 못 자겠다. 이방 저 방 살펴봐도 남녀가 다 섞여 있다. $65이나 지불했는데 무슨 이런 일이 있나? 수건 빌리는 값도 $3, 아침에 주는 식빵 조각까지 최악이다.

싱가포르 오후 관광

B&B와 쇼핑가인 오차드로드(Orchard Road)는 가까웠다. 오차드로드는 비싼 명품부터 없는 게 없지만 우리는 쇼핑을 하지 않았다. 배가 고파 럭키 플라자 지하 1층 푸드 코트에 가서 맛있게 보이는 것을 골라 사 먹은 후 버스를 타고 동물원에 갔다. 저녁 7시에 시작하는 $70짜리 사파리 투어를 보기 위해서였다.

무더운 정글에서 트램을 타고 어두컴컴한 조명 아래 어딘가 숨어있는 야행성인 맹수를 보는데 수풀 사이 날카롭게 빛나는 맹수의 눈을 마주하니 으스스했다. 약간 공포스러워 아동은 참여할 수 없는 관광이다. 또 컴컴한 데서 북소리가 둥둥 울려 퍼지는데 온몸이 땀으로 젖어 번쩍거리는 건장한 남자들이 불을 입으로 내뿜어댔다. 전체 분위기는 괴기스럽다.

싱가포르 오전 관광과 체크인

다음날, 짐을 싸서 프론트에 두고 또 돌아다녔다. 센토사 섬에 가서 머라이언을 구경하고 에스플레네이드를 들러 차이나타운에 가서 점심을 먹었다. 사실 돈을 아끼려면 항구에 11시쯤 일찌감치 가서 체크인을 하고 점심을 배 안에서 해결해도 되지만, 점심값 아끼는 게 대수인가, 그래도 돌아다녀야지 싶어서 새로운 걸 찾느라 눈을 요리조리 굴리며 걸어 다녔다.

오차드로드엔 기억에 남을 만한 볼 건물들이 많았다. 사진을 찍으며 인증사진을 남긴 후 국립 난 공원(National Orchid Park)에 가기 위해 택시를 탔다. 세 명이 다니며 택시비를 나누니 절약이 되어 좋다. 싱가포르에선 택시를 타고 다니며 시청과 대법원, 국회의사당 건물이 나타날 때마다 택시기사가 설명해 줘서 겉모양이라도 구경할 수 있었다.

매월 십만 원, 삼 년간 적금하여 돈을 모아 15년 전에 이집트를 갔는데 싱가포르 항공을 이용하여 싱가포르에 스톱오버 한 적이 있었다. 그때 항공사에서 하룻밤 자는데 1달러 하는 호텔을 제공해 주어 아주 싼값에 싱가포르를 구경하였다. 당시 함께 갔던 우리 네 명은 싱가포르 물가가 비싸다, 택시비가 왜 이리 비싸냐며 벌벌 떨며 돈을 썼다. 이제는 우리가 잘살게 된 건지 택시비가 안 비싸네 하며 웬만하면 택시를 타고 다녔다. 시간 없을 땐 택시가 최고다. 돈이 시간인 줄 알겠다.

난 공원

　난 공원에 가면 세상의 별별 아름다운 난이 다 있다. 함초롬히 조그맣고 향기 진한 꽃을 피우는 동양란은 잘 안 보이고 휘황찬란한 난을 지천으로 만날 수 있다. 가지각색의 큼직한 양란 수천 송이를 보노라면 여기가 천상인지, 지상인지 모르겠다. 감탄이 끊이지 않는다. 사진을 보면 우리는 늙고 별 볼일이 없어 차라리 꽃만 찍었으면 좋으련만 우리는 끝까지 우리 모습을 박았다. 꽃 때문에 더 예뻐지기를 기대하면서….

　시간이 쏜살같이 지나 짐을 찾아 항구로 갔다. 당연히 택시를 타고. 네 명이 같이 오니 절약된다.

방콕 람차방

　람차방은 타이의 가장 큰 항구로 방콕의 동남쪽 두 시간 거리에 있다. 파타야에서는 30분 걸린다. 방콕 가까운 크롱토이 항구는 바닥이 얕아 큰 유람선은 정박할 수 없어서 이 먼 곳에다 배를 대고 방콕을 가야 한다. 멀긴 해도 배가 떠나기 한 시간 전인 밤 8시까지 돌아오면 된다.

　일단 한국에서 미리 인터넷으로 람차방 항구에서 방콕까지 왕복하는 택시를 대절해 놓았다. 그래도 선사에서 제공하는 선택 관광보다는 싸다. 먼 길을 와서 방콕에 도착하자마자 길가 마사지 가게를 들렀다. 태국 마사지는 정말 마음에 든다. 손가락으로만 하는 지압이 아니라 무릎으로 경락을 찌르고 발로 허벅지를 눌러 온몸을 시원하게 해 준다. 95년에 방콕 여행 와서 마사지를 생전 처음 받던 날, 내 몸을 누가 만지는 게 어색하고 싫어서 마사지를 괜히 받았나 싶었다. 가이드가 하도 신경질을 내서 마사지 안 받다가는 매라도 때릴 것 같은 위협을 느껴 남 따라 마사지라는 걸 받았다. "남자 말고 여자 마사지사 좋아요" 했으나 그녀가 꼭꼭 누를 때마다 "아야아야" 하며 '살살, 아이고 나 죽는다. 다시는 이런 것 하나 봐라' 했었다.

　이제는 웬걸, 마사지 받을 기회가 있으면 무조건 받는다. 남편도 마사지를 좋아해 동남아와 중국에 여행 가면 반드시 마사지를 받는다. 지난번 장가계 자유 여행 갔을 때는 매일 닷새를 연달아 받았다. 마사지 한 시간에 약 8,000원. 마사지할 때마다 돈 번다면서 이제는 적극적으로 받는다. 힘 약한 여자 말고 남자가 좋다. 꾹꾹 온몸을 밟아주면 "어, 시원해" 한다. 나이는 들고 혈액순환도 안 되고, 사느라고 긴장했나 근육도 뭉쳐 있었다.

온몸을 풀고 왕궁으로 갔다. 왕궁은 황금으로 두른 사원과 탑들이 휘황찬란했다. 1782년에 건축한 왕궁은 약 2km의 담으로 둘러싸였는데 그 안에는 국방부, 내무부 등 행정 기관도 있다. 왕실 사원이라는 왓 프라깨오는 계절에 따라 옷을 갈아입히는 비취색 에메랄드 불상이 있는데 사진 촬영이 금지된다. 왕궁은 태국인들이 경외심을 갖고 자랑스러워할 만했다. 시간이 없어 단 한 군데 들러야 한다면 바로 여기라는 생각이 들 정도로 화려함의 극치였다. 건물 벽과 수많은 조각 동상들의 화려한 타일 조각과 금박 무늬를 사람 손으로 박았다는 게 믿기지 않을 정도로 정교했다. 날씨가 더운 것을 잊을 정도였다. 18~20세기 왕이 거주했던 곳, 지금은 고관들이 방문 시 숙소로 사용한다고 했다.

모든 사원이 그렇지만 이곳도 엄격한 드레스 코드가 적용된다. 반바지, 쫄바지, 민소매와 슬리퍼는 안 된다. 우리는 점잖은 옷(시대에 뒤떨어지는 옷)을 입었기에 아무런 제재를 당하지 않았다.

다음은 왕궁 바로 남쪽 왓 포 사원, 길이 46m, 높이 15m의 와불이 유명한 곳이다. 발 하나가 5m 길이에 3m 높이이다. 눈과 발은 자개로 만들었는데 발바닥에도 삼라만상이 표현되어 있다 했다. 내가 보니 어떻게 삼라만상을 해석해야 할지 모르겠지만, 다만 크기에 기죽었다.

아유타야 시대, 1700년대에 건축된 이 사원에는 1,000개 이상의 불상이 있다고 한다. 태국 최초의 대학과 교육기관도 있었는데 태국의 역사,

왓 프라깨오
출처: Tourism Authority of Thailand

왓 포 사원
출처: Tourism Authority of Thailand

왓 아룬(새벽 사원)

미술, 문학, 의학을 가르쳤다 한다. 현재의 시각장애인을 위한 마사지 학교도 전통의학의 계승 차원에서 발전된 곳이다.

이제 바로 옆의 차오프라야 강을 건너 태국 십 바트 짜리 동전에 있는 탑을 가진 왓 아룬, 새벽 사원으로 간다. 타티엔 선착장에서 3바트 주고 배를 타면 된다. 새벽에 동이 틀 때 빛을 받으면 형형색색 반짝이므로 새벽 사원이라는 이름이 붙었다 한다. 높이 79m, 둘레가 234m인 큰 탑과 네 개의 작은 탑이 둘러싸고 있는데 탑 전체가 도자기 조각으로 모자이크 장식되어 있어서 아름답다.

사방으로 계단이 나 있고 중간에 테라스가 있어서 돌아가며 조망하면서 쉴 수 있다. 그 위로 올라가는 계단이 있으나 좁고 가팔라 고소공포증이 있는 나는 언감생심 올라갈 생각을 못 했다. 첫 테라스까지 올라오는 데도 후덜덜 떨면서 왔다. 첫 테라스에 올라도 차오프라야 강과 건너편 방콕 시내가 보인다. 뾰족하게 높은 탑을 어떻게 일일이 다양한 색의 타일 조각을 박아 만들었는지 사람들의 솜씨가 감탄스럽다. 내려오면서 더 덜덜 떨었다. 시간이 지날수록 날이 더워 그늘에 가서 쉴 생각만 난다. 어쨌든 관광지에 대한 보존과 활용에 있어 타이는 선진국임을 알 수 있다. 방콕은 세계에서 방문관광객 수가 2위일 정도로 관광 산업이 중요하다.

택시 대절 기사를 만나기까지 한 시간 반쯤 남아 차오프라야 강을 관광하는 배를 탔다. 사실 다른 여행기를 읽어 보면 차오프라야 강 선착장에 가서 바가지를 씌우는 사람이 많다는 걸 알 수 있다. 호객을 하는 사람 따라가면 당하기 십상이다. 강을 다니는 수상버스와 배의 종류가 많고 가격도 천양지차다. 남북으로 길게 다니는 배는 수상버스 르사두언이라 하고, 강을 건너는 배는 크로스보트라 하며 가격이 싸다.

우리는 강 구석구석 지류도 구경할 수 있는 쾌속정 같은 긴 배를 타기로 했다. 선착장으로 가는 길 좌우에는 가게와 식당들이 늘어서 있어 사람 사는 냄새가 물씬 났다. 우리도 허름한 식당이지만 강을 끼고 있는 식당에서 점심으로 싼 국수와 볶음밥을 먹었다.

차오프라야 강은 태국의 남북을 가로지르는 타이인의 젖줄로 타이 문명의 발생지가 이 강을 끼고 생겼다. 태국인들에게는 신성시되는 강이지만 흙탕물같이 물은 탁한 편이다. 상류에서 섞여 내려온 황토 때문이라 하니 한마디로 더럽다고 할 수도 없다. 이 강을 따라 수많은 도시가 자리 잡았고 역사를 펼쳐왔다. 강의 길이는 무려 370km로, 타이 북부

산맥에서 발원하여 본류가 형성되어 타이 평원을 흐르는데 수심이 얕아 홍수가 나기 쉬워 치수 사업이 중요한 일이 되었다.

우리가 탄 배는 좁은 지류를 가서 강 옆에 세워진 집들을 보여주었다. 물에 나무를 박아 세운 오래된 집부터 콘크리트 기둥을 박아 세운 현대식 집도 있었다. 예전에 갔었던 수상시장과 수상가옥 관광은 이국적인 즐거운 경험이었지만 이번에는 시원한 바람을 맞으며 방콕의 차오프라야 강을 한가하게 둘러보는 것이다. 운하 같기도 한 좁은 지류를 지날 때는 마주 오는 배 두 척이 조심스럽게 지났는데 넓은 본류에 들어오니 속도를 내기 시작했다. 물살이 세서 물은 튀나 바람이 더 시원해 뱃삯은 바람 값 같다. 방콕에는 31개의 선착장에서 통근하는 사람들이 배를 타고 다녀 교통 체증을 줄인다고 했다. 쌀과 모래를 실어 나르는 바지선이 보이는 낮에는 활기차고 밤에는 낭만적으로 변하는 차오프라야 강은 방콕을 매력적으로 만들었다.

참고로 여행자들이 방콕에서 할 일 중 대부분이 동의하는 7가지를 꼽아 본다. 전망 좋은 바(힐튼 호텔, 반얀트리 호텔)에서 음료를 마시며 야경 감상하기, 마사지 즐기고 스파 경험하기, 쏜통포차나 식당에서 해산물 먹기, 타이 전통무술 무에타이 배우기, 차오프라야 강 유람선에서 디너 크루즈 즐기기, 카오산 로드 걸어보기와 시암파라곤에서 쇼핑하기를 추천했다. 그러나 우린 길가에서 마사지 받고 싼 점심과 대낮의 배를 탔다. 먼 시간 왔지만, 하루 동안 방콕에서 볼 건 다 봤으니 잘 왔다며 만족했다. 오후 5시에 대절해 둔 택시를 타고 다시 항구로 갔는데 피곤해서 차 안에서 한잠 잤다.

코사무이

배에서 내리자마자 줄을 지어 서 있는 봉고차에 값을 물으니 차웽비치를 가는 데 5달러라고 하여 무조건 탔다. 해변에 내리자마자 바다를 끼고 있는 호텔 식당에 가서 점심을 시켜 먹었다. 값이야 비싸지만, 옷을 벗어놓고 수영을 하려면 바다 옆 이런 식당이 제격이다. 서늘한 야자수 그늘 아래서 시원한 바람을 맞으며 무엇을 먹은들 맛이 없을까? 그리고 바다로 뛰어 들어가서 수영을 했다.

레스토랑 바로 앞 모래밭에는 외국인이 많이 있었다. 전에 프랑스계 대형 마트 지점장이 우리 옆집에서 살았는데 그 집 아이와 우리 둘째가 친구가 되었다. 그들은 휴가만 되면 코사무이보다 더 좋은 바닷가는 없다며 그곳으로 간다.

차웽비치에서

코사무이 차웽비치

와서 보니 에메랄드빛 바다와 고운 모래밭과 긴 백사장, 알맞은 깊이와 적당한 수온 등 뭐 하나 나무랄 것이 없었다. 친구들도 이번 크루즈 일정 중 가장 좋았던 것은 코사무이 바다에서 수영한 것이라 했을 정도다. 해변 바로 옆은 쇼핑 거리라 들러서 기념품도 사고 구경도 하고 싶었지만 수영하고 모래를 덮어쓰느라 너무 시간을 보내 약속한 시각에 봉고에 가느라 바빴다. 외국인들은 그늘에서 넓은 수건을 펴고 책을 읽거나 자고 있었다. 아무것도 안 할 자유를 누리고 있는 것이다. 우리는 여기서도 바빴다. 수영하느라고.

싱가포르, 하노이

크루즈에서 5박 후 싱가포르에 오전 7시에 도착, 일찍 나가자마자 마리나 베이 샌즈 호텔에 가서 짐을 맡긴 후 호텔이 비싸서 못 자는 대신 차라도 한 잔 마시자며 복도를 어슬렁거렸다. 어디 가든 궁상맞은 티를 낸다. 그러나 아주 맛있는 커피를 마신다면 그 즐거움은 돈으로 계산이 안 된다.

우아하게 커피를 한잔 마신 후 해변 정원(Gardens by the Bay)에 갔다. 그 곳은 옥외 정원은 무료지만 플라워 돔과 클라우드 포레스트 돔 관람은 입장료가 있다. 이 곳도 사실 돈으로는 환산할 수 없는 귀한 곳이었다. 아름답고 진귀한 꽃들이 조화롭게 꾸며져 있어 구경하다 보면 시간 가는 줄 모른다. 그저 가만히 앉아서 오랫동안 쳐다보고 싶을 뿐이다.

꽃과 정원보다 더 나를 기쁘게 하는 게 있을까? 늘 '하나님, 감사합니다, 저를 위해 이렇게 멋진 선물을 주시는군요' 이러면서 감상한다. 클라우드 포레스트 돔에는 멋진 인공 폭포가 있고 실내 온도를 약간 쌀쌀하게 맞추어 놓아 열대 지방에서 쾌적하게 시간을 보낼 수 있는 쿨한 곳이다.

해변 정원으로 들어가는 길에는 슈퍼트리라는 나무 같기도 하고 불꽃 모양 같기도 한 인공 조형물이 있는데 낮에 봐도 예사롭지 않지만, 저녁 7시 45분과 8시 45분에 15분간 하는 레이저 라이트 쇼는 정말 볼

해변 정원(Gardens by the Bay)

만하다 했다. 크기가 커서 슈퍼트리가 아니라 기능이 슈퍼하다는 데 위쪽 넓은 곳에 빗물을 모아 식물에게 물을 주거나 산소를 공급하는 역할도 한단다.

나중에 알아보니 차이나타운 역 D 출구로 나오면 피플스 파크 센터 3층에 씨휠트레블(海倫旅遊)이라는 여행사에서 할인해서 파는 입장권이 있는데 다음에 방문하면 필히 그곳을 방문할 것이다. 그래서 쥬얼 케이블카 왕복 $18(정상가 $29), 센토사 루지와 스카이 라이드 타는데 $16, 싱가포르 리버 크루즈 $17, 샌즈 스카이 파크(마리나 베이 샌즈 호텔 전망대) $18, 주롱 새 공원 $18(정상가 $29)에 미리 구입해서 돌아다닐 것이다. 물론 주롱 새 공원, 싱가포르 동물원과 나이트 사파리를 합한 3가지 패키지 같은 것도 할인되지만, 이 여행사보다는 덜 되는 것 같다.

마지막으로 서둘러 주롱 새 공원(Jurong Bird Park)에 갔다. 400종 5천마리의 새들이 우리에 가둬두지 않는 자연적인 서식지에서 날아다니고 헤엄치고 걸어 다니는 곳이다. 입구에 가까운 남극 환경을 재현한 수족관 안의 100여 마리의 펭귄 퍼레이드부터, 600마리의 새가 세계 최대 규모의 새장 안에서 자유롭게 날아다니는 폭포 새장까지, 게다가 30m 높이의 인공 폭포까지 있어서 재미와 흥미, 만족감이 큰 곳이다.

연못 원형 극장의 새 쇼(Bird Show)도 재미있는데 이름하여 '하늘의 야심가 쇼'다. 매 같이 큰 새가 날개를 펴고 우리 머리 가깝게 나는데 "아악" 하는 사이에 무대 조련사에게 순식간에 돌아갔다. 앵무새가 날아다니며 농구도 하고, 원형 테를 통과하여 날아다니는데 새들이 묘기 쇼를 벌인다. 관객 참여 프로그램도 있어서 모두 긴장하며 즐기고 마지막엔 홍학을 등장시켜 함께 사진을 찍을 수 있게 한다.

매사냥 체험 시간엔 송골매를 다루는 법도 배울 수 있으나 45분간 무려 $150이나 한다. 하루에도 여러 차례 오전 10시 반부터 새 모이 주기, 펭귄과 만남, 코뿔소와 대화, 플라멩고 먹이 주기, 타조 먹이 주기, 펠리컨과 수다 떨기, 홍학과 플라멩고 쇼 등 모두가 좋아하는 체험 프로그램이 있으니 지루할 틈이 없다. 피곤하면 트램을 타고 다녀도 되는데 우리는 운동 삼아 잘 정돈된 정원을 걸어 다니며 새들과 아름다운 꽃들을 감상하였다. 자녀들과 함께 가족이 온다면 모두에게 잊지 못할 추억을 선사해 줄 것이다.

하롱베이 유람선에서
하룻밤 자다

싱가포르를 떠나 하노이 도착 후 시내 관광, 호찌민 생가와 묘, 기둥 하나인 일주사를 둘러보고 밤에는 호안끼엠 호수와 야시장 구경을 했다. 다음 날 아침 일찍 4시간 걸려 하롱베이로 가서 Marguerite Garden 배를 타고 하룻밤 잤다. 몇 년 전 남편이 해외 출장을 열흘 동안 간 사이 나 혼자 왔을 때는 인터넷으로 보고 배를 골랐다. 그러나 막상 현지에 와서 보니 값이 더 쌌기에 이번에는 직접 여행사를 들러 보고 선택했던 것이다. 호텔 앞으로 와서 데려가고 데려다주므로 편했다.

이번에는 세 명에 $100 주고 예약했는데 작은 배였으나 깨끗하고 승무원들도 친절했다. 이스라엘 87세 부부, 벨기에 부부, 독일 고교 동창생 젊은 여성 둘, 하와이에서 태어나서 시애틀에 사는 일본인 2세 부부, 호찌민서 태어나서 베트남에서 영어를 가르치는 37세 미국 남성과 베트남인 아내, 네델란드 은퇴자 부부, 필리핀 부부 등 21사람이 식탁 의자에 앉자 식당이 꽉 차 버렸다.

세계 8개국에서 온 사람들과 대화를 나누는 것은 유쾌하다. 주로 여행 다닌 곳 중 좋았던 곳을 나누고 앞으로 여행 계획을 들으며 정보와 조언을 나눈다. 각국 사정도 듣고 색다르고 풍부한 경험과 의견을 들으므로 재미있게 시간을 보낼 수 있었다. 근데 지난번 왔을 때는 밤에 구

하롱베이

명조끼 하나씩 입고 바다에 뛰
어들어 수영할 수도 있게 해 줬
는데 이번 배에서는 그런 계획은
없다고 해서 섭섭했다.

하롱베이 유람선

　손님들은 식사를 같이하고 시
간을 함께 보내면서 금방 좋은
친구가 되었다. 어딜 가든 서구
사람들은 우리에게 호기심을 나타내었고, 필리핀 사람들은 우리에게 친
절했다. 필리핀 부부는 자기가 사는 Angeles 도시에 한국인이 많이 살
고 있으며 방 2개 아파트 임대료는 $400 정도, 전기세는 $60 정도 들어

서 $500이면 일주일에 한 번 청소하는 사람까지 고용해서 따뜻한 곳에서 쾌적하게 살 수 있다고 했다. 남편하고 살러 갈까?

하롱베이 배 안, 레이스 커튼이 달린 창문 옆 침대에 누워 있으면 호사스럽다. 섬 하나를 지나칠 때마다 평화라는 게 실체로 나타났다 지나가는 느낌이었다. 돛대가 아름다운 2층 배들이 간간이 지나갔다. 밤에 갑판 위에 올라가 아주 작은 목소리로 노래를 불렀다. 별빛이 쏟아졌다.

새벽에 일어나니 밤새 비가 내려 있었다. 갑판에 올라가서 의자 위의 빗물을 닦은 후 앉아 글도 쓰고 조용히 누워있는 섬을 바라보았다. 옆에 앉은 여성은 E-book을 읽고 있었다. 배가 원숭이 절벽까지 미끄러져 가는 동안 바다는 잔잔하였고 거의 수직인 가파른 절벽에 붙어서 귀여운 원숭이들이 이리저리로 옮겨 다니는데 마치 묘기 행진을 보는 듯하다. 가이드가 사람들이 원숭이들에게 마취 총을 쏘아 기절시킨 후 사로잡아 온다고도 했다.

송숫동굴과 팁탑 전망대 있는 섬에서 내려 450계단인지 하여튼 계단을 많이 오르내렸다. 바로 앞 섬 모래사장엔 온갖 새가 날아다녀 지저귀는 새소리가 가득 찼다. 어느덧 날씨가 흐려져 눈앞에 가까이 있는 섬 뒤쪽이 모두 흐릿하다. 3천 개의 섬들이 한 폭의 동양화같이 나타났다 사라졌다. 한국 패키지여행은 배 안에서 자지 않고 하루 만에 하롱베이를 들리는 여정인데 하노이에 왔다면 유람선에서 3~4만 원 들여 하룻밤 자는 것은 멋진 경험이 될 것이다.

에필로그

　5박 6일 크루즈, 발코니 캐빈을 70만 원, 그 위에 돈을 조금 더 들여 11박 12일 싱가포르와 하노이 관광까지 많은 돈을 들이지 않고 돌아다녔으니 수지맞는 장사임이 틀림없다. 발코니 캐빈이지만 돈 아끼려고 선실 하나에 세 사람이 머물렀고, B&B에서 남녀 혼숙도 했으며, 식사는 길가 식당에서 사 먹었다. 그래도 하노이에서 사 먹은 월남 국수와 분짜는 로열 캐리비언 유람선 호화스러운 음식 못지않았다. 현지 여행사에서 하롱베이 유람선 관광을 $220~300짜리로 소개했지만 우리는 $34짜리를 다녀왔다. 그러나 또 가고 싶을 정도로 모자람이 없었다.

　무엇보다도 이번 여행에서 보람이 있었던 것은 호찌민에 대해 알게 된 것이었다. 남북 분단 상황에 있는 우리나라를 생각할 때 그의 청빈함과 애국심이 더욱 존경스러웠다. 난 공산주의를 싫어하고 사회주의에 대해 잘 모르지만 확실한 것은 호찌민이 이끄는 단체가 부정부패로 얼룩진 월남을 이겼고 나라를 통일한 것이다.
　지금 베트남은 급격히 발전하고 있다. 모든 베트남인은 호찌민을 경외한다. 마지막에 일행들에게 이번 여행 중 무엇이 좋았는지 물었는데 그 중 하나는 나를 포함해 우리 셋이 모두 일치한 것이다. 하노이 야시장에서 질이 좋은 스카프와 짝퉁 가방을 싸게 산 것이었다.

일자	2014년 2월 13~27일(14박 15일)				
	시드니 출·도착				
선사	로열 캐리비언				
유람선	보이저 오브 더 씨(Voyager of the Seas)				
규모	138,000톤, 길이: 312m, 폭: 48m, 높이: 15층, 1999년 건조, 2014년 개보수				
승객 수	약 4,269명(직원 1,176명)				
일행	부부				
비용	150만 원, 항공료 120만 원				

일자	기항지	도착	출발	비고
1일차 2014-02-13 (목)	시드니 (Sydney, Australia)		17:00	출발
2일차 2014-02-14 (금)	해상			해상
3일차 2014-02-15 (토)	해상			해상
4일차 2014-02-16 (일)	오클랜드 (Auckland, New Zealand)	15:00	18:00	정박
5일차 2014-02-17 (월)	타우랑가 (Tauranga, New Zealand)	10:45	21:30	정박
6일차 2014-02-18 (화)	네이피어 (Napier, New Zealand)	15:00	19:30	정박
7일차 2014-02-19 (수)	웰링턴 (Wellington, New Zealand)	10:00	19:30	정박
8일차 2014-02-20 (목)	해상			해상
9일차 2014-02-21 (금)	더니든 (Dunedin, New Zealand)	08:00	18:00	정박
10일차 2014-02-22 (토)	더스키·다우트풀·밀퍼드 사운드 (Dusky·Doubtful·Milford Sound, New Zealand)			해상
11일차 2014-02-23 (일)	해상			해상
12일차 2014-02-24 (월)	해상			해상
13일차 2014-02-25 (화)	호바트, 태즈메이니아 (Hobart, Australia)	07:00	16:30	정박
14일차 2014-02-26 (수)	해상			해상
15일차 2014-02-27 (목)	시드니 (Sydney, Australia)	06:30		도착

호주와 뉴질랜드 크루즈

(2014년 2월 13~27일)

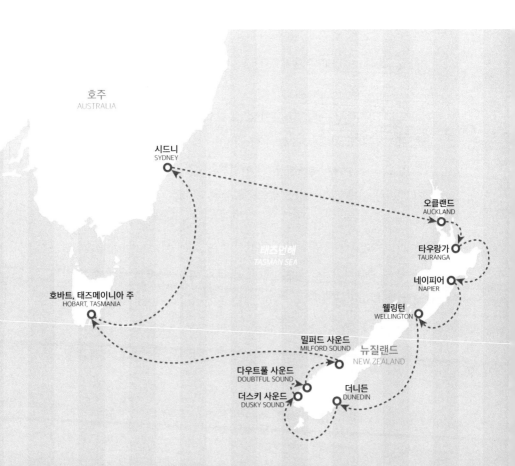

호주
AUSTRALIA

시드니
SYDNEY

오클랜드
AUCKLAND

타우랑가
TAURANGA

태즈만해
TASMAN SEA

네이피어
NAPIER

호바트, 태즈메이니아 주
HOBART, TASMANIA

웰링턴
WELLINGTON

밀퍼드 사운드
MILFORD SOUND

뉴질랜드
NEW ZEALAND

다우트풀 사운드
DOUBTFUL SOUND

더니든
DUNEDIN

더스키 사운드
DUSKY SOUND

은퇴 후 보상 크루즈

남편이 은퇴하면 함께 여행을 가리라 생각했다. 그래서 그동안 혼자 가고 싶어도 참았는데 막상 곧 은퇴할 남편은 여행갈 생각을 안 했다. "어디 한번 갑시다." 하면 못 들은 척 대답을 안 했다. "가면 뭐해? 뭐 하러 돈 써?" 그는 지중해나 거제 앞바다 같은 데 고생하면서 멀리 간다고 생각한다. 40여 년을 함께 지내다 보면 말 안 해도 속마음을 알 수 있다. 그러는 그를 보니 마음이 답답해서 '혼자라도 가 버려? 떠나 버릴 거야, 저 사람 기대하지 말고' 이렇게 된다. 이젠 정말 자유롭게 다녀야겠다.

그런데 혼자 가는 여행, 그건 아닌 것 같았다. 난 혼자가 아니다. 평생을 남편과 살았고 앞으로도 함께 살 것이다. 무엇보다도 그와 여행도 함께하고 싶다. 누군들 여행을 안 좋아할까? 시간과 돈만 있다면 여행을 싫어할 리가 없다. 그는 지금 자제하고 있는 것이다.

이리저리 뒤져서 로열 캐리비언 15일간 호주 시드니에서 떠나 뉴질랜드 곳곳을 들렀다가 호주 태즈메이니아까지 가는 여정을 예약했다. 인사이드 캐빈이면 어때, 가는 것만 해도 호강이다. 그러나 비행기 표 사기가 힘들었다. 2월 호주와 뉴질랜드는 여름이다. 아시아나 유럽에서는 겨울에 따뜻한 곳을 그리워하는 사람들이 호주에 많이 간다. 비행기 값이 만만찮고 좌석도 없었다. 직항은 더 비쌌다. 경유하는 비행기 싼 것 알아봐야지.

그러나 막상 예약하려니 남편이 직항타자, 이 나이에 어디 들러 가는 것은 힘들다고 했다. 이젠 됐다. 그와 함께 여행을 하게 된 것이다. 크루즈 넉 달 전에 비행기와 크루즈 예약을 끝냈다. 그리고 도서관에 가서 호주와 뉴질랜드 여행 책을 네 권 빌려왔다. 야호, 신난다!

Day 1. 시드니 출항

비행기에서 내리니 아침 8시, 호주 입국은 음식물이나 농·축산, 수산물 반입이 엄격해서 속이지 말고 신고하라고 하여 인스턴트 누들(컵라면), 라이스 케이크(떡), 피클 등 솔직히 썼더니 가방을 풀지 않고 통과시켜 주었다. 속이다 걸리면 벌금 몇백 불이라고 하여 긴장했었다. 뺏기면 내버릴 각오였는데 쉽게 통과가 되니 기분이 좋았다.

크루즈 출입 수속하는 오후 세 시까지는 아직 시간이 남아서 시드니 하버 YHA로 공항 셔틀을 타고 갔다. 트립어드바이저(tripadvisor)를 통해 예약했는데 리뷰를 보면 별 4개 반 이상, 90점을 넘는다. 가까이 있는 샹그릴라 호텔과 같은 평점을 얻었으나 그곳은 항구에서 좀 더 멀고 가격은 $300 정도로 YHA보다 5배 이상 비싸다. 그리고 YHA 옥상 테라스에서 바라보는 하버 브리지와 오페라 하우스는 환상적이었다. 몇 달 전 예약해도 늘 매진인데 우리도 하룻밤은 부부가 따로 잤다가 다음 날 같이 자는 방을 겨우 구했다.

크루즈 끝나고 3일 머무는 곳이라 오늘은 아무런 예약도 없었지만 그래도 잠깐 쉴 수는 있겠다 싶어 들렀다. 과연 리셉션 앞의 넓은 라운지에는 소파와 의자, 방석까지 넉넉히 있어서 편히 쉴 수 있었다. 라운지 끝의 부엌에서 라면을 끓여 딸이 싸준 떡과 케이크를 먹었다. 남편은 긴 소파에 누워 한잠 자고 나도 이것저것 정보를 얻다 피곤하여 눈을 좀 붙였다.

자고 나서 남은 음식을 마저 먹고 큰 가방을 끌고 사람들이 말해 준 대로 조금 내려가 보니 거대한 로열 캐리비언 크루즈 배가 바로 눈앞에 버티고 서 있었다. 아니, 이렇게 반가울 수가. 이리도 가까운 거리에 있었구나. 처음엔 큰 가방을 끌고 다니는 게 좀 쑥스러울까 생각도 했지만 의외로 금방 항구에 닿으니 좋은 곳에 숙소를 잡은 것이 기뻤다. 사실 유람선은 11시부터 체크인을 하는데 이번 크루즈는 청소와 정리가 늦어서 승객들에게 오후 3시에 다시 오라고 했다고 한다. 그들이 밖에서 몇 시간을 기다리는 동안 우리는 쉬며 여독을 풀었으니 현명한 선택이었다.

여러 절차를 거친 후 배에 들어와서 11층 뷔페식당에서 맛있는 것을 골라 먹고 갑판으로 나갔다. 시드니 항구가 바로 눈앞에 펼쳐져 있고 그 유명한 오페라 하우스와 하버 브리지를 보니 감개무량하였다. 얼마나 오고 싶었던 곳이었던가! 해변을 따라 보기 좋게 자리 잡은 주택가와 숲, 요트, 바닷가를 따라 난 길이 평화로워 보였다. 한참을 갑판 위를 걸어 다니며 시드니를 감상하였다.

시드니 오페라 하우스

저녁을 먹으러 가니 같은 테이블에 우리 또래의 한국 부부가 있었다. 이번 크루즈는 네 사람이 앉는 테이블에 배정되었다. 소개를 하는데 남편과 같은 학교 선배였다. 그런데 이분들이 예사 분들이 아니었다. 그들이 은퇴 후 인생을 즐기고 싶어 계획을 짰는데 일 년에 해외여행 60일, 골프 60일, 영화 60편을 보기로 했고 실천 중이라 했다. 왜 60이라는 숫자가 나왔는지는 모르지만 365일 중 반을 놀겠다는 이유일 거다.

저녁을 먹고 쇼를 보았다. 네 명의 가수와 열 명의 댄서들이 최선을 다해 공연했다. 영화음악에 맞춰 춤을 추었는데 아는 멜로디가 많아 즐겁게 관람했다. 끝나고 돌아오는 중에 가라오케 노래방을 구경했는데 참여자들은 배경 음악에 맞춰 진짜 가수 못지않은 솜씨를 뽐냈다.

기억에 남는 건 스무 살쯤 되어 보이는 지적 장애인인 젊은이가 엄마와 함께 나와 노래를 부른 것이다. 엄마는 스윗 캐롤라인(Sweet Caroline) 음악에 맞춰 춤을 추며 자식을 위해 노래 가사를 간간이 알려주었다. 아들이 웅얼거리며 멜로디를 간신히 따라가며 불렀지만, 가사를 알아듣기 힘들었다. 그러나 그는 후렴구에 스윗 캐롤라인이 나올 때만 아주 신을 내며 불렀다. 우리는 모두 마음이 뭉클해져서 무사히 끝낼 때까지 따라 부르고 박수를 치면서 그를 응원하였다. 무엇보다도 감동적인 노래방이었다. 엄마는 남 앞에서 자식을 부끄러워하지 않고 일반 사람들과는 다르지만 자기 자식도 즐길 권리가 있다는 것을 보여주고자 했다.

Day 2. 해상

따로 또 같이

남편과 아침 식사를 마치고 헬스장으로 가서 걷고 기구를 들고 내리면서 운동을 했다. 남편은 운동을 했더니 방귀가 나온다고 좋아하며 사우나와 거품 욕조에 들어갔다. 난 풀장 옆에서 음악을 듣다 11층 갑판으로 올라갔다. 돈 주고 산 맛있는 커피를 마시니 이마를 쓸고 가는 바람처럼 자유롭고 영혼이 충만해진다.

홀로 커피를 마시며 남편과 자식들을 생각했다. 크루즈를 함께 온 남편도 감사하고 용돈을 두둑이 준 딸들도 감사하다. 그들 때문에 내 인생이 풍요로웠고 행복했다. 엄마니까 항상 자원하여 기쁨으로 가족을 섬겼다. 가족을 위해 일하면서 한 번도 피곤하고 힘들다고 말한 적이 없었다. 결혼하면서부터 나는 없고 가족이 전부였다. 직장에서 일을 하다가도 가족에게 저녁 먹일 시간이 되면 안절부절 정신이 없어졌다. 여자인 나는 그렇게 살았지만, 남편은 여전히 자기가 중요해서 아내인 내가 자기 테두리 안에 들어가려 하면 강요한다며 나와 거리를 두고 싶어 했다. 우리는 늘 혼자도 아니고 늘 함께도 아니다. 따로 또 같이 지내는 게 진실이다.

그러나 때로는 나를 위하는 시간을 갖고 싶었다. 맛있는 커피를 마시고 조용히 바다를 보고 복잡하게 얽혀있는 내 머리를 정리할 것이다. 지금은 심호흡을 하며 망망대해를 바라볼 것이다. 그렇다. 내 마음은 바다와도 같다. 비록 표면은 약간 찰랑거리기도 하지만 속은 한없이 깊고 고요하다. 때로 천둥 번개와 휘몰아치는 바람으로 온 바다가 미친 듯이 날뛸 때도 있지만, 곧 지나갈 것이다. 혼란과 격동의 시기가 지나갈 것이다. 바다는 평안과 고요를 회복한다. 그런 마음으로 남편과 가족, 그리고 타인을 있는 그대로 인정하고 그들의 존재를 즐기고 기뻐할 것이다. 난 진정 자유로운 사람, 진리를 따르는 사람, 그리고 조화로운 사람이 될 것이다.

결혼 64주년

우리는 각자 즐거운 시간을 보내다 저녁에 선실에서 만났다. 7시에 선장이 주최하는 칵테일파티에 가서 샴페인을 마셨다. 남편은 턱시도를, 나는 살구빛 드레스를 입고 인조 진주가 박힌 브로치를 달고 댄스 슈즈를 신었다. 모두 예쁘게 차리고 나왔다. 구슬이 주렁주렁 보석처럼 달린 비단옷을 입고 온 인도 여성에게 인도 여왕이냐고 물으니 좋아서 웃는다. 내 옆에 우연히 결혼한 지 64주년이 되는 부부가 서 있어서 그들과 즐겁게 담소를 나누었다.

어젯밤 쇼에 갔는데 사회자가 결혼 50주년 되는 부부는 일어서라고 했더니 열 몇 쌍이 일어났다. 51, 52, 53, 이렇게 숫자를 높이더니 육십주년이 넘은 사람 중 네 쌍만 일어나게 했다. 이 부부에게 물었더니 64주년, 64주년보다 더 높은 햇수가 없어서 그들은 선물을 받았다. 남편에게 어떤 비결이 있느냐고 물어보니 '잠자기 전에 갈등을 해결하고 잔다(Settle argument before going to bed)'고 말했다. 그런 존경스런 부부가 내 옆에 서 있었다. 부인되시는 분은 어디가 아팠는지 몸이 아주 가냘팠고 남편은 약간 넉넉하니 인상이 좋아 보였다.

나의 남편이 나에게 춤을 청해서 많은 사람 앞에서 웃으며 즐겁게 추었다. 옆 부부도 춤을 추도록 부추겼다. 당신들은 64년이나 함께 있어도 여전히 기쁘고 즐겁게 살고 계시니 여기 모인 사람들에게 모범이 되도록 춤을 추는 것은 의무요, 책임이라고 했더니 막 웃으며 추셨다. 부인은 음악이 달콤해서 밤새 음악을 들으며 여기 있고 싶다 하셨다.

Day 3. 해상

비틀즈 쇼와 컨트리 웨스트 쇼

오늘 쇼는 비틀즈와 같은 의상과 헤어스타일을 한 세 명의 가수, 기타리스트와 드러머가 존 레넌과 폴 매카트니같이 노래를 부르고 악기를 연주하였다. 60년대와 70년대의 노래를 부르는데 내가 아는 노래가 몇 곡 있어 따라 불렀다. 'Yesterday'를 듣는데 어쩐지 서글프고 가슴이 찡했다. 젊었을 때 아무나와 사랑을 느끼고 사랑할 수 있었는데 나이 들고 보니 사랑은 지나가고 사랑하기도 쉽지 않아 옛날이 그리운 것을 노래하니 어찌 회한에 젖지 않을 수가 있겠는가.

나중에 '오브라디 오브라다'를 부르면서 청중을 무대 앞으로 초대하니 몇 사람이 나가서 춤을 추었다. 그런데 어제 가라오케에서 스윗 캐롤라인을 불렀던 젊은이도 나가서 아이처럼 신나 하는데 어떤 멋진 젊은 여성이 그의 손을 잡고 함께 춤을 추었다. 멀리서 바라보는데 마음이 뭉클하였다. 이런 것이 선진국인가, 함께 즐거움을 나누겠다는 배려가 아름다웠다.

예전 스웨덴에 갔을 때 왕궁 근위병과 군악대가 모두 키가 늘씬하고 잘 생긴 청년들이 아니었다. 성별, 몸무게와 키, 장애인 등의 차별을 없 앴는지 누구라도 원하는 사람 중에 악기를 잘 연주할 수 있고 구령에 맞춰 걸을 수만 있으면 뽑힌 것 같았다. 세계 각국에서 온 관광객들에게 보이기 위한 선출이 아니라 신체와 외모 차별 없는 선출로 여겨져 흐뭇했던 기억이 난다.

한편 생각하면 저 청년은 나름대로의 축복을 받은 게 틀림이 없다. 경쟁 사회에서 시달릴 필요도 없고 힘들여 일 할 필요도 없이 저렇게 즐겁게 살면 되는 것이다. 우리나라도 선진국이라면 어쩔 수 없이 어려운 처지에 있는 사람들과 장애인을 도와주고 돌봐줘야 한다. 내가 흥겨워서 손뼉을 치고 아는 가사는 따라 부르는 사이에 내 옆에 앉은 젊은 여성은 칵테일을 마시며 아무런 감흥 없이 차가운 기운을 옆으로 내뿜었다.

비틀즈 쇼가 끝나자 웨스턴 컨트리 파티가 열렸는데 남편은 한국에서 가져온 카우보이 모자와 티셔츠를 걸치고 손수건을 목에다 둘렀다. 나도 검은 단화에 딱 들러붙는 검은 바지, 티셔츠에 목수건을 둘러 되도록 컨트리 콘셉트에 맞춰 입었다. 경쾌한 음악이 나오자 몇 사람이 나가서 리듬에 맞춰 시골 춤을 췄다. 수많은 사람들이 홀을 채우고 생음악에 맞춰 낮에 배운 대로 라인 댄스를 했다.

끝날 무렵 카우보이 모자 쓴 일곱 명의 남자들만 남기고 다들 들어갔는데 남편도 그중 한 명이 되어서 소개를 했다. 한국에서 왔다고 하는데 얼마나 자랑스럽고 기뻤던지. 남편이 제일 핸섬하게 생겼다고 그가 인사할 때 "히이호오(Heehaw)" 하고 환호성을 질렀다. 모자 뺏기 게임을 하는데 서로 모자를 뺏기지 않으려고 온갖 수를 다 쓰니 박장대소하고 즐거운 시간을 보냈다. 마치고 방으로 돌아와서 내가 찍은 사진과 동영상을 보며 즐거워했다. 땀이 나도록 흥거운 시간을 보내니 기운이 빠져 더 이상의 활동은 못 하겠다.

Day 4. 오클랜드

주일예배

크루즈 하는 동안 늘 아침에 늦게 일어났다. 뉴질랜드는 우리나라보다 네 시간이 늦으므로 이곳이 9시면 우리나라는 5시다. 밤에는 이곳이 자정이라면 우리나라는 밤 8시이므로 잠이 잘 안 와 이곳 시간으로 자정이 지나서 자게 되었다. 오늘도 10시 지나 아침을 먹으러 갔는데 10시 반 식당이 끝나기 전까지 먹어야 하므로 서둘러서 먹게 된다.

저녁은 정찬은 8시 10분, 뷔페식당은 6시 30분부터 9시까지 열지만, 그사이에 먹어야 하므로 오늘같이 밖에 나가 돌아다니다 오면 밤이 늦어 저녁 시간을 놓치게 된다. 그래도 샌드위치, 피자나 케이크, 쿠키를 먹을 수 있는 식당이 있어서 항상 배고프지 않게 지낼 수 있다.

아침을 간단히 먹고 조용한 곳을 찾아 주일 예배를 드렸다. 남편이 사도행전 1장을 읽고 은혜 받은 것을 나누었다. 예수가 죽었어도 제자들은 흩어지지 않았고 오히려 배신했던 유다 대신에 맛디아를 뽑아 열두 제자가 되도록 인원을 채우고 조직을 정비하여 오늘에 이른 것은 하나님의 역사가 아니고는 불가능하다고 그 부분에 감동받았다고 했다.

보통은 리더가 죽으면 조직은 해체되기 마련인데 일자무식의 베드로

가 부활하신 예수를 만났고 예수와 함께하신 하나님을 만났기 때문에 예루살렘을 떠나지 말라 하신 예수의 명령을 지켰다. 여러 제자들이 예수의 어머니와 형제들, 그 외 추종자들 백 이십 명과 함께 마가의 다락방에서 모여 기도하던 중 성령을 받고 죽음을 두려워하지 않고 예수를 전하였던 것이다. 그래서 이천년이 지난 후 아직 기독교가 존재한다고 남편은 진정 감동하여 얘기했다.

그 당시 제자들이 담대하게 예수를 전하자 유대 종교 지도자들이 그들을 잡아 감옥에 가두려 하였으나 지도자인 가말리엘이 예수의 제자들이 별것 아니라면 곧 이런 소동이 없어질 것이니 그냥 두어도 된다고 하였던 것도 하나님의 지혜에서 나온 말이다. 이 모든 일과 제자들 위에 부활한 예수와 하나님이 성령과 능력을 기름 붓듯 하신 것이다. 이 세상의 모든 종교 중에서 이렇게 창조주의 섭리를 따르는 것이 있을까? 이것은 나의 믿음이다. 남편과 은혜로운 시간을 보냈다.

오후 3시에야 오클랜드 항구에 내렸다. 오늘은 5시간밖에 없다. 시티 센터에서 동양인 비보이가 춤추는 것을 보다 여러 기념품 가게도 기웃거렸고 살구 세 개를 $1 주고 산 뒤 잔돈을 바꿔 버스 타고 도메인이라는 곳의 겨울 정원(Winter Garden)에 갔다. 정원 옆의 전쟁박물관에 갔으나 5시에 문 닫는다고 하여 이십 분간 일 층에 있는 마오리 부족 방에 전시된 공예품과 카누, 일상생활용품을 급하게 둘러볼 수밖에 없었다.

정원은 오후 7시 반이 마감이라 천천히 구경할 수 있었다. 온실 속의 예쁜 꽃들과 양치식물을 보고 연못에서 백조가 한가하게 헤엄치는 것을 보았다. 넓고 깨끗한 공원은 잘 정돈된 잔디와 모양이 신기한 고목, 초록이 천지였다. 참새와 갈매기, 비둘기와 이름을 알 수 없는 큰 새가 사람을 겁내지 않고 함께 놀고 있었다. 산책을 좋아하니 공원과 숲 속

오클랜드 항   유람선 앞에서
출처: 로알 캐리비언 크루즈 한국총판

을 찾는 게 나의 취미 중 하나다.

　여자아이들이 땅 위에 드러난 나무뿌리 위에 앉거나 누워서 나무를 안고 놀고 있었다. 우리나라 아이들이 실내에서 TV 보고 게임을 하고 놀거나 좁은 놀이터와 쇼핑센터에서 노는 동안에 저 아이들은 넓은 나무 그늘 아래서 맑은 하늘과 아름다운 구름을 보고 살랑살랑 부는 바람을 타고 오는 숲의 냄새를 맡는 것이다. 어쩐지 부러운 광경이었다.

Day 5. 타우랑가, 로토루아 관광

오늘도 늦게 일어났다. "빨리 나가야 해. 지금 10시 넘었어." 서둘러 11층 뷔페식당에 갔으나 식당은 끝났고 5층 샌드위치 식당도 문을 닫았다. 카페로 가서 핫초코에 우유를 반 이상 넣어 한 잔 가득 마시고는 밖으로 나가 로토루아에 갈 방도를 알아보았다. 공용 시외버스는 아침 8시에 끝난다고 했다. 항구 바로 옆에서 타우랑가 시내로 나가는 버스가 왕복 $7이지만 나가봤자 로토루아 가는 버스는 끝난 것 같았다.

길가에 서 있는 미니 관광버스에서 로토루아 간헐천, 마오리 민속 공연 체험을 NZ $130에 흥정하였다. 우리 뒤에도 세 팀이 더 합류하였는데 모두 다른 행선지를 갔다. 한 팀은 스카이라인 쪽으로 가서 곤돌라를 타고 올라가 조그만 차를 타고 언덕을 신나게 내려왔다가 다시 곤돌라를 타고 올라가는 것을 반복하는 것인데 횟수에 따라 비용이 달라진다고 한다. 그 부부는 이미 로토루아에 한번 왔었다고 했다. 또 한 팀, 네 사람 두 부부는 아예 $88만 내고 로토루아에 데려다주는 것만 신청했다.

한 팀은 우리와 같이 테 푸이아 마오리 민속센터 공연을 갔다. 운이 좋아 맨 앞자리에 앉을 수 있게 되었다. 내가 첫 줄 맨 앞자리 끝 하나 자리를 남편에게 주려고 자리를 잡으니 어떤 여성이 앉으려 했다. 내가

"미안하지만 나의 남편이 바로 뒤에 오는데 그가 앉으면 안 될까요?" 하고 공손히 물었더니 그녀는 바로 뒤, 둘째 자리 가운데 앉으며 그건 미안의 문제가 아니라 무례한 것이라고 말했다. 첫 자리 맨 끝보다 더 좋은 자리에 앉은 그녀에게 여기에 다시 앉고 무례하다는 소리를 취소하라고 했는데 그 여성은 입에 손가락을 대며 조용히 하라고 했다. 기분이 아주 나빴다. 배려심도 없고 진짜 무례하다고 하고 싶었다. 하지만 참기로 했다.

곧 건장한 젊은이들이 나와 혀를 쭈욱 내밀고 눈을 커다랗게 뜨는 하카라는 전투 무용을 추었고 여자들은 장대와 막대기 등 단순한 도구와 포이라는 공을 가지고 힘차게 춤을 추었다. 그 공연에서 남편이 뽑혀 무대에 올라가서 무용수가 시키는 대로 "끼리끼이익" 이상한 소리를 내며 혀를 쑤욱 내밀고 눈을 동그랗게 떠서 장대를 밀고 당기는 춤을 췄다.

이 공연이 $40 이상 했고 포호투 간헐천 입장료도 합쳐 $60 정도 하니 $130이면 싸게 온 것이다. 공연 후 테 푸이아 주위를 걸어 다녔다. 우리는 너무 오래 걸었고 배도 고파 사람들이 키위를 보려고 서 있는 곳을 지나 벤치에 앉아 아까 먹다 남은 점심을 먹고 벤치에 누워 한잠 잤다. 우리 둘은 그렇게 걷다 길에서도 잘 잔다. 쉬느라고 공예품 제작 학교는 방문하지 못했다.

로토루아 시내 관광을 했다. 곳곳에서 김이 올라오고 뜨거운 온천물이 땅 밑으로, 혹은 벽돌 아래 증기를 뿜으며 흐르고 있었다. 진회색 진흙이 부글부글 원을 그리며 뻑뻑한 죽같이 끓어오르고 '푸른 풀장'이라는 저수지 옆의 간헐천은 금방이라도 하늘로 물이 치솟아 오를 듯이 물줄기가 '푸쉬쉬' 하며 물보라를 바람에 흩뜨려서 작은 물방울로 옷이 약간 젖었다.

로토루아

그렇게 뜨거운 김 옆에서도 나무는 푸르게 자라고 있었고 온천물은 시냇물이 되어 어디론가 흘러갔다. 우리나라 같으면 벌써 온천을 개발했을 터인데 이 열기와 뜨거운 물이 아까웠다. 이곳 호텔과 병원 등 큰 건물은 모두 땅 밑의 지열을 이용해 난방을 한다고 했다.

운전기사가 친절하게 사람들에게 설명하고 키위 농장과 사진 찍기 좋은 바닷가에도 데려다주었다. 로토루아 정부 정원에도 데려다주었다. 그래서 팁을 두 사람 분인 $20을 주었더니 그렇게 좋아할 수가 없었다.

저녁 일곱 시 지나 돌아와서 샤워하고 습식 사우나 벤치에 앉았더니 온돌같이 기분이 좋아 한참을 누워 있으면서 휴식을 취했다. 그리고 거품 풀장에서 뽀글거리며 압력을 가하는 거품으로 허리와 몸을 마사지하였더니 상쾌해졌다.

오랜만에 뷔페식당에 가서 온갖 맛있는 것을 갖다놓고 먹었다. 오늘은 김밥과 캘리포니아 롤도 있었고 국수와 샐러드도 맛있었다. 남편을 살찌게 하려고 치즈 케이크, 바나나 케이크, 아이스크림도 갖고 왔으나 그는 먹지 않았다. 그는 산해진미 중에서 닭고기 수프를 한 그릇 가득 갖다 먹더니 배가 부르다고 하였다.

Day 6. 네이피어

네이피어는 바다를 끼고 있어 아름다운 곳이지만, 아르데코 페스티벌
이 더 유명한 곳이다. 2월 셋째 주 금, 토, 일 3일간 이어지는 축제 때는
1920~30년대 의상 입은 사람들이 들어차고 전국에서 모여든 클래식 카
의 행렬로 절정에 이른다.

사실 아르데코(Art Deco)는 단순한 선으로 기본 형태를 반복하면서 쓸
데없는 장식을 배제하여 돈이 덜 드는 양식을 말하는데 네이피어가 아
르데코풍의 건축물이 많은 데는 1931년 지진과 화재로 마을이 무너진
데서 기인한다. 마을이 훼손되고 파괴되어 재건축을 논의했는데 당시
유행하던 아르데코풍으로 저렴한 건축물을 짓기로 한 것이다. 그러나
생동감 있는 밝은 색깔과 기하학적인 형태에서 우아함을 발견하고 예술
적인 가치를 자랑하게 된 것이다.

세계에서 1930년대 건축물을 가장 잘 보존하고 아르데코풍이 이렇게
풍성하게 들어있는 곳은 네이피어뿐이라 한다. 아르데코 워킹 투어가 있
지만 우리는 걸어 다닐 수 있는 작은 마을을 섭렵한 후 워터프론트 지역
으로 나갔다.

무료 해변 셔틀버스를 타고 네이피어의 자랑거리인 수족관에 가서 펭
권과 상어 먹이 주는 것을 보고 해변을 따라 걸어 올라왔다. 놀이터, 피
크닉 지역, 자전거 길이 있어 가족끼리 평화롭게 지낼 수 있는 공간이

네이피어 워터프론트
출처: 로얄 캐리비언 크루즈 한국총판

많았다. 곳곳에 잘 가꾼 화단이 있어 쳐다만 보아도 기분이 좋아지는 곳이었다.

우리는 아이스크림을 사서 한가한 해변에 앉아 쉬다, 모래사장에 누워 모자를 얼굴에 덮고 한잠 잤다. 아무것도 안 하고 쉴 자유를 만끽했다. 네이피어는 와이너리 투어와 와인 시음회도 유명하다. 선내로 돌아오니 풀장에서는 물 튀기기 시합을 하고 있었다.

Day 7. 웰링턴

　웰링턴 선착장에서 시내까지 걸어가기엔 약간 먼 것 같았지만 적지 않은 사람들이 걸어가기에 우리도 그들을 따라 걸었다. 식물원에 올라가는 케이블카 정류장이 금방 나타나서 편도 1인당 $4를 내고 약 5분간 타고 올라가니 금방 식물원 입구에 닿았다. 웰링턴 항구가 내려다보이는 전망대 겸 기념품 가게가 있어서 싸구려 오팔 목걸이 두 개, 직접 그린 자석 한 개를 산 후 천천히 식물원 사이를 걸어 내려왔다.

　향기 나는 허브 정원, 선인장 정원, 아이들 정원(현재 건설 중임), 분수대와 정원 조각품을 한가하게 살피며 걷다가 아래로 내려오니 어른 손바닥만 한 크기의 베고니아가 가득 핀 온실과 수련이 아름다운 연못이 있어서 감탄했다. 온실 밖 정원에 어느 귀부인이 가꾸었던 장미원이 있었다. 지금이 여름 지나고 가을로 가는데도 온갖 종류의 장미가 소담스럽게 피어 있었다. 인상적인 것은 병충해가 많은 장미에게 되도록 살충제를 사용하지 않고 키우려고 유기 거름을 써서 땅의 힘을 키운다든지, 벌레를 잡아먹는 새를 키운다든지 다방면으로 노력하는 것이었다. 우리 정원에도 장미를 많이 심었지만 봄이 되면 진딧물과 온갖 벌레들이 들러붙어 여간 키우기 힘든 것이 아니다.

　매혹적인 아니, 뇌쇄적인 향기로 사람의 마음을 녹이는 장미꽃은 살충제를 쓰지 않는 한 금방 벌레에 먹혀 버린다. 꽃은 시들고 이파리도 노래진다. 그렇다고 살충제는 사용하지 않으므로 "나의 사랑 장미야, 너 같이 매력적인 아가씨는 박명하구나" 하며 아까워할 뿐 다른 조치는 취하지 않았는데 올해 봄엔 나도 뭔가 건강한 장미를 위하여, 더 오래 꽃을 보기 위해 방법을 모색해 보기로 다짐했다. 관심은 노동이다. 그저 장미를 사랑한다고 말을 하고 마음만 먹는다고 장미를 아끼는 건 아니다. 은퇴하고 집에 있는 시간이 많은 남편의 도움을 좀 받아야겠다.

출구 가까운 곳에 히로시마에서 널찍하고 납작한 화강암을 가지고 와서 원자 폭탄의 가공할 만한 위협을 알리고 사망자들을 기리기 위해 세웠다고 했다. 원자 폭탄을 사용한 원인을 제공하고 무력으로 우리나라를 비롯해서 아시아 주변 국가를 심하게 탈취하고 억압한 나라. 인체를 살상 무기를 개발하기 위한 실험 도구로 쓰고, 위안부를 자기 군인의 성 노예로 삼은 비인간적이고 동물적인 행위를 한 나라, 일본은 과거의 잘못을 기억하지 못한다. 도대체 일본 정부는 왜 아직도 현실을, 자신들의 과거를, 자신들의 행위로 인한 미래의 결과를 인식하지 못하는지 그것이 의문이다.

남편과 나는 뉴질랜드를 돌아보며 이렇게 공기가 신선하고 자연을 아름답게 잘 돌보고 사람 사는 곳을 깔끔하게 잘 가꾸어 놓은 곳이 선진국이라는 생각을 했다. 우리나라는 산업국가, 공업국가, 생산국가, 무역국가 이런 분위기지만, 자연을 사랑하고 잘 가꾸며 사람이 사람답게 사는 조화로운 사회 같은 느낌은 들지 않는다. 분주하고 시끄럽고 먼지 나며, 쓰레기 종량제 시행 후 쓰레기가 내팽개쳐 있는 더럽고 복잡한 나라, 사람들을 경쟁시키고 정신없이 바쁘게 몰아가는 사회라는 것을 자주 느낀다.

시내로 내려와서 중국집에서 해물 국수와 여러 가지 음식들을 $22 어치 사 먹으며 고추 소스를 가득 뿌려 먹었더니 속이 편하고 입은 달다. 오랜만에 국수 국물을 먹으니 감칠맛이 난다. 쇼핑가에서 우리와 딸들 가족을 위한 로열젤리, 프로폴리스, 그 외에 약간의 선물을 산 후 테 파파 통가레와 박물관으로 향했다.

부두를 지나 박물관과 가까운 바다에선 젊은이들이 수영을 하고 중학생으로 보이는 어린 여학생들 20명쯤이 긴 카누에 앉아 키잡이의 선창에 따라 노를 젓는 모습이 보였다. 키잡이의 목소리는 왜 그렇게 우람하고 건강하게 들리는지. 이곳 학생들은 책상에 앉아 있기만 하지 않고 직접 노를 젓고 움직이며 자연과 더불어 생활하는 것이 부러웠다. 몸을 쓰는 노동과 스포츠가 머리를 쓰는 공부의 정신적인 면만큼 중요하므로 둘 다 조화롭게 교육하는 사회가 선진국이다. 우리나라에서 아이들이 공부에 시달리고 지쳐서 탈출구로 그저 컴퓨터 게임이나 한다면 국력의 손실이라는 생각이 들었다.

박물관에서 바다, 화산과 지진, 마오리족 문화 역사 전시관을 둘러보았다. $3억을 들여 이 박물관을 지은 결과 넓은 실내에는 전시물이 하나하나 눈에 잘 들어오도록 배치를 잘했고 학생들에게 교육적인 효과가 나도록 친절하게 설명이 잘 되어 있어서 하루 종일 이곳에 있다면 평생 배운 지리, 지학 시간보다 아는 게 더 많아질 것 같은 생각이 들었다.

아쉬운 건 관광객으로 시간이 모자라고 옆 사람 신경도 쓰느라 오랜 시간 찬찬히 들여다보고 배우지 못하는 것이다. 또 여러 가지 전시물을 보고 어쩌면 뉴질랜드 사람들은 우리나라 사람보다 더 창조적이고 기발하게 자유로운 사고를 하도록 격려하는 분위기인것 같다고 느꼈다. 요새는 웰리우드라고 미국의 헐리우드, 인도의 볼리우드 같이 호빗과 반지의 제왕 등 영화를 많이 찍는다고 자랑이 대단하다. 어디를 가든 식물원과 동물원, 박물관과 아트센터 등 자연과 문화적인 면이 돋보이도록 많은 신경을 쓰는 나라로 보였다. 박물관을 나오니 다리가 아파서 걸어갈 생각은 못 하고 $25를 주고 택시를 탔다.

웰링턴은 뉴질랜드의 수도로 클래식 뉴질랜드 와인 트레일의 최대 도시다. 클래식 뉴질랜드 와인 트레일이란 북섬 혹스베이에서 남섬의 말버러까지 380km의 길로 와이너리가 120군데, 레스토랑과 카페가 즐비해서 미식가들이 좋아한다. 난 미식가가 아니다. 기초식품 5군을 갖춘 음식과 시장이 반찬이라는 말을 좋아한다. 입맛도 평범하다.

그런데 83년 파리 관광할 때와 영국항공을 타고 한국으로 올 때 기내에서 마셨던 몇 잔의 와인이 나를 사로잡았다. 서양식은 와인과 함께 먹어야 한다는 경험을 한 것이다. 그리고 와인마다 다른 맛에 매료되었다. 그 후 만 원짜리 싼 수준이지만 고기 먹을 때마다 곁들여 마신 지 40년이 넘다 보니 와인이 음식으로 꼭 있어야 할 존재가 되었다. 그렇다고 많이 마시지도 않는다. 그저 한 잔 수준이다.

크루즈에서는 4만 원짜리가 싼 와인 축에 든다. 그거 사서 정찬 식당에 보관해 두고 저녁식사 때마다 조금씩 마셔도 어느 때는 다 마시지 못할 때도 있다. 뉴질랜드 관광청에서 와인 트레일을 소개했다. '기즈번에서 떠오르는 태양을 보며 샤르도네를 음미하세요' '오타고에선 피노누아 향에 취해보시기 바랍니다' 이런 식이다. 캘리포니아 나파 밸리와 남가주에서 와이너리를 돌면서 많은 종류를 시음해보듯 웰링턴에서도 와이너리를 방문하고 싶었지만, 오늘은 식물원과 박물관을 선택했다.

Day 8. 해상

다름

오늘은 해상, 종일 배 안에 있는 날이다. 어젯밤 남편에게 말했다. 당신에게 먹이려고 또는 내가 맛있게 먹으면 당신도 맛있게 먹을까 봐 음식을 많이 갖고 와서 많이 먹는 경향이 있으므로 과식을 한다, 그러니 아무래도 따로 먹고 싶다 하였다. 그는 그러자고 했으나 아침에 일어나 따로 가기도 뭣해 같이 식사하러 뷔페식당에 갔다.

수박과 참외, 복숭아 한 조각, 말린 자두 네 개, 오트밀 한 그릇, 베이컨 한 조각, 요플레 150mL 한 통, 뜨거운 우유를 반쯤 넣은 커피 한 컵. 이렇게 먹으니 배가 아주 부르다. 남편은 마른 식빵 한 조각과 과일 한 그릇, 이렇게 먹었다. 그는 나보다 몸이 크지만 적게 먹으니 이 크루즈가 끝나면 내 체중은 늘어 있을 거고 남편은 체중이 줄지도 모른다. 어제 저녁만 해도 나는 남편의 두 배를 먹었다.

사실 남편 때문에 더 먹는다는 것은 핑계인지 모른다. 나는 먹는 것을 좋아하고 소화도 잘되는 편이다. 그렇지만 집에 있거나 혼자 여행을 하면 이렇게 많이 먹지는 않는다. 하지만 여기는 맛있는 음식이 많으니 자제하기가 힘들다. 그제 저녁만 해도 그렇지, 정찬 식당에 가서 니테쉬라는 수석 웨이터에게 남편은 체중을 늘려야 된다고 했더니 애피타이

저로 소간을 간 것과 엔다이브 상추 조금, 허브 종류, 쇠고기 콘소메 수프, 새우 해물 칵테일, 주 요리로 앵거스 쇠고기 스테이크와 큰 감자, 새우튀김과 로즈마리 이파리를 뿌린 으깬 감자와 납작하게 썰어 데친 당근을 가지고 왔다. 우리는 전채만 먹어도 이미 배가 불렀다. 와인과 뜨거운 차와 함께 고기를 이리저리 썰어 먹다 결국 남기고 후식은 시키지도 못했다.

그 날 저녁도 지나치게 배가 불러 소화하느라 고생을 했다. 이렇게 좋은 음식을 먹는데 불평하다니, 이건 하나님의 축복을 희석시키는 행위다. 내가 소화할 수 있는 양을 알맞게 먹고, 기쁘고 감사가 넘쳐야 할 식사가 때로는 스트레스가 되었다.

남편의 음식에 대한 태도도 스트레스가 된다. 그는 음식을 두려워한다. 소화가 잘 안 되는 탓도 있었겠지만 은퇴 전 다니던 회사에서 살찐 사람들이 양배추 먹어야 한다, 식사 전에 과일을 먹어야 한다는 등 남편에게 맞지도 않는 식이요법 얘기를 듣고 그것을 자신에게 적용하는 것 같다. 맛있는 걸 먹어야 음식을 즐길 텐데 고르는 음식이 과체중자들이 선택해야 할 맛없고 담백한 것들이다. 멜론, 파인애플, 수박 몇 조각, 마른 통밀 식빵 한 조각, 그게 기본이다. 소화 기능이 안 좋은 사람은 부드러운 식빵, 그것도 토스트로 약간 바싹하게 하고 저체중인 사람은 잼이나 버터를 바르면 더 좋을 것이다. 체중 늘리는 데 단 후식, 케이크나 초콜릿, 빵이 좋지만, 남편은 싫어한다. 매년 건강검진에서는 아무 거나 막 먹어도 된다는 의사의 조언이 있어도 남편은 맛있는 음식을 안 먹는다. 저염, 저당, 저지방을 먹고 극저체중인 채로 여생을 보낼 것이다.

그가 못마땅해지는 순간 사랑스러운 노래 가사를 생각했다. '어제와 오늘 저를 사랑해 주셨는데 내일도 사랑해 주실 거지요?' 러브송이 하도 달콤해서 '그래 사소한 것 따지지 말자. 내가 가장 사랑하는 남자를 자유롭게 놔두자. 살 빠지면 어때' 하는 마음이 들어 너그러워졌다.

남편은 방으로 쉬러 갔고 나는 1에서 9까지 써넣는 스도쿠를 하러 가서 세 장을 풀었다. 내가 두 장째 시작하려는데 어떤 사람이 벌써 세 장 끝내서 티셔츠를 하나 상으로 타 갔다. 스도쿠는 은근히 재미있다. 이렇게 누가 먼저 끝내나 경쟁하는 것도 흥미롭지만 혼자서 풀어도 자꾸 하고 싶다.

며칠 전 내가 도서실에서 재미있게 풀고 있으니 남편도 한번 해 보더니 다 채우지도 않고 이런 걸 왜 하느냐면서 재미없어했다. 그는 머리를 쉬고 싶거나 혼자 있을 때, 할 일이 없으면 바둑, 장기를 둔다. 스도쿠도 머리를 굴리는 점에서 바둑이나 장기와 비슷하지만 내겐 이게 더 쉽고 재미있다.

완벽하지 않은 준비물: 가방, 시계, 운동복과 빨래

여행을 한 두 번 한 것도 아니고 크루즈도 이번을 포함하면 9번째이지만 빠뜨리고 온 게 많다. 선내에서 다닐 때와 드레스 입을 때, 기항지에서 다닐 때 쓰는 가방의 크기가 다른데 배낭만 가지고 온 거다. 기항지에선 물을 넣거나 모자, 재킷, 여권과 지갑을 넣을 수 있는 백팩을 갖고 다니고 정찬 시엔 선실 열쇠로 쓰이는 씨 패스(sea-pass) 카드와 손거울, 립스틱 등을 넣는 손 안에 들어오는 조그만 핸드백이 필요하다. 또 선내를 다닐 때는 컴퓨터에 저장할 사진을 위해 해상도 높은 디지털카메라와 밤에 잠자기 전이나 할 일이 없을 때 찾아보는 휴대폰 카메라, 매일의 일정표, 약간의 화장품과 거울을 넣어 다닐 크기의 가방이 필요하다. 메모지나 필기구, 때로는 바람맞으며 읽을 책을 넣을 때가 있고,

무엇보다도 매일 씨 패스 카드는 반드시 넣어 다녀야 한다. 여자 옷엔 주머니가 없으니 가방이 필수적이다.

그런데 이번 크루즈에선 적당한 크기의 손가방을 잊고 배낭 작은 것과 약간 큰 것 두 개만 갖고 온 것이다. 바깥에서 다니기는 문제가 없지만 선내에서 허구한 날 배낭에 필요한 걸 넣고 다녔다. 어느 때는 노트북 컴퓨터도 넣어서 다녔다. 숄더백이 있었으면 좋겠다. 적당한 크기의 가방을 하나 사고 싶어도 집에 몇 개나 있는데 뭘 또 사나 싶었다.

불편하게 살자 작심하고 어중간하게 다니다 오늘 아침엔 화장품 넣는 헝겊 주머니에 거울, 씨 패스 카드와 카메라를 넣어 다니기도 했다. 요새는 가벼운 것이 좋아 아무리 비싸고 보기 좋다 해도 무거운 가방은 제외한다. 예전에 시어머니가 가벼운 신발, 가벼운 가방, 가벼운 옷을 늘 말씀하셨는데 무슨 옷과 신발이 무거울까 했다. 나이 들고 보니 가방과 신발이 무거워지기 시작했다.

지난 크루즈에선 정장 드레스를 입었을 때 드는 조그만 가방을 안 갖고 가서 좀 불편하였다. 옷 색에 맞춰 어두운색, 또는 밝은 색으로 각각 하나쯤 갖고 있으면 쓸모가 있다. 대개 드레스용 가방은 구슬이 달리거나 반짝거리는 것이 많다. 크루즈 안에서 $10 하면 그런 손가방을 구입할 수 있다. 집에 있는데 뭘 또 사나 하면서 안사고 씨 패스 카드와 아주 작은 손거울과 립 브러시 정도를 친구 가방에 넣고 다녔다. 이번에는 작은 구슬 달린 가방은 갖고 왔으나 좀 더 큰 손가방은 잊고 안 가져와서 불편해도 돈 쓰지 말자고 작은 배낭에 넣어 다녔다.

계절이 바뀌는 곳을 여행할 땐 챙기는 옷도 만만찮다. 떠나올 때 겨울옷을 입었지만, 시드니에 도착해서는 다운재킷을 벗어 버리고 가을

옷을 입었다. 여름 끝자락이라고는 해도 남쪽이라서 늘 따뜻할 거라는 생각이 드는 데 여기선 착각이다. 쨍쨍 덥지는 않아서 여름옷을 많이 가져왔는데 별로 입지 못했다. 또 운동복과 운동화를 가져왔으면 헬스장에서 운동하였으련만 그것도 잊고 안 가져왔다.

시계 또한 여행이나 크루즈 갈 때는 필수품이다. 국내에선 휴대폰에 시간이 나와 있으니 굳이 시계를 차지 않아도 된다. 그러나 해외 갈 때 휴대폰 로밍을 하지 않는 한 시계를 자주 보게 된다. 특히 크루즈에선 로밍을 한다 해도 휴대폰에선 시간이 잘 안 나온다. 망망대해에선 위치를 잃게 되므로 로밍이 되었다, 안 되었다 하고 남반구에 있으니 오전과 오후 시간이 바뀌어 나온다. 호주는 한국보다 두 시간 빠르고 뉴질랜드는 또 두 시간이 빨라지니 안내에서 시간을 바꾸라 하는 시간에 신경을 써서 변경시켜야 한다.

하루 종일 춤 강습, 묘기 자랑, 퀴즈 쇼와 가라오케, 식사와 간식 시간에 따라 식당 문을 열고 닫으므로 시간을 지키지 않으면 식사도 놓치고 강습 시간도 놓치게 된다. 아무래도 휴대폰 보다는 시계가 편하다. 지난번 크루즈에서 시계가 없어서 불편했기에 $10짜리 조그맣고 가볍고 예쁜 시계를 하나 샀다. 그러나 이번 크루즈에선 그 시계를 잊어버리고 안 갖고 왔으니 남편에게 몇 시인지 묻고 지나가는 사람들에게도 물었다. 그렇다고 집에 시계가 있는데 뭘 또 사냐 하며 불편을 견뎠다.

잠옷과 내의만 해도 그렇다. 짐이 많으니 남편은 잠옷은 안 갖고 간다고 했다. 나는 헐렁한 잠옷을 입지 않으면 잠을 못 잔다. 내의도 어느 정도 필요한지는 개인에 따라 다르지만, 남편은 하루 입고 직접 빨아서 말려 다음 날 입을 정도로 두 벌 정도만 있으면 된다고 한다. 나는 손으로 빨래하는 게 힘들어 세탁기를 쓴다. 내의를 매일 갈아입고 한꺼번에 몰아서 세탁은 집에 와서 하는 편이다. 남편더러 당신이 손으로 빤다 할지라도 "저는 다시 세탁기에 넣어 빨거든요. 그러니 빠느라 수고 마시고 내의를 좀 더 갖고 갑시다" 해도 짐 무겁다고 안 갖고 간다. 출장을 갈 때 몇 벌을 더 넣으면서 빨래하느라 수고하지 말라고 해도 매일 빨아 입고 남겨온다. 이번에도 똑같다. 선실이 건조하므로 젖은 빨래 널어놓는 것도 나쁘지는 않다.

그런데 청소 도우미가 우리 방을 청소하면서 비닐봉지를 침대 위에 놓아두고 갔다. 이 봉지에 빨래 거리를 가득 넣으면 빨아주는데 $30이니 이렇게 지저분하게 널지 말라는 무언의 압력으로 여겨질 정도다. 벌써 세 번째 봉지를 놓아두었다. 다림질도 따로 수고비를 받는다.

지난번 영국 선사인 프레드 앤 올슨 유람선으로 노르웨이 피요르드 크루즈를 갔을 때는 2층에 세탁기를 설치해 두고 원하는 사람들은 동전을 넣어 사용하게 했고 다리미도 비치했었다. 그러나 로열 캐리비언 크루즈엔 그런 시설이 없다. $30이 아니라 $10라도 다른 사람을 시켜 빨래할 마음은 없다. 하여튼 이번에는 남편이 잠옷이 없으니 어깨가 시리다고 했다. 다음엔 남편 잠옷을 꼭 챙겨야지.

선내활동

시간이 많아 오늘은 많은 활동에 참여했다. 그런데 모든 게 시끄럽고 정신 없었다. 영화를 봐도 그렇고 음악을 들어도 그랬다. 'The Lone Ranger'라는 영화는 인디애나 존스 스타일처럼 끊임없는 모험과 예기치 않은 사건으로 숨 쉴 틈 없이 빠르게 전개하여 혼을 빼놓아서 도중에 일어나지 못하게 사람을 사로잡았다.

아이스쇼
출처: 로얄 캐리비언 크루즈 한국총판

미술품 경매

피아노 연주자 크레이그(Craig Dahn)도 그랬다. 클래식 피아노를 전공했지만, 그는 대중적인 쇼를 위한 피아노곡을 연주했다. 드라마틱하고 맹렬한 연주였다. 그래도 그의 정열적인 연주가 고마워 CD를 한 장 샀다. 많은 사람들이 그와 사진 찍으려고 옆에 서 있었지만 땀을 뻘뻘 흘리며 연주한 그의 CD는 사는 사람이 없었다.

또 아이스 쇼 관람과 미술품 경매 구경, 사우나를 했다. 여자 대 남자 대결도 보았는데 풍선 옮기기와 터뜨리기, 컵에 열쇠 넣어 달리기와 인간 줄 만들기, 남자에게 여자 옷 입히기 등 정신없이 웃고 시간을 보냈다. 심심할 틈은 없었으나 조용히 지낼 시간이 필요한 하루였다.

Day 9. 더니든

타이에리 협곡열차(Taieri Gorge Railway)

오늘은 타이에리 협곡을 가기 위해 기차역에 갔다. 검은색 현무암과 흰색 석회암을 섞어 1903년에 지었다는 기차역은 더니든의 명물이다. 건물도 볼만했지만 높은 시계탑과 아름다운 화단이 운치를 더해준다. 한때 백 대의 기차가 오갔지만, 지금은 승객이 줄어 관광 열차를 많이 운행한다.

구내로 들어가면 모자이크로 된 바닥이 예술적이다. 건물 1층에 레스토랑이 있으며 토요일에는 광장에서 농산물 시장이 서기도 한다. $91 주고 표를 사서 기차에 오르자 벽이 나무로 되어있는 기차 자체가 시골스러웠다. 오전 9시 반에 떠나 오후 3시 25분에 돌아오는데 기차 안에서 승무원이 철로 건설 배경과 지나는 지역의 역사와 문화, 자연을 설명해 주었다. 기차에는 식당이 있어서 차와 식사를 사 먹을 수 있다.

처음 돈 평원을 지날 때는 그저 뉴질랜드 시골 경치를 보나 했는데 구불구불 좁고 깊은 계곡, 협곡으로 올라가니 환상적인 경치가 나타났다. 열 개나 되는 터널을 지날 때마다 기차는 기적을 울리고 절벽 가장자리에 세워진 여러 개의 다리를 지나면서 가시금작화(gorse)라는 황국 같은 조그만 꽃들이 무성한 잡목 사이에 피어 계곡을 덮고 있었다. 저 아래

타이에리 강이 보이고 놀라운 경관이 계속되었다.

경치를 더 천천히 감상하고 사진 찍으라고 기차는 속도를 늦추거나 세워주는 친절을 베풀었다. 여기는 기차로만 접근이 가능한 지역이라는데 폭탄을 쓰지 않고 철로를 건설한 것으로 유명하다고 한다. 기차 맨 뒤나 객차를 잇는 승강장 공간은 바람도 맞고 경치를 즐기기에 아주 좋지만 하얀 티셔츠에 반바지 입고 멜빵을 한 아이 같은 옷을 입은 나이든 할머니와 뚱뚱한 중년 남자가 승강장을 독차지하고 있으니 끼어들 틈이 없어 눈치 보고 기웃거리다 포기하고 자리에서 창문에 들러붙어 경치를 감상했다. 속으로는 나 같으면 옆에 사람이 서 있으면 조금 보다가 양보하는데 하며 구시렁거렸다.

협곡을 지나 미들마치(Middlemarch)까지 가는 동안 스펙터클한 풍광에 가슴이 부풀었다. 확실히 난 자연을 사랑하나 보다. 종착역인 미들마치에서 한 시간 정도 시간이 있어서 조그만 기념품점과 식당을 들러보고 캥거루 인형도 사고 샌드위치도 사 먹었다. 남편은 이곳에 온 걸 참 잘했다며 만족했다.

그런데 돌아올 때는 버스를 타고 와야 하는데 아까 승강장을 차지했던 할머니가 안절부절 우는 표정을 하며 "나 내려갈 때 뭐 타고 가는지 모르는데, 그래서 내 친구가 혼자서 여기 가지 말랬는데" 하며 내 옆에서 말하는 게 꼭 아이 같았다. 기차 안에서는 좀 얄미웠는데 그러는 것 보니 어쩐지 가여운 생각이 들어서 "걱정 마세요. 내가 갈 때 알려 줄게요" 했다. 그리고 20분쯤 있다 넋을 잃고 앉아있는 할머니에게 우리가 타고 가는 버스로 모시고 갔다. 웃기게도 그 할머니는 버스를 타자마자 나를 모르는 체했다. 조금 이상한 사람이다.

타이에리 협곡

옥타곤 광장
출처: 더뉴질랜드 렌트카

더니든 기차역

　버스 타고 뉴질랜드로 오타고 중앙 지방을 즐기다 역에 내려 앞으로 조금 걸어가서 시내 중심가인 옥타곤(The Octogon)으로 갔다. 이름처럼 팔각형으로 형성되어 있는 공간으로 넓지 않아 광장이라고 하기는 그렇지만 팔각형 아래는 보행자 중심 거리로, 위는 잔디로 덮여서 많은 사람들이 쉬고 있었다. 그곳을 둘러싸고 더니든 타운 홀과 세인트 폴 성당, 도서관과 미술관, 극장과 카페, 쇼핑 거리가 있었다.

　스코틀랜드 시인 로버트 번즈의 동상이 있어서 이 도시와 무슨 연관이 있나 했더니 그의 조카 토마스 번즈가 1887년에 그걸 세웠다고 한다. 더니든의 초기 설립자 중 한 사람인 토마스 자신의 동상도 있었으나 그는 인기가 없어서 1940년대에 그 동상을 치웠다고 한다. 그곳에서 유람선으로 돌아가는 버스를 기다리는데 남편의 선배 부부를 보았다. 그들은 와이너리(포도주 양조장) 선택 관광을 갔다 왔다고 했다.

Day 10. 더스키, 다우트풀, 밀퍼드 사운드 피오르드

이번 크루즈의 하이라이트라고 생각한 더스키 사운드와 다우트풀 사운드, 밀퍼드 사운드 피오르드를 지나는 날인데 아침부터 날씨가 아주 흐렸다. 어제까지 얼마나 날씨가 좋았는데 이렇게 안개 끼고 바람이 심하게 불 줄 몰랐다.

모두 갖고 온 옷 중에서 가장 따뜻한 옷을 껴입고 갑판으로 나갔다. 우리는 내의와 장갑, 모자와 목도리를 단단히 두르고 바람을 막았다. 한국에서 입고 온 오리털 잠바와 털 댄 바지를 입었으니 추위는 걱정이 없었다.

다우트풀 사운드에 가니 비까지 내렸다. 사람들은 혹시나 물개나 돌고래를 만날까 망원경을 보고 자세히 해안을 살폈다. 아직까지는 아무런 동물을 발견하지 못했다. 전에 알래스카 크루즈에선 무지개가 하늘 위로 호를 긋거나 고래가 지나가면 승객들 모두 "아아 하야" 하며 탄성을 질러 관심 없던 사람들까지도 다 알게 되었는데 여긴 그런 소리가 없으니 아직 아무것도 나타나지 않은 것이다.

갑판 위 처마 밑에서 비바람을 피하며 장관을 기대했지만, 절벽 위에서 흘러내리는 폭포도 많이 없었고 흐려서 앞이 안 보여 실망이었다. 오후 4시쯤 밀퍼드 사운드를 지난다 하니 그때를 기다렸다. 그러나 날씨

출처: 로얄 캐리비언 크루즈 한국총판
밀퍼드 사운드

다우트풀 사운드
출처: 로얄 캐리비언 크루즈 한국총판

더스키 사운드
출처: 로얄 캐리비언 크루즈 한국총판

가 더 나빠져서 완전 실망을 하고 피오르드 경관에 대한 환상을 포기했다. 때때로 인간 뜻대로 완벽함을 보여주지 않은 자연은 모자라고 불완전하고 연약함의 경지를 수용하라고 얘기하는 듯 했다.

뷔페식당에서 저녁을 먹는데 재미 교포 한국 부부가 합석했다. 그들과는 두 번째 만남이다. 처음 그들은 낯선 우리에게 자신들에 대해 많은 얘기를 해 줬다. 그 남편이 미국에 파견 공무원이었으나 미국에 체류하고 한국에 돌아가지 않고 세탁소로 많은 돈을 벌었으나 다른 사업으로 번 돈을 다 잃었다고 했다. 아들과 딸 자랑이 대단했다. 유대인 의사인 사위는 보통 사람 1년 연봉만큼 세금을 내는데 아들은 사위보다 더 많은 돈을 번다고 했다.

자신들은 은퇴 후 세계 여행을 하는데 이번에는 제주도에 석 달 살려고 집을 빌리는 중이라 했다. 그들 가족이 타국인 미국에서 살면서 아메리칸 드림을 이뤘고 자녀들이 미국 주류 사회에서 한국인의 위상을 높여준다 생각하니 오히려 자랑스러운 마음이 들었다. 우리가 미국에서 79년 유학생으로 살 때 가난한 나라 사람으로 영어도 못했고 돈도 없어 주눅이 들 때가 있었는데 지금은 한국인이 세계 어느 곳에 가도 기죽지 않는 게 고마웠다. 근데 그 부인이 말했다. "지금 기분이 안 좋아요. 이렇게 돈을 많이 들여 여기를 왔는데 글쎄 이이가 밀퍼드 사운드 피오르드 선택 관광을 안 가는 거예요. 돈 $300~400이 뭐가 아까워서 이러는지 모르겠네." 남편은 "아니, 여기 온 것만도 좋은 데 뭘 돈을 더 써"라고 했다. 둘 다 맞는 말이네. 뉴질랜드에서 밀퍼드 트래킹은 유료다. 자연을 보호하려고 많은 사람이 들어가지도 못하게 숫자를 제한한다.

탱고 레슨

한 시간 동안 모두 일곱 스텝을 배웠는데 쉽고 재미있었다. 예순 전후로 보이는 남자 강사는 나의 남편보다 키가 약간 작고 통통하며 여자 강사는 웃으면 주름이 예쁘고 명랑했다. 그들은 침착하게 천천히 한 스텝, 한 스텝 꼼꼼히 가르쳐준다. 한 스텝 배우고 음악에 맞춰 세 번 추고 또 한 스텝 이렇게 계속하면서 한 시간 동안 7 스텝을 배운 것이다. 이미 백화점 문화 센터에서 많이 배운 경험이 있어서 그리 어렵지 않았다. 심지어 처음 배우는 사람들이라도 바로 그 장소에서 복습을 해 본다면 다음에라도 써먹을 수 있을 것 같다.

배 위에서 가르치는 춤 강사들은 백화점 문화센터의 젊은 강사들보다는 천천히 쉽게 가르치면서도 배우고 나서 음악에 맞추면 더 그럴듯하게 보인다. 우리나라 강사들은 대부분이 젊고 몸매가 늘씬한데 여러 번 크루즈하며 보니 나이 들고 배는 볼록하지만 생긴 그대로 자연스럽고 편하게 조용한 목소리로 가르치는 강사가 대부분이었다. 물론 다 그런 건 아니지만, 선진국일수록 생긴 대로 자연스러운 것에 가치를 두는 걸 느꼈다.

나에게 다시 젊어지고 싶은지 누가 묻는다면 글쎄, 육체와 정신이 시끄럽고 복잡한 그때가 부러울까? 지금은 늙음이 다행스럽기만 한데.

Day 11. 해상: 조엘 오스틴 예배와 브릿지 게임 배우기

아침에 일어나서 선내 TV에서 조엘 오스틴 목사의 설교를 들었다. 그는 긍정적인 말을 하든지 아니면 침묵하라고 하며 성경의 예를 들었다. 사갸라와 엘리사벳이 나이 들어 아기를 가질 수 없는데 천사가 나타나 그의 수태를 알리자 믿지 못하여 그런 일이 어떻게 일어날 수 있겠는가 의심을 말했다. 그러자 천사는 아내가 아기를 낳을 때까지 그는 말을 못하게 될 것이라고 했다. 그가 말을 하게 된다면 무슨 말을 할 것인가? '이상한 일이 생겼어, 불가능한 일이야, 안 될 일이지. 암, 그렇고 말고' 하며 부정적인 말과 희망이 없는 말을 할 것이다.

또 하나의 예는 엘리야에게 방을 내주며 잘 도와주던 여인이다. 그녀의 아들이 열 살이 되어 죽자 그 아들을 엘리야가 머물었던 방에 누이고는 나귀를 타고 급히 그에게 찾아간다. 도중에 그녀는 엘리야의 시종을 만난다. 시종이 "안녕하시오"라고 두 번 묻자 "All is well. 괜찮아요"라고 두 번 다 같은 대답을 한다. 불편이나 괴로움을 호소하기 전에 모든 게 괜찮다고 한 것이다.

그때 그녀는 통곡하며 큰일 났다고 말할 수 있었다. 그러나 부정적인 말을 하지 않았고 그녀가 가진 믿음대로 괜찮다고 대답했다. 하나님이 아들을 주셨으니 하나님은 살려주실 수도 있다고 믿었다. 그녀의 믿음

대로 엘리야가 가서 그 아들을 살렸다. All is well. 긍정적이 아니면 침묵하라.

마지막 예는 하나님께서 이스라엘 백성들에게 여리고 성을 엿새 동안 여섯 바퀴를 돌게 한 후 마지막 일곱째 날에는 일곱 바퀴를 돌게 하셨다. 단 아무 말 없이 돌라고 하셨다. 만약 말을 할 수 있었다면 '아, 힘들다. 이렇게 돈다고 성이 무너지랴. 말도 안 된다. 배고프다. 왜 이리 쓸데 없는 일을 하느라 이리 애를 쓰는가' 하며 불평과 한탄이 쏟아졌을 것이다. 그래서 침묵하라고 하셨다고 했다.

오스틴 목사는 부정적인 말을 하면 그렇게 부정적인 결과를 얻는다고 했다. 지금 아프고, 좋은 배우자는 안 나타나고 빚도 졌다, 이제 빚에 눌려 죽겠구나, 늙고 힘들다, 이젠 끝나나 보다, 나 같은 처지에 무슨 좋은 사람을 만날 수 있단 말인가 하면서 불평하지 말라고 했다. 말한 대로 결과가 나타난다고 했다. 부정적인 말을 하려거든 아예 침묵하라고 것이다. 말에 올무가 걸린다는 성경 구절을 인용하였다.

나도 예순이 넘어 예순하나가 되자 걸핏하면 몸이 예전 같지 않다며 인생 다 산 것 같이 얘기하고 있었다. 남편은 소화가 안 될까 봐 몸을 펄쩍펄쩍 뛰고 배를 주무르고 아플까봐 두려워했다. 한편 생각하면 하나님은 우리 몸을 건강하고 완전하고 보기 좋게 만드신 걸 믿어야 한다.

우리가 펄쩍펄쩍 뛸 게 아니라 하나님이 주신 음식을 맛있게 감사하며 먹되 하나님이 주신 이로 꼭꼭 씹고 지나치게 과식하지 않으면 되는 것이다. 먹는 걸 두려워하는 것은 하나님이 우리가 필요한 것을 공급하시는 데도 우리가 감사치 않는 것이다. 우리의 믿음 없음으로 인해 우리의 생각과 말대로 부정적인 결과가 나올지도 모른다.

아침 식사 후 10시에 처음으로 브릿지 게임을 배우러 갔다. 오늘은 여섯째 날이라 이제 오면 잘 모를 것 같아 남들이 하는 걸 구경했다. 12사람이 4명씩 세 팀으로 나누어 게임을 배우는 중이었다. 남편과 내가 아주 가끔 쳤던 허니문과 거의 비슷했다. 우리도 할 수 있을 것 같다고 팀에 끼어 해 보니 재미가 쏠쏠했다. 남편이 옆에서 가르쳐 주니 더 재미있었다. 한국에서 하던 게임 규칙과는 좀 달랐지만 허니문 게임과 유사하여 어렵지 않았다.

Day 12. 해상

아침 식탁에서 미국 버지니아에서 온 자매와 호주 멜버른에서 온 할아버지를 만났다. 버지니아는 남편과 내가 공부하면서 4년 이상 머물렀던 곳이라 그들 자매가 반가웠다.

나는 빌 브라이슨(그들은 이 사람을 알지 못했다)의 『대단한 호주여행기』 책을 말하면서 호주는 위험한 나라다, 호주 수상이 바다에 헤엄치러 들어갔다가 갑자기 이상한 해류에 휩쓸려 들어가더니 사라졌다는 게 아닌가, 악어, 거미, 뱀, 곤충처럼 이상한 것들이 온통 독에 가득 차서 가까이 가면 공격당하고 독이 퍼져 죽는다고 했다. 동물의 왕국에도 잘 나오곤 했던 로우슨 오웬은 물고기에 물려 독으로 죽지 않았나 하고 겁나는 말까지도 해 보았다.

호주 남성이 오웬은 쇼맨십이 있고 위험한 경계를 넘어 극도의 지경까지 갔으므로 죽었고, 안전한 선을 지키면 괜찮다고 했다. 오웬의 아내와 딸이 자신들의 동물 농장을 지금 현재 운영하고 있다고 했다. 나는 그 어린 딸이 TV에 나와 동물을 만지고 하니 좀 걱정스럽다고 했다. 하여튼 나는 즐겨보는 동물의 왕국에서 지나치게 위험한 행동을 해서 시청자에게 인기를 끌려는 출연자는 별로 좋아하지 않는다.

호주는 땅이 광대하다며 버지니아 자매 중 언니가 호주 지도를 봤는데 지도 가운데 긴 줄을 그어놓고 NOTHING(아무것도 없음)이라고 쓰여 있다고 했다. 타이에리 협곡 가는 기차 안에서 만난 어느 호주 부부는 호주 농부는 보통 천 에이커(120만평) 넘는 농장을 가지고 있다 했다. 거의 눈이 안 오는 호주는 나라는 크지만, 사람이 적게 살고, 뉴질랜드는 호주보다 사람들이 더 안 살고, 남섬이 남극과 가까워 춥다고 했다. 뉴질랜드는 호주와는 달리 파충류와 파리, 모기 같은 해충은 별로 없다고 한다. 낯선 이들이지만 여러 정보를 나누니 흥미진진하다.

Day 13. 호바트, 태즈메이니아

호주의 남쪽 큰 섬 태즈메이니아의 수도 호바트에 아침 일찍 내려서 항구에 나가니 현지 여행 가이드들이 안내판을 들고 호객하고 있었다. 일정이 좋아 보이는 여행사가 $80에 손님을 모으더니 내 차례가 되자 사람들이 꽉 찼다며 옆 가이드에게 가라고 하였다. 옆에 있는 가이드는 $75, 자기는 소수의 손님에게 원하는 대로 해 준다며 옆의 여행사는 많은 손님을 모아 큰 버스에 다수가 다니므로 자기 것이 더 좋다고 하였다. 원하는 대로 해 준다니 기대하며 그 가이드에게 우리의 일정을 맡기기로 하였다.

두 사람이 또 오더니 자기들은 호바트가 두 번째라서 다른 곳보다는 웰링턴 산과 맥주 양조장에 가고 싶다 하였다. 가이드가 염려 말라며 그곳으로 데려다준다 하였다. 그가 떠나려는데 내가 나가서 걸어오는 부부에게 우리와 같이 다니면 싸게 다녀올 수 있다고 말했다. 자기들도 호바트는 두 번째 방문이니 뭘 할지 모르겠다고 하는 데 가이드가 다가가서 이곳, 저곳 가니 좋은 시간을 보낼 수 있을 거라 하여 그 두 사람도 일행이 되었다. 기사가 돈을 더 벌게 해 주려고 전 이렇게 오지랖을 편답니다, 흐음.

먼저 샌드베이 쪽으로 가서 주택가와 오래된 건물을 보고 멀리 우리가 타고 온 배를 배경으로 사진을 찍었다. 다음은 웰링턴 산에 갔는데 1,243m의 높이인데도 정상에 서니 귀가 갑자기 멍멍해졌다. 그러나 바람 때문에 모자가 날아가고 머리가 산발이 되며 온몸이 휘청거려 정신이 없었다. 가이드는 바람이 불어서 안 좋지만 비와 안개 때문에 아무 것도 안 보이는 날씨보다는 운이 좋다고 하였다. 심한 바람 속에서도 호바트 시가 한눈에 들어와서 정상에 올라온 보람이 있었다.

호바트시를 가르는 강은 드웬트 강인데 인구 이십만 밖에 안 되는 도시가 끝없이 넓다. 광대한 토지에 비해 인구가 적어 자연을 덜 파괴하고도 도시를 건설할 수 있으니 넓은 토지가 부럽기만 하다. 우리나라같이 아름다운 나라가 어디 있나. 그러나 경치 좋은 곳은 모두 가게, 식당, 여관 간판으로 가득 차니 자연을 즐길 장소가 심란하고 복잡하다. 외국에 나오면 비교를 하며 아름다운 우리나라 전 국토를 공원화하면 얼마나 좋을까? 깔끔하고 공해 없는 관광 대국이 되었으면 좋겠다는 생각을 하게 된다.

웰링턴 산이 기이한 것은 커다란 바위가 어디서 굴러 왔는지 곳곳에 널브러져 있고 그사이에 나무들이 잘 자라는 것이다. 정상에서는 관목 같은 키 작은 나무가 많다. 사암 같은 바위가 무리 지어 무더기를 이루지만 길 위는 돌이 치워져 있었다. 산 정상 옆구리는 그러한 바위가 병풍같이 켜켜이 쌓여있는데 파이프 오르간같이 생긴 것도 있었다. 바람은 휘몰아치지만, 돌이 날아다니지 않아 다행이다. 겨우 몸을 추스르며 이리저리 돌아다니다 차 안으로 오니 얼마나 따뜻한지 모르겠다.

그리고 리치먼드로 갔는데 이곳은 시드니 다음으로 만든 도시다. 1830년대 영국에서 더 이상 죄수들을 가둘 감옥이 없자 호주 본토와 이곳으로 죄인들을 보내어 도시를 건설하도록 했다. 그런데 그 죄명이라는 게 사과 하나 훔침, 빵 한 덩어리 훔침, 남의 아내를 눈이 뚫어져라 쳐다봄 등 그런 것을 다 싸잡아 호주로 보냈다고 한다. 호주 사람들은 자신이 죄수의 자손이라고는 말하지 않고 관리, 공무원, 사업가의 자손이라고 한다. 오히려 그 죄수들이 애국자라는 생각이 든다. 길을 건설하고 건물을 세우고 식물원을 만들어 후손들이 잘 사용하게 한 것은 그들 덕분이 아니겠는가? 배고프고 추워서 먹을 것 한 번 훔쳐 먹었다고 모조리 배에 태워 호주로 보내서 토지를 넓히고 관리하게 한 기득권자와 귀족들의 횡포도 역사에 남아 있다.

인간들의 탐욕이 새삼스럽지는 않지만, 힘 있는 자와 없는 자와의 갈등은 역사가 존재하는 한 세대를 거쳐 늘 있어 온 일이다. 가끔 이렇게 좋은 세상에 태어난 것을 다행으로 여긴다. 여자라서, 힘이 약해서, 돈이 없어서, 권력이 없어서 당하는 불공평을 당하지 않으니 감사하다. 때로는 인간은 신 앞에서 평등하다는 글귀만 읽어도 눈물 나도록 감격할 때가 있다.

다음은 보노롱 야생동물보호소(Bonorong Wildlife Santuary). 보통 동물원이 아니라 동물을 치료한 후 자연으로 돌려보내거나 위험에 빠진 야생동물을 구조해 보호하는 곳이다. 입장료는 $25, 후원금을 받기도 한다. 먹이를 사서 캥거루에게 주니 열 마리가 넘게 겁 없이 다가왔다. 바로 옆에서 이렇게 많은 캥거루를 보게 될 줄 몰랐다. 손바닥에 먹이를 올려놓으면 핥아 먹었다.

다음에 본 건 태즈메이니아에서만 사는 희귀동물 태즈메이니아 데빌(악마)! 이름 때문에 사람들이 흥미를 느끼는데 왜 데빌이라는 이름이 붙었을까? 사납고 우는 소리가 고양이 히스테리 부리는 날카로운 소리라 기분 나빠서? 큰 동물의 사체를 파먹다가 시체 안에 들어가 자다 다시

웰링턴 산

보노롱 동물 보호소

코알라

시체를 파먹기를 반복하며 지독한 악취를 풍겨 세상에서 가장 추한 짐 승이라서 그런가?

그 날 테즈 데빌은 우리를 경계하며 통나무 동굴에 들어가 있거나 키 낮은 나무 뒤에 숨어서 움직이며 좀처럼 사람 앞에 자기 모습을 노출시 키지 않았다. 모습이 아주 흉악하지도 않고 사람들이 잡아서 길들인 데 빌은 포악하지도 않다는데 웬 이름은 그리도 흉측한지.

다음은 코알라다. 콩같이 작은 눈을 반쯤 감고 나무에 매달려 있다. 유칼립투스 나뭇잎만 먹고 하루 스무 시간쯤 잠을 자는 이유는 이 나 뭇잎에 알코올 성분이 있어서 알코올 중독자가 되어 잔다는 것이다. 얘 도 캥거루처럼 유대류. 아기를 배 주머니에 안고 있다 자라면 등에 업고 나무에 거꾸로 매달려 잠을 잔다. 코알라는 느리고 게으르다지만 지극 히 온순해서 귀여움을 받고 있다. 야생 동물을 우리에 가두어 두는 건 동물 학대라 하여 선진국일수록 이렇게 자연 친화적으로 넓은 공간에 서 동물을 놔두고 키우는 것 같았다.

Day 14. 해상

　남편은 소화가 잘 안 된다며 자주 걷거나 피트니스 센터에 가서 자전거를 탔다. 또는 12층 갑판에 가서 조깅 트랙을 따라 걸으며 행복해했다. 나는 운동이 필요하면 춤추는 걸 좋아한다. 크루즈에서 하루에 한두 번씩 춤을 가르쳐 준다. 룸바, 차차차, 자이브와 탱고, 라인 댄스를 가르쳐 주는데 시간에 맞춰 그 장소로 가면 스무 명이나 서른 명쯤이 배우려고 나타난다. 보통 배가 불러 운동이 필요하면 3층 디스코장에 가서 댄스 음악에 맞춰 팔짝팔짝 뛰며 20~30분쯤 춤을 추면 곧 땀이 나면서 지치게 된다. 뿐만 아니라 에어로빅같이 음악에 맞춰 몸을 움직이면서 심한 정도로 운동을 시키는 클래스도 많다. 어떤 이들은 하루 종일 헬스장에서 운동한다.

　오늘 밤 의상 주제는 흰색이다. 우리도 흰옷을 찾아 입고 5층에 가서 다른 사람들이 나와서 추는 것을 보고 부끄러워할 것 없이 아무렇게나 추었다. 남편은 나와 함께 탱고나 자이브 스텝을 밟아보려고 했으나 어쩐지 스텝도 기억 안 나서 오늘은 배운 대로 써먹으려고 하지 말고 그냥 막춤을 추자고 했다. 중국인 부부들은 춤을 배워 와서 언제나 춤추는 곳에 나타나 자신들의 춤을 실습한다. 그들이 몸을 크게 움직이고 무표정하게 기계적으로 추는 게 보기 싫어 우리는 그저 표시 안 나게 리듬을 타며 재미있게 몸을 움직이자고 했다.

한국에서 온 남편의 선배 부부가 우리 옆에 앉았는데 남편이 부인더러 추자고 해도 부인은 운동화를 신어서 추기 싫다 하니 선배는 먼저 방으로 가 버렸다.

우리는 남아 피나콜라다 두 잔을 시켜 마시고 젊은이, 늙은이, 남녀노소 인종을 안 가리고 열심히 음악에 맞춰 추므로 선배 부인과 함께 실컷 땀이 나도록 추었다. 복싱인지, 축구인지, 달리기인지 그저 발을 들었다 놨다, 위로 주먹을 날리며 추기도 하고, 뛰면서 추기도 하니 음악 세 곡에 맞춰 추기만 해도 땀이 났다. 누구든 우리같이 춤을 못 출까? 배워도 그게 그거다. 어쨌든 하루하루가 잘 지나간다.

15일 동안 어떻게 시간을 보낼까 하였는데 내일이면 배에서 내린다. 참 세월이 빠르다. 오늘은 뷔페에 가서 두 바퀴나 둘러보아도 먹을 게 없었다. 슬슬 한국 음식 생각이 나기 시작한다. 아침에는 커피 반 잔에 뜨거운 우유를 반 잔 채워 한 잔 가득 마시고 자몽과 요플레, 과일을 먹으면 더 이상 먹을 게 없다. 점심에는 김밥이 있어서 김밥을 먹고 과일을 먹으면 더 먹고 싶은 게 없었다. 김치가 먹고 싶다. 김치찌개에 밥 비벼 먹으면 좋겠다.

저녁때 The Aussie Boy가 보여주는 마지막 쇼를 보고 나니 이상하게 아쉽다. 이젠 끝나는구나, 그동안 참으로 편안하고 여유 있게 지낸 것이 꿈같다. 먹고 싶은 대로 먹고, 쉬고 자고 걸어 다니고 음악을 듣고 춤을 추고 운동을 하고 사우나를 하고 스도쿠를 했다. 남편과 둘이서 카드 게임도 많이 했다. 그리고 바닷바람 맞으며 갑판 위를 걸어 다녔다. 우리가 어디 갔다 돌아오면 방은 깨끗이 청소되어 있고 항상 빳빳하고 질 좋은 면 시트로 침대는 정리되어 있었다.

그동안 직원들이 찍은 사진을 전시해 놓은 곳으로 가서 보기 좋은 사

카드 게임 중

슈렉과 함께

진 두 장을 골라 샀다. 한 장은 25불 나머지 한 장은 50% 할인해 주었다. 꽤 비싼 편이지만 배를 배경으로 우리가 정장을 입고 찍은 것이라 기념이 될 것이다.

Day 15. 하선 후 퀴어 축제 구경

배에서 내려 가방을 끌고 예약해 둔 YHA에 짐을 풀고 시드니를 돌아다녔다. 시드니는 인구 500만 정도로 호주 제일의 도시지만, 수도는 캔버라이다. 시드니는 제일 크고 멜버른은 금융 경제 중심 도시라 서로 수도가 되어야 한다고 주장하니 시드니도 아니고 멜버른도 아닌 그 중간의 캔버라가 수도가 된 것이다. 우리는 시내에 있는 대한여행사에서 내일 블루마운틴 가는 일일 투어 신청을 하고 근처에서 선물을 샀다.

태반 크림, 로열젤리, 프로폴리스 같은 것과 손녀들 인형과 가방들이다. 이상하게 싸다. 질이 나쁜가? 아이스크림을 사서 시드니 중심에 있는 하이드 공원에 가서 키위 새도 구경하고 한가하게 쉬는데 많은 사람들이 어디론가 한 방향으로 가고 있었다.

동성애 행사 중에선 세계에서 제일 크다는 시드니의 동성애 축제 퍼레이드가 오늘 밤 열린다고 관광 안내 신문에서 읽긴 했다. 안 그래도 항구에서 CUNARD 선사 크루즈 배가 들어오는데 맨 꼭대기 갑판에 무지개 빛깔의 길고 긴 현수막에 'HAPPY MARDI GRAS'라고 쓴 걸 보기도 했다. 그렇지만 이렇게 내 눈앞에서 인파가 몰려가는 걸 보니 기분이 묘했다. 아이고, 퍼레이드라니 퀴어 축제 하이라이트가 시작되는구나 싶었다.

'마르디 그라(Mardi Gras)', 부활절 전 절제하고 금식하는 40일(사순절, Lent) 전에 기름진 음식을 실컷 먹고 축제같이 음주가무를 즐기며 영양 보충하는 데서 유래한 것이다. 지금은 종교적인 의식과 관계없이 그냥 먹고 마시며 살찌는 기간으로 통한다. 퍼레이드가 진행되는 옥스퍼드 거리로 가는 도중 울긋불긋 옷을 입기도 하고 벗기도 하고 남자들이 여장을 하기도 하고 남장을 한 게이와 레즈비언들이 대기하고 있었다. 옥스퍼드 거리 양쪽에 늘어선 사람들은 인산인해, 셀 수 없을 정도였다.

우리도 가까스로 끼어들어 보는데 옆에서 독어, 스페인어, 불어 외에도 알 수 없는 언어가 섞여 들렸다. 20대 한국 여성 두 명도 내 뒤쪽에 서 있었다. 세계에서 몰려온 관광객과 호주 사람들이 반반쯤 되는 것 같다. 곧 어둠이 깔리기 시작하자 무지개 깃발을 들고 오토바이가 굉음을 울리며 지나가고 치어리더처럼 화려한 의상의 여자들, 윗몸은 나체인 여자들과 삼각팬티를 입은 건장한 남자들, 짐승의 가면을 쓴 무리들이 화려하게 장식한 트럭이나 차 위에서 소리를 지르며 음악에 맞춰 춤을 추며 지나갔다. 게이 의사와 레즈비언 간호사, 교사, 스포츠인들이 팀을 지어 율동을 하며 흔들어대고 깃발을 흔들며 괴성을 질렀다. 모두가 이러니 어떤 여자는 행진을 쳐다보다가 자기 가슴도 내놓았다. 누군가 거기다 돈을 찔러 주었다.

여자 부부가 입양한 아이를 유모차에 태워 행진에 참여하는 커플도 여러 쌍 되었다. 이 정신없는 광란의 밤에 어린아이들이 참여해? 도무지 이해가 안 된다. 제복을 입은 육·해·공군, 국경수비대까지 군악대를 앞세우고 각을 세워 행진하였다. 어느 팀인가, 'Just Say Yes. Don't Think.'라고 쓴 현수막을 차에 달았다. 생각하지 말고 그저 받아들여라, 다양성을 인정하라, 이해할 필요 없다, 우리가 원하는 건 사랑이다, 다름을 관용하라, 우리는 똑같은 인권을 가진 사람들이다, 그런 온갖 구호가 적힌 현수막을 부착했다. 동성애를 대할 땐 생각도 하지 마라? 정신 차리지 마라? 차라리 혼을 빼라? 이렇게 해석을 하게 된다. 동성애자의 인권을 말하다 이성애자들의 표현이 억제되고, 여성의 인권을 말하다 남성이 역차별 받는다 한다. 종교의 자유를 말하다 소수 종교인이 공격을 받는 게 아니라 다수가 꼼짝 못하고 오히려 공격당한다. 나이 들수록 헷갈리는 인생이다. 빛과 진리를 나에게 비춰다오!

시드니 둘째 날

오늘은 최악이다. 새벽부터 서둘러 여행사 버스 타는 근처에서 아침을 사 먹고 100km를 달려 블루마운틴에 갔으나 수고한 보람도 없이 비가 내리고 안개가 끼어 아무것도 안 보였다. $75를 낸 보람도 없이 세자매 봉도 안 보였고 에코 포인트 전망대에서도 아무것도 안 보였다. 푸른빛이 도는 산도 당연히 안 보였다. 레일웨이 타고 수직 강하하는 스릴감은 순식간에 끝나고 돌보다 더 단단해 보이는 코크스라는 석탄 광산만 보았다. 그리고 잠시 걷다가 케이블카와 스카이웨이를 탔지만, 유리바닥 아래 깊은 계곡과 숲은 하나도 안 보였고 온통 희뿌옇다. 그야말로 눈뜨고도 봉사가 된 기분이다.

세계문화유산에 등재된 곳이라 하여 기대하고 왔건만 우림은 우림인지 비가 오고 바로 눈앞의 나무들만 보게 되었으니 실망감이 너무 크다 못해 슬프기까지 했다. 하나님은 우리에게 최상의 기쁨은 주고 싶지 않으신가 보다. 이 세상, 이 지구가 좋으면 천국을 사모하기나 할까 싶어서 나에게 실망을 주시나? 유람선의 하이라이트로 여겼던 밀퍼드 사운드 피오르드도 날씨가 나빠 못 보았고, 기대했던 블루 마운틴도 볼 수 없었다. 결국, 완벽한 자연에 대한 찬탄보다는 원하는 대로 인생이 되지 않음을 일깨워 주심으로 세상 삶의 기대를 버리라는 뜻인가?

한참 있다 남편은 호주 중북부의 원주민 마을에서 선교하고 있다는

L씨의 두 딸 애기를 했다. 참으로 갸륵하고 존경스럽다. 하나님의 일을 하느라 그렇게 수고하고 힘쓰다니 하나님이 얼마나 기뻐하실까 난 그들에게 헌금할 거라고 했다.

　시드니에 돌아와서 남편은 다리가 아프고 어제부터 감기 기운이 있다고 더 이상 돌아다니지 말고 숙소에 빨리 가자고 했다. "우리 택시 타고 갈까?" 했더니 "갑자기 택시 타자니까 힘이 막 솟는다. 다리가 덜 아프네." 하여 막 웃었다. "당신 내가 택시 타고 돈 쓸까 봐 그러지?" 하고 놀리며 오다가 길리안 초콜릿 찻집에서 케이크와 핫 초코를 사 먹었다. 두 잔 시켰더니 양이 많아 반도 못 마시고 남겼다.

시드니 셋째 날

새벽에 일어나 오페라 하우스를 지나 해변을 따라 걷다 보니 입장료가 무료인 왕립식물원(Royal Botanic Garden)이 나왔다. 아침 공기는 신선한데 어찌 된 셈인지 헬리콥터 소리가 대포 터지는 소리처럼 여간 시끄러운 게 아니다. 그것도 무려 네 대쯤 된다. 그런데도 걷다보니 상쾌해진다.

냄새 좋은 차이브, 허브 정원, 선인장과 여러 정원, 온실을 지나는데 남편이 다리 아프다며 돌아가자고 한다. "아니, 걸은 지 얼마 되었다고. 장미원도 안 가 봤는데. 그리 다리 아프면 혼자 먼저 가이소. 얼마나 걸었다고 그라능교. 그랄라믄 우리 오늘 따로 행동하입시더. 저녁에 만납시더" 했더니 남편은 속으로 '또 졌다. 저 여자한테' 싶었는지 정자 아래 벤치에 눕는다. 정자에는 10시 반부터 12시 반까지 이곳에서 결혼식이 있을 예정이라고 노트를 붙여놓았다. 남편은 여기까지 왔으니 참석해서 잔치국수라도 한 그릇 먹어야 되지 않겠냐 하며 웃었다. 나는 그의 말이 재미있어서 늘 웃는다. 나의 남편이 아주 유머러스하다는 걸 사십 여 년 같이 산 나만 안다.

여기 식물원에는 나무 모양이 기이한 것이 많다. 가지가 내려와 뿌리처럼 땅에 박히니 몸통인지, 뿌리인지, 가지인지 알 수 없는 거대한 나무, 원자폭탄같이 생긴 나무, 우산 모양의 나무 등 신기한 형상은 인간이 만들려고 흉내조차 내기 힘들다. 손으로 오물조물 만든다고 되는 게 아니다. 조물주가 몇십 년, 몇백 년 지나면 '이상해져라' 하면서 말로 만드는 게 훨씬 믿기 쉽겠다.

나오다 오페라 하우스의 음악회 포스터를 보았다. 카르멘과 라보엠, $69에서 $319, 5월까지의 일정을 상세히 적혀 있다. 한 달에 열흘 이상 오페라 공연이 있다. 모든 오페라는 7시 반부터 시작한다. 오늘 밤 연주회는 작곡가인 존 윌리엄스의 곡을 연주한단다. 이미 표가 매진이다. 배가 고파 밥이나 먹자며 숙소로 돌아가는데 항구 앞 큰 건물 구석에서 어느 할머니가 이불과 옷가지를 싼 보따리를 건물 벽 사이에 끼어 놓고 앉아 신문을 읽고 있었다. 홈리스(집 없는 사람)인가 보다.

이렇게 호사스러운 크루즈 배가 정박하고 세계에서 몰려든 관광객과 부유한 시드니, 콘서트와 오페라가 열리는 오페라 하우스 가는 길 서큘라 키 앞에 이렇게 대조되는 인생이 앉아있다. 그녀는 바쁘게 돌아다니는 사람들이 하나도 부럽지 않다는 듯 신문을 읽고 있었다. 돋보기 안경을 쓰고.

유스호스텔로 돌아와서 DIY 아침을 주문했다. 우리 숙소에서 보면 주위에 포시즌스와 샹그릴라 호텔 등 하룻밤 자는데 삼사백 불하는 호텔이 오른쪽으로 우뚝 서서 항구를 바라보고 있다. 그곳 스위트는 하룻밤 자는데 $1,000이다. 우리 숙소 YHA도 옥상에 올라가면 항구가 보이고 오른편에 오페라 하우스, 하버 브리지 등 전망이 뛰어나다. 그곳에서 비스듬히 놓인 등의자에 누워 덥지도 춥지도 않은 바람을 맞으면 더 이상 바랄 게 없다.

우리는 식사를 할 때 1층 부엌 옆 베란다에 나가 먹었는데 라면에 김치를 넣어 끓여 먹든, 베이컨을 구워 먹든 바람맞으며 먹는 게 훨씬 소화가 잘되는 것 같다. 이건 호사 중의 호사다. 우리 집에서도 가끔 여름 아침과 저녁은 정원에서 먹을 때가 있다. 이상하게 바람맞으면서 먹으면 소화가 잘되는 것 같다. 인류의 역사는 길고 집안에서 지내는 시간은 짧았으니 아마 우리 DNA에는 바람맞는 것이 자연스러운 것으로 각인되어 있나 보다.

저녁에는 오페라 하우스에 가서 참으로 즐거운 시간을 보냈다. 비록 콘서트홀에는 못 들어갔어도 복도에서 TV를 통해 연주를 들었다. 앙코르곡으로 스타워즈 OST, 제다이의 귀환(Return of the Jedi)을 연주했다. 1932년생 작곡가 존 윌리엄스는 대단한 사람이다. '죠스', '라이언 일병 구하기', '인디애나 존스', 'ET', '나 홀로 집에', '태양의 제국', '쉰들러 리스트', '쥐라기 공원', '해리 포터와 마법사의 돌' 등 우리가 아는 유명한 영화에 심포니 음악을 웅장하게 넣었다. '지붕 위의 바이올린' 영화음악으로 아카데미 음악상 5개를 수상했다. 오바마 대통령 취임식에 쓸 음악을 작곡한 지휘자이며, 재즈 드러머와 타악기 연주자다. UCLA를 졸업하고 줄리아드에서 피아노를 공부한 훌륭한 재즈 피아니스트이며 편곡자다. 유니버설 스튜디오에서 7년간 전속 계약 후 40여 곡을 작곡했다. 오늘 밤 연주회의 가격은 $49에서 $120, 오페라보다도 싸다.

음악회나 오페라, 몇몇 미술 작품의 가격을 대할 때 때로는 너무나도 싸다고 느낀다. 음악가, 예술가들이 평생 혼신을 다해 그들의 인생을 바쳐 연주하고 만든 것이다. 어찌 값으로 따질 수가 있을까? 친구 중에 화가들이 있다. 그들이 작품 전시회 하면 난 돈 주고 그림을 산다. 그들은 내가 친구라고 아주 싸게 준다. 그 그림을 벽에 걸어놓고 자주 들여다본다. 친구를 매일 만나는 기분이다. 친구 중에 악기 연주가들도 있다. 그들의 음악회에 참석할 때면 그들이 고맙다. 그들의 수고와 노력으로 우리를 기쁘게 한다. 그들의 인생이 어찌 복되지 않을 수 있겠는가?

연주회를 마치고 나오는 사람들의 옷을 보니 영화음악 오리지널 사운드 트랙 연주회라 그런지 자유로운 차림이다. 런던에서, 또는 버밍엄 음악회에 참석한 사람들의 옷차림과는 대조적이다. 여기가 관광지라서 그런가? 아니면 마디 그라스 사육제 참석자들이 많아서인가? 온갖 상상을 해 본다.

오페라 하우스를 나오니 해변 쪽 레스토랑에선 사람들이 발 디딜 틈 없이 북적거린다. 맥주나 와인, 식사를 시켜 놓고 디제이가 틀어주는 음악에 맞춰 몸을 흔들며 정신없이 시끄럽게 떠든다. 목은 마른 데 배가 불러 뭘 시켜 먹을 수 없다. 서큘러 키를 지나 록스 지역 끝까지 한참 걸으니 하버 브리지가 나오고 그 밑에 하얏트 호텔이 있다. 배 좀 꺼지라고 산책했지만 어젯밤처럼 길리안 초콜릿 찻집에 또 들렀다. 핫 초코 밀크 한 잔과 호두와 자두 케이크 한 개를 시켜 편히 앉았다. 둘이서 나누어 마시니 알맞은 양이다.

시드니 넷째 날

시드니 관광 안내에는 많은 곳을 소개했지만 오늘 우리는 본다이 비치를 가기로 했다. 해안 따라 난 길을 천천히 한 시간쯤 걸어 타마라마 해변을 지나 브론테 비치까지 걷는 게 주된 여정이었다. 많은 곳을 방문할 수 있지만, 남편은 복잡하고 바쁜 일정을 즐기지 않았다. 그는 조금 걷다 쉬고 마시고, 앉아 먹으며 천천히 지내는 것을 좋아한다. 그는 무리해서 힘겹게 돌아다니며 피곤한 것이 무슨 의미가 있을까 회의하는 편이다. 이제 나도 기운이 떨어졌는지 욕심내지 않고 그가 원하는 대로 한다.

본다이 비치로 가기 위해 서큘러 키에서 버스를 탔다. 330번, 380번, pre-paid 버스라고 하여 미리 표를 구입해야만 탈 수 있는 버스와 버스 안에서 돈 내고도 탈 수 있는 버스가 있는데 우리는 왕복 버스표를 미리 구입했다. 편도에 4불 60센트. 여기도 영국이나 일본처럼 목적지 거리에 따라 버스 요금이 달라진다. 해외에 가면 모든 것을 우리나라와 비교하게 된다. 나는 우리나라처럼 거리와 관계없이 시내버스 차비가 똑같이 책정된 것이 좋다. 시내 가까운데 사는 사람이나, 멀리 떨어져서 사는 사람이나 같은 도시 내에서는 같은 요금을 내고 타는 게 지역 차이가 없어 보인다. 물론 시외로 멀리 나갈 때는 액수가 다른 게 맞겠지만,

본다이 비치

본다이 비치 옆 풀장

같은 시에 사는데 중심가에서 먼 변두리로 갈 때 더 많은 돈을 내야 한다면 집값이 싸서 멀리 나간 사람들에게 손해인 것 같아서 싫다.

시드니는 많은 사람들이 버스를 이용하는 것 같다. 계속 사람들이 탔다 내렸다 한다. 버스 앞자리는 노인이나 장애인, 아기 있는 가족들이 앉는데 버스 내에 설치된 TV에서 학생들은 그들에게 자리를 양보해야 한다고 알려준다. 본다이 비치는 그리 멀지 않아서 30~40분 만에 닿았다. 시드니에서 본다이 비치 가는 버스는 며칠 전 동성애자 퍼레이드가 있었던 옥스퍼드 가를 처음부터 끝까지 지나갔다. 아까 버스 정류장에서 만났던 런던에서 온 노인은 우리에게 손 인사를 하고 헤어져서 다른 방향으로 갔다. 그는 한 달간 휴가를 왔다고 했다. 그는 혼자였다.

넓은 본다이 비치를 지나 오른쪽 해안 산책길로 천천히 걸었다. 입구에 바다보다 약간 높은 곳에 풀장이 있었는데 의외로 많은 사람들이 수영하고 있었다. 바다의 파도가 거칠어서 혹은 소금기가 싫지만 수영하는 것만이 목표인 사람은 인공 풀장이 더 편리하다. 출렁이는 파도를 타거나 서핑을 하는 사람들, 백사장과 조가비를 즐기는 사람들은 바다에 있다. 그러나 이곳 풀장에서 레인을 따라 수영하는 사람들은 전문가 같이 아주 빨리, 쉬지 않고 몇 바퀴를 돌고 있다. 나는 지금 내의를 입고 바람이 몸 안에 들어오지 못하도록 감싸고 걷는데 맨몸으로 수영하는 사람들은 어떤 사람들인가? 지금 기온 섭씨 24도 정도, 바닷물은 그보다 더 온도가 낮다. 괜히 쳐다만 봐도 떨린다.

해안 절벽은 겹겹이 쪼개진 바위로 기이한 형상을 드러내고 야생화와 싱싱한 나무, 풀은 생기가 있었다. 여유롭게 해풍을 들이쉬며 걷다 약간 피곤하다 싶을 때 브론테 비치가 나타났다. 이곳은 본다이 비치보다 좁지만, 파도가 거칠어 서퍼들은 이곳을 더 좋아한단다. 곳곳에 파도의 위험을 알리는 경고판이 나타났다. 해류가 해안 양쪽에서 들어와서 만나 바깥으로 빠지면서 급류를 만드는데 그때 그 격랑에 휩쓸리면 깊어지면서 강한 힘으로 바다 안으로 들어가니 위험하다는 것이다. 그래서 호주 총리 헤럴드 홀트가 수영하다 버티기 힘든 격랑에 쏠려 감쪽같이 해안에서 사라진 게 아닐까?

그런데 오늘 보는 서퍼들은 해양구조대원을 믿기 때문인가? 해변은 평화로워 보인다. 솜씨 좋은 서퍼들은 몰려오는 파도를 따라 여러 번 타면서 파도를 희롱하다 결국은 부서지는 파도와 함께 바다에 빠진다. 그래도 일어나 또 파도를 탄다. 우리는 그저 쳐다만 봐도 재미있다.

지붕이 있는 벤치에 앉아 바다를 쳐다보았다. 이런 곳에 앉으면 나는 늘 남편에게 말한다. '당신 같으면 이런 정자를 지을 수 있을 거야. 사방 2m쯤 기초를 만들고 기둥 4개를 세워 지붕을 덮으면 되잖아. 이 정자는 참 기발하네. 네 기둥 사이에 기둥 한 개씩을 더 세우고 모서리에서 대각선으로 4등분해서 칸막이를 했는데 세모난 한 곳에 놓은 테이블 주위로 10명쯤은 앉겠다. 햇볕을 피하고 싶은 대로 자리를 옮길 수도 있고 말이야. 아니, 이렇게 한 평 좀 넘게 바닥 기초공사해서 마흔 명 앉을 수 있게 만든 건 대단한 공간 이용 아니야?' 이러면서 주절주절 정자 짓는 꿈을 꾼다.

그런데 갑자기 하늘이 시커멓게 변하며 비가 쏟아졌다. 비가 테이블 안쪽으로도 들어와서 우리는 제일 구석진 곳으로 몰아 앉아 우산까지 펴고 바다를 쳐다보았다. 우리 옆 빈 곳으로 비를 피하려고 사람들이 들어왔다. 각각 한 곳씩, 한 지붕 네 가족이 앉은 셈이다. 칸막이 격자 사이로 아이들이 우리를 쳐다본다. "Hi!" 하니 커다란 눈으로 웃으며 "Hi!" 한다. "How are you?" "How are you?" 한다. "네 이름 뭐야?" 하니 "네 이름 뭐야?" 따라 한다. "너 착하구나, 너 예쁘다" 하니 따라 하다가 "너 귀엽다" 하는 데서는 웃으며 자기 엄마를 본다. 아마 내가 귀엽지 않아서 따라 하기 싫은 모양이다. 그 남자애의 어린 여동생이 떼를 쓰며 울고 정신없이 구니까 젊은 엄마가 구멍 사이로 미안해한다. 우리도 두 살짜리 손녀들이 둘 있어서 울음소리도 귀엽게 들리니 신경 쓰지 말라 하였다.

비가 그치니 그들은 가고 우리는 한참 앉아 있었다. 나이 드니 참 좋다. 바쁠 것도 없고, 바쁘게 다닐 힘도 없으니 한가하다. 우리 옆으로 갈매기가 한참 서서 우리를 처다보고 있었지만 우리는 먹을 것을 주지 않았다. Let wild be wild! 그게 우리 생각이다. 사람들이 주는 음식은 야생 동물들이 먹기에 적합하지 않다. 그들이 스스로 먹이를 구해야 강해진다는 걸 많은 선진국 공원을 다니면서 읽었기 때문에 그렇게 협조하고 있다. 갈매기들도 우리에게 다가오지 않고 거리를 두고 있다.

어느 책에 브론테 비치는 바비큐 시설이 잘되어 있어서 동전 몇 개를 넣으면 훌륭하게 고기를 구워 먹을 수 있다고 했다. 다만 이용자가 많아서 일행 수가 적고 고기도 많지 않은 쪽 그릴을 골라 줄 서 있는 게 좋다고 하였다. 국내에서도 바비큐가 가능하고 식당에서 숯불구이 먹기가 쉽지만, 국립공원 내에서는 자연 훼손된다고 요리하는 걸 금지하고 있다. 너도나도 휴대용 가스 불판 들고 다니며 삼겹살을 구워대니 온 계곡이 연기로 가득하고 뒤처리가 안 되어 산하가 다 쓰레기로 쌓이니 그런 조처를 하게 된 것이다. 어찌 되었든 이렇게 고기값이 싸고 바람 잘 통하는 시원한 잔디 위에서 바비큐 하기는 여기처럼 그리 쉽지는 않을 것이다.

정자 밑 벤치에서 한참 시간을 보낸 후 본다이 비치까지 다시 걸어가

러니 힘들어서 버스 정류장으로 갔다. 동양인 버스 기사가 본다이 정션에 가서 서큘러 키 가는 버스를 갈아타야 한다고 했다. 차비가 얼마냐고 물으니 그냥 타라 한다. 이리 고마울 데가.

본다이 정션에 내리니 쇼핑가가 길게 늘어져 있었다. 6층짜리 고급 쇼핑몰인 웨스트필드에서 그동안 과일이 고팠다며 과일을 샀다. 잘 익은 토마토 네 개, 복숭아 두 개, 살구 두 개, 유기농 과일 주스를 사니 $9이다.

세시가 넘었으니 점심을 뭘 먹을까 고심하다 중국 식당에 갔다. 밥에 요리 하나 더해서 3불 50센트, 밥과 소고기 야채볶음을 선택했다. 남편은 이게 제일 싸고 맛있더라 하며 먹기 시작한다. 근데 너무 짜다. 짜서 그러니 맨밥을 50센트 어치 더 달라 하니 새 그릇에 담으면 2불, 아까 가져갔던 음식 위에 더 놓으면 공짜라고 한다. 그릇을 가져가니 밥을 얼마나 많이 담아 주던지 도로 좀 더 덜어내라 하였다. 소고기와 섞어 먹으니 안 짜다. 그리고 이걸로 둘이 먹어도 남을 판이다. 아까 샀던 토마토와 살구를 씻어 와서 함께 먹으니 아주 맛있다. 단지 벽에서 25cm 튀어나온 식탁에 앉아 먹는 게 옹색해 보인다.

수많은 사람들이 튀김 오징어나 카레 닭볶음 등 요리 한 가지에 밥을 3~4인분이나 주문해 집에 가져간다. 내 앞에서 주문하던 어떤 남자는 값이 싼 것을 보고 "Oh, man, I love you" 하고 식당 종업원과 주먹을 서로 맞대고 좋아했다. 그도 관광객이다. 다른 식당은 1인분에 적어도 $15-20, 와인까지 합치면 $30은 한다.

그래도 우리 입맛에 맞는 건 없다. 일본 식당 스시가 있었지만, 남편은 저런 건 먹어도 살이 안찌니 안 먹는다고 했다. 빼빼장구인 그가 그런 말을 하니 나는 또 웃는다. 나는 일본 우동을 먹고 싶었지만 이런 건 남편이 원하는 대로 해야 한다. 잘못하다간 그의 체중이 줄어들 판이니 기름 범벅된 중국 음식이라도 달갑게 먹어야 한다.

늦은 점심을 아주 달게 먹은 남편이 의외로 마사지를 하자고 한다. 우익, 근검절약 모범생 양반에게 우째 이런 일이? 길옆 타이 마사지 가게에 들어가니 한 시간에 $66 한다. 한 시간 동안 움츠렸던 어깨도 주물러 주고 발도 주물러 피로와 소화불량을 물리쳐 준다면 돈이 문제인가? 삼불 오십 센트짜리 음식을 사서 둘이 나눠 먹고 비싼 마사지를 하다니! 사실 나 혼자 있으면 내 맘대로 돈을 쓰지만, 남편이 있으면 그의 눈치를 보는 편이다.

시드니 곳곳에는 마사지 가게가 많이 있었다. 거리에 서서 한 시간에 $59이라고 전단지도 나눠 주었다. 베트남과 타이를 여행할 때 많은 호주 사람을 만났는데 그들도 동남아에 가서 마사지를 받아보고 좋았던 것을 경험한 것이다. 본다이 정선 쇼핑가에서 마사지 가게 여럿을 보았다. 우리가 마사지를 받고 있는데 어떤 젊은 여성이 왔으나 예약이 다 차서 오후 6시 반 이후에 오라고도 하였고 우리보다 먼저 마사지 받던 여인은 이번 토요일 오후 네 시에 또 오겠다면서 예약을 하고 나갔다. 우리가 마칠 때 즈음 몸집이 큰 부부가 와서 마사지를 받았다. 마사지 가게가 성업 중이다.

근데 우리보다 두 배나 되는 몸집을 가진 이들을 어떻게 한 시간 만에 마사지를 마칠 수 있을까, 그들은 지방 때문에 경락을 만지기 쉽지 않을 텐데, 몸 부피가 크니 더 힘들겠다, 그에 비하면 우리 같은 사람들은 더 싸게 해 줘야 하는 것 아닌가 하고 생각을 했다. 명상 음악인가 조용한 음악을 들으며 한 시간 쉬면서 마사지 받는 것은 호사다.

휴식하면서 좋은 시간을 보내고 나니 점심 먹은 게 다 내려갔다. 버스 타기 전 아이스크림 가게를 지나는 데 $2이었다. 딴 곳보다 반값이라고 하며 얼른 사 먹었다. 입에 살살 녹는 이런 맛에 아이스크림을 먹는다니까. 더 이상 바랄 바가 없다.

시드니 숙소로 돌아오니 일곱 시쯤 되어 더 돌아다닐 것도 없이 짐을 챙겼다. 모든 짐을 다 꺼내 놓고 다시 싸는 데만 두 시간 걸렸다. 음식 남은 게 있어서 부엌으로 가서 남은 우유를 마셨다. 복숭아 한 개는 옆방 스웨덴 여자 린에게 주고 앞에 있는 한국 젊은이에게 김치 반통과 컵라면 두 개, 고추장과 참치 통조림을 주니 여자 친구까지 데려와서 고맙다고 하였다. 남이 우리에게 준 김치인데. 이렇게 시드니의 마지막 밤이 지났다.

시드니 다섯째 날, 귀국

떠나는 날 아침은 택시를 타고 공항으로 갔다. 셔틀은 1인당 $15이지만 아침 일곱 시 지나서야 운행하고 이곳저곳을 들리니 한 시간 이상 걸린다. 기차는 값도 싸고 20분밖에 안 걸리지만 짐을 들고 계단을 오르내릴까 봐 지레 겁났다.

마침 숙소를 나서니 100m쯤 되는 곳에 택시가 서 있다. 택시에 오르니 협주곡이 귀에 들어온다. 나이 든 기사에게 음악이 좋아 고맙다고 하니 웃는다. 6시 반에 타서 공항에 가니 7시 전이다. 그러나 팁까지 $65 주었다.

시드니에서의 여행은 이렇게 끝. 크루즈 하는 김에 출항지의 관광을 하는 것은 돈을 쓰는 것 같지만 절약하는 것도 된다. 따로 여행하려면 몇 백만 원이 드는데 비행기 표 사서 가고 오는 길에 돌아보는 것은 일거양득이다. 이번 여행도 15일간 크루즈와 항공료는 1인당 270만 원 들었지만, 기항지 관광과 시드니 숙박과 음식, 관광비까지 합치면 약 400만 원 든 셈이다. 크루즈와 현지 여행 20일 동안의 경비치고는 비싼 것이 아니다.

일자		2014년 11월 12~17일(5박 6일)
		싱가포르 출·도착
선사		로열 캐리비언 크루즈
유람선		레전드 오브 더 씨(Legend of the Seas)
규모		7만 톤, 길이 264m, 폭 32m, 높이: 11층
승객 수		1,830명(직원 720명)
일행		6명(부부, 딸 둘, 손녀 둘)
비용		내부선실 50만 원, 항공료 54만 원

일자	기항지	도착	출발	비고
1일차 2014-11-12 (수)	싱가포르 (Singapore)		17:00	출발
2일차 2014-11-13 (목)	페낭, 말레이시아 (Penang, Malaysia)			정박
3일차 2014-11-14 (금)	랑카위, 말레이시아 (Langkawi, Malaysia)			정박
4일차 2014-11-15 (토)	푸켓, 타이 (Pucket, Thai)			정박
5일차 2014-11-16 (일)	해상			해상
6일차 2014-11-17 (월)	싱가포르 (Singapore)	07:00		도착

싱가포르와 푸켓,
페낭 크루즈

(2014년 11월 12~17일)

마가렛의 집

　이번 크루즈는 나의 환갑을 기념해서 딸들이 돈을 모아 우리 비용을 대 준 것이었다. 네 명이 함께 자면 세 번째, 네 번째 승객은 무료로 팁 13만 원만 더 내면 된다. 두 명이 잘 경우엔 한 사람은 74만 원, 두 번째 승객은 반값 할인해서 37만 원만 내면 되는 거다. 모두 삼백만 원 들었고 6명이 나누면 1인당 50만 원으로 5박 6일을 오게 되었으니 퍽 싸게 오는 것이다. 비행기 삯은 만 두 살 미만이 무료였다.

　크루즈 하루 전에 싱가포르에 가서 마가렛을 만났다. 그녀가 간곡히 자기 집에서 머물기를 부탁했기 때문이다. 마가렛은 작년에 여고 친구 둘과 싱가포르 방콕 코사무이 크루즈 왔을 때 배 안에서 만났던 친구다. 공항에 나오니 마가렛이 여동생 훈추와 그녀의 남편 앨런을 데리고 마중 나와 있었다. 우리 짐이 많고 여섯 명이라 차가 비좁을까 봐 여동생 차까지 가지고 나왔던 것이다. 남편과 두 딸, 손녀 둘까지 데리고 그녀에게 신세를 끼쳐야 하니 사실 마음이 내키지 않아 여러 번 호텔에서 잘까 했다. 그녀에게 연락을 안 하든지, 아니면 시간 날 때 잠시 만나 식사나 함께할까 하는 생각도 했다. 큰딸은 "저는 거기 가기 싫은 데요. 따로 호텔에서 자고 싶어요. 아이 데리고 그곳에선 쉴 수 없을 것 같네요." 했다.

　그러나 마가렛 집에서 머물기로 한 데는 여러 가지 이유가 있다. 2013

년 3월 싱가포르에서 방콕과 코사무이를 가는 유람선 안에서 만났던 마가렛은 나와 동갑내기다. 매일 차차차, 룸바, 탱고 댄스교실에 참석했는데 어김없이 그녀도 와 있었다. 만날 때마다 "또 왔군요" 하면서 웃다가 나중에는 즐겁게 인사하고 농담하며 친구가 되었다. 남자 수가 모자라다 보니 여자끼리 파트너가 되어 춤을 췄는데 그녀는 나의 파트너가 되었다.

그때 우리더러 자기 집에 가자며 초대했을 때 그저 인사치레거니 했다. 그녀는 자기 차로 우리를 공항에 데려다주겠다 하고 자기 집에 빈방이 두 개 있으니 더 놀다 가라고 말하며 진정으로 친절을 베푸는 것이었다. 그래서 나도 한국에 오면 우리 집에 오라 했더니 안 그래도 한국 가려고 했다며 자기 조카가 한국말 배우고 한류에 푹 빠졌다고 했다.

마가렛은 여동생 일레인과 함께 크루즈를 왔는데 일레인의 딸이 바로 그 대학생이었다. 그래서 일레인, 마가렛과 조카까지 함께 한국에 오면 연락하라고 하고 헤어졌었다. 그 뒤 이메일을 교환하는 정도였는데 싱가포르 오기 전 마가렛에게 크루즈 간다고 알렸더니 꼭 자기 집에 오라고 했다. 아마 마가렛이 한국 오고 싶어 하니 먼저 폐를 끼치지 않으면 한국에서 우리 집에 지내기 어렵겠다 싶어 그 집에 가겠다고 했던 것이다.

과연 마가렛은 성심으로 친절을 베풀었다. 여든 셋인 어머니와 미얀마 가사 도우미 안젤라, 독신인 그녀 셋이 사는 아파트는 방이 세 개인데 정부로부터 산 아파트라 값이 싸다고 했다. 공항에서 가깝고 시내에서는 30분 거리인데 아파트 단지가 늘어선 주거지에 위치해 있었다.

어머니는 귀가 어둡고 걷는 데 어려움이 있지만, 용모가 단정하고 깔끔하게 차리고 계셨다. 안젤라는 31살, 8년 전 미얀마에서 이곳에 와서 자매같이 지낸다 했다. 싱가포르에는 외국에서 온 가사 도우미가 많은

데 정부에 신고하고 일정 세금을 내면 집안일을 하게 하고 주인 여자는 다른 일을 하도록 도와준다고 했다. 싱가포르인이 정부를 신뢰하는 것은 대화중에 드러났다. 나도 이렇게 상주하는 도우미가 필요한데.

그들은 우리가 불편하지 않도록 먹을 것과 잠잘 곳을 돌봐 주었다. 마가렛은 자기 방을 우리에게 내주고 자기 어머니 방에서 안젤라와 함께 지냈다. 우리가 방 둘을 사용하도록 편의를 봐 주었다. 그녀는 아침 일찍 시장에 나가서 먹을 것을 사 와서 우리들은 이것을 먹는다, 저것을 먹는다며 부드러운 밀가루 전병과 만두를 여러 가지 소스와 함께 내놓았다. 손녀들이 먹도록 닭죽도 끓이고 시리얼도 여러 종류 마련해 놓았다. 국화차와 커피를 끓였다. 호텔에서 머무는 것보다 현지인의 생활을 경험하는 것이 참 여행이라 믿는 나는 이것이 좋은 경험이 되었다.

우리가 도착한 날은 흐리고 비가 가끔 내렸는데 마가렛은 지금 시내에 들어가면 차가 막히니 집 가까운 해변이나 가자고 했다. 해변이 한적하고 산책로와 숲이 잘 조성되어 있었다. 놀이터와 탈의실, 화장실과 그늘진 쉼터가 있어서 쨍쨍 햇볕에 안절부절 서성대는 해변이 아니라 그늘에서 쉬며 바비큐 하며 즐길 수 있는 좋은 곳이었다. 손녀들과 할아버지는 그네도 타고 모래 장난도 하며 재미난 시간을 보냈다. 그리고 근처의 쇼핑센터에 가서 딸들은 야쿤 카야 잼이 유명하다며 몇 병을 샀는데 무거운데 어떻게 들고 갈지 모르겠다.

첫날은 피곤하여 좀 쉬고 싶어 집에 일찍 들어왔는데 마가렛은 자기가 회원으로 있는 컨트리클럽에서 저녁을 먹자고 했다. 마가렛의 자매인 훈추 부부와 일레인도 함께했다. 아름다운 정원과 수영장을 지나 클럽으로 들어가서 주문을 하는데 딸은 칠리 크랩을 먹고 싶다고 하고 몇 가지 음식 이름을 대니 마가렛은 주저 없이 자기가 우리에게 먹이고 싶은 여러 음식과 함께 주문을 했다.

요샌 젊은이들도 맛집이니 요리니 하며 여행할 때마다 음식 사진을 SNS에 올려놓으니 어디 가면 무엇을 먹을지 미리 알아놓고 온다. 젊을 때부터 맛을 찾다니 호강한다. 시장이 반찬이라며 기초식품 5군이 있으면 실용적인 것을 찾는 나와는 다르다. 마가렛 집에 오기 싫다더니 음식은 자기가 먹고 싶은 것을 찾는 딸이 참 야무지다. 푸짐한 저녁을 현지인들과 함께 먹으니 이게 여행이다 싶다. 아낌없이 대접하려는 마가렛이 참으로 고마웠다.

10시쯤 집에 와서 마주 보는 방 두 개에서 하나는 큰딸이 아이와 자고 하나는 나머지 네 명이 잤다. 남편은 방바닥에 스펀지 요를 깔고 잤고 우리 셋은 침대에 잤다. 아이가 잘 안자서 큰딸이 밤에 고생했다고 한다. 엄마가 마가렛 집에 오자고 했는데 애들이 고생스러우면 내가 미안하다.

싱가포르 국립 식물원

싱가포르 현지인 아침을 먹었는데 시장에 가서 사온 것도 있었다. 대만과 싱가포르에서 놀랐던 것은 아침부터 시장이나 바깥에서 외식을 많이 한다는 것이다. 여자들이 편하겠다. 마가렛은 부드러운 원톤 만두 같은 것과 닭죽 등 한 상 가득 차려놓았다. 어제 저녁 먹은 것도 소화가 안 되었지만, 여행의 기본은 잘 먹는 것임을 믿는 나는 손녀까지 든든히 먹였다.

오늘 오후 세시 유람선 체크인 하기까지 국립식물원 난 공원(National Botanical Garden, Orchard Park)에 가서 몇 시간 돌아다니기로 했다. 큰딸은 공원 입구 시원한 식당에서 노트북으로 일한다고 했다. 이렇게 아름다운 곳을 왔건만 여전히 일만 생각했다. 마음이 안타까웠지만, 걔는 일도 하고 놀기도 하니 얼마나 좋아요 했다. 배 안에서는 와이파이를 막아놓아 일할 수 없는 것이다. 선내 인터넷 사용료는 세상에서 가장 비싸다. 십 분에 만 원 이상?

큰딸을 남겨놓고 공원 안으로 들어갔다. 세 번째 방문이지만 여전히 아름답고 걷기 좋아 조금도 지루하지 않았다. 모두 아름다운 난과 꽃을 보고 기분이 좋은지 아이들도 유모차를 타고도 짜증을 내지 않았다. 각 나라 원수들이 그곳을 방문한 기념으로 기증한 난이나 식물을 모아 꾸민 정원이 있는데 세계 각국의 방문자들이 자기 나라 대통령 이름을 찾았고 우리도 대통령을 찾았다. 김대중 대통령이 기증한 난을 보았다.

열대 난은 동양 난의 조그맣고 청초한 모습과는 다르다. 다양하기 그지없는 색깔과 모양, 크기로 화려함의 극치를 보여준다. 도시 한가운데 이렇게 아름다운 식물원이 있어서 많은 사람들이 개를 데리고 산책을 나오거나 조깅한다. 교복 입은 단체 관람 학생들이 왔다 갔다 하며 선생님들의 설명을 듣거나 그림을 그리고 있었다. 기념품점에서 보라색 난꽃 브로치와 목걸이 등을 샀는데 딸들은 자기 시어머니에게 드린다 했다. 돈은 내가 내고 생색은 걔들이 낸다. 이제 서둘러 배로 가야 한다.

Day 1. 승선 수속

 12시 전에 항구로 나가 수속을 마치고 배 안에서 점심을 먹을 수 있으려나 했지만, 승객 사천여 명이 수속 중이어서 한없이 긴 줄을 보고 질려버렸다. 우리는 골드 회원이라 그쪽으로 가서 줄을 섰건만 이번에는 우리 줄이 줄어드는 속도가 너무 늦었다. 수습사원인지 일의 진척이 늦다. 도무지 줄지 않는 줄을 보고 서 있는 사람들 모두 한숨을 쉬었다. 손녀들은 기다리기 지쳐서 유모차에서 내려달라 떼를 쓰고, 쉴 새 없이 사람들 사이에서 신출귀몰하는 개들을 따라 다니다 보니 힘들었다. 다시 유모차에 앉히려니 아이는 카펫 바닥 위에 큰 대(大) 자로 버둥거리며 드러눕는다. 60여 개국 사람들이 일제히 우리 손녀를 쳐다보는 것 같아 황급히 안아 올리니 큰 소리로 울고 난리를 쳤다. 남의 집 아이들이 이렇게 바닥에 드러누워 떼를 쓰면 부모들이 무슨 교육을 저렇게 하나 하였는데 세월 지나보면 도대체 잘난 체할 게 하나도 없어진다. 이렇게 떼를 써도 손녀들은 밉지 않고 예쁘기만 하다. 피곤해서 이러는 거지 하며 손녀 편을 든다.

 겨우 수속을 마치고 배에 들어오니 오후 2시가 넘었다. 수속하느라 두세 시간 걸리는 건 처음 겪는 일이다. 마리나 오브 더 씨는 만 사천 톤이라고 자랑하지만 사천 명 승객에 천 명이 넘는 직원 수 때문에 이런 불편을 겪게 되었다. 하긴 제일 호사스러운 크루즈란 몇 명이 요트를 빌려 자기들이 원하는 대로 돌아다니는 것이다. 몇 명의 직원은 오직 손님만 왕처럼 모시는 것이다.

이렇게 큰 크루즈는 여러 가지 불편한 점도 있다. 긴 줄이다. 크루즈 처음 온 딸은 이런 기다림 속에서도 연방 생글거린다. 애초의 계획으로는 손녀 둘을 우리가 데리고 자고 딸들 두 자매끼리 한 방에 지내려고 했었다. 그러나 손녀를 독차지하려 했던 계획은 일어나지 않았다. 여행 내내 큰 딸 아이는 자기 엄마 옆에 있고 싶어 했다. 엄마는 일하느라 바쁜데.

하여튼 넷이 자는 방은 넓은 킹사이즈 침대와 천정에서 내리는 이층 침대가 벽에 붙어 있어서 사다리로 간단히 오르내리는 구조다. 방이 좁거나 불편하지 않아 아주 편하게 지낼 수 있었다. 그래도 둘째네 아이와 한 침대에서 자는 것만으로도 얼마나 좋았는지 모른다. 포동포동한 조그만 것이 내 옆에서 쌕쌕거리고 자는데 그 들숨 날숨이 달콤했다.

오후 5시 반에 배 안전 교육(구명 훈련)을 받았다. 문득 지난 세월호 사건이 떠올랐다. 큰딸은 "아이 데리고 배 안에 있을 거예요" 했으나 그건 불가능한 일이다. 모든 승객과 직원은 의무적으로 훈련에 참가해야 한다. 우리 학생들은 무슨 안전 훈련을 받았을까? 훈련을 받은들 무슨 소용이 있었겠나? 그대로 배 안에 가만히 앉아 있으라, 움직이지 말라는 방송을 듣는 사이 아이들은 그렇게 가고 말았는데 말이다. 하여튼 그 생각만 하면 마음이 아프다. 잊히지 않을 충격적인 광경, 배가 가라앉는 과정을 두 눈 뜨고 본 것이 어찌 잊혀지리요!

유람선의 안전 교육은 그리 힘든 것이 아니다. 구명조끼를 입고 각 선실별로 지정된 갑판으로 찾아가서 서 있기만 하면 된다. 이 배는 세월호와는 달리 배 옆에 걸린 조그만 구명용 배도 충분히 있겠지. 갑판으로 가서는 그저 멀뚱히, 또는 미소 지으며 사람들 구경만 하면 된다. 마치고 나서 배 안 구경을 했다. 처음 오면 모든 게 신기한지 큰딸은 연신 웃는다. 하여튼 엄마는 자식이 행복하면 모든 게 좋다. 나도 기분이 아주 좋았다.

손녀 둘 때문에 카페테리아에서 편하게 먹고 싶은데 작은 딸은 음식 질이 다르다, 정찬 식당에서 먹고 남은 것을 카페테리아에서 준다며 정찬 식당에서 먹자고 했다. 먹다 남은 것을 줄 리가 없다. 그러나 음식을 다 소비하지 못하면 카페테리아에서 먹을 수도 있지. 세 살, 네 살 손녀들과 함께 테이블에 앉아 전채부터 후식에, 포도주까지 곁들여 천천히 대화하며 우아하고 고상하게 먹는 건 힘들다.

어쨌든 단정하게 입고 정찬 식당에 가니 아이들은 조금 앉아있다 몸을 비틀며 일어서서 돌아다니고 싶어 했다. 턱시도에 나비넥타이를 매고 드레스를 입고 있는 손님들 눈치 보기도 쉽지 않았다. 물론 웨이터들은 더없이 친절했다. 주 요리와 후식, 시키지 않은 것까지 여러 접시를 가져다줬다.

웨이터나 웨이트리스는 자기가 맡은 테이블 손님들에게 쉴 새 없이 음식을 나른다. 아이들하고 같이 먹으면 모든 게 신경이 쓰였다. 그래서 정찬 식당에서 두 번 먹다 몇 번은 딸 둘만 가서 우아하게 먹게 했다. 우리는 손녀들을 데리고 카페테리아로 가거나 손녀들 없이 정찬 식당에서 먹었다.

정찬 식당에서는 포도주를 한 병 사서 그곳에서 먹을 때마다 갖다 달라 하여 조금씩 마셨다. 스테이크니 생선이니 모두 느끼하므로 포도주가 없으면 맛을 즐기기 힘들다. 양식은 식재료 본래의 맛을 내기 위해 마늘, 생강을 진하게 첨가하지 않으니 밍밍할 때가 있다. 술과 고기를 그리 즐기지 않으나 건강을 위해 먹는 것이다. 카페테리아에 자주 가다 보니 정찬 식당에 맡겨둔 포도주는 다 마시지도 못했다.

카페테리아에서 먹을 때 아이들을 안고 음식을 보여 주며 무엇을 먹고 싶은지 물어봤으나 종류는 많고 낯선 것이 많아 손녀들이 선택하기는 무리였다. 알아서 챙겨 와 먹였는데 아이들이 먹기에는 어쩐지 짜고 달다. 전에 크루즈를 갔을 때는 몰랐는데 아이들에게 먹이려니 이렇게 많은 음식 가지 수가 무슨 의미가 있나 생각이 들었다. 우리들도 그렇지만 소박한 밥상이 필요하다. 아이들에겐.

배가 거대하다 보니 카페테리아도 크고 정찬 식당도 컸다. 딸들에게 몇 시에 카페테리아에서 만나자 약속하면 정확한 장소를 말해 줘야 한다. 입구 오른쪽으로 들어가서 50m 지점에 음료수 있는 곳 옆 유리창 쪽, 아니면 가운데 등 구체적으로 말하지 않으면 고개를 들고 두리번두리번 한참을 찾아야 한다.

이번 크루즈는 먹을 때도 정신이 없었다. 딸들은 자기들은 먹지 않으면서 자기 딸들을 챙기느라 많은 신경을 썼다. 자기들 엄마인 나는 내 딸들이 자기들 딸 때문에 못 챙겨 먹는 걸 신경 쓰는 줄은 잘 모르는 모양이다.

Day 2. 페낭

　페낭에서는 배에서 내리자마자 택시를 대절했다. 네 시간에 70달러였다. 아이들 때문에 택시가 필요하다. 오후 4시 이후에 도착했고 저녁 7시 반까지는 돌아와야 하는 데 너무 시간이 없다. 페낭은 유네스코 세계문화유산 도시로 선정된 곳이다. 도시 전체가 박물관이라 하지만 시간이 별로 없어 중국식 불교 사원 한 군데를 들러 휘리릭 둘러보고 우리가 좋아하는 식물원을 갔다.

페낭식물원

시간이 늦으니 트롤리 운행이 끝났다고 했다. 한편 걸어서 이리저리 구경하는 것은 운동도 되고 참 재미있었다. 길에 있던 원숭이가 다가와서 사람을 놀라게 했다. 좀 더 일찍 와서 바나나를 사 주면 좋았을 텐데. 손녀들에게 원숭이를 가까이에서 구경시키고 싶어서 빵 조각을 떼어서 주니 원숭이들이 몰려왔다. 손녀들이 빵을 던져주며 까르륵 웃었다. 원숭이가 작고 귀엽게 생겼다고 만지려고 가까이 가면 위험하다. 그 놈들도 야생이라 자신에게 해코지할까 봐 사납게 덤벼들므로 조심해야 한다. 먹을 것을 줄 때도 천천히 멀찌감치 들고 있으면 원숭이들이 재빨리 채 가니까 우리는 조용히 기다려야 한다. 원숭이들과 즐거운 시간을 보내는 동안 간간이 사람들이 조깅을 하고 산책을 했다.

꽃이 많이 피어있는 곳도 찾아서 사진을 찍었다. 충분히 즐기지는 못했지만, 공원을 나와 대절한 차를 타고 페낭 힐에 갔다. 마지막 운행하는 케이블카를 1인당 $10 내고 언덕 위에서 페낭 시를 구경했다. 일본인 단체 관광객들과 함께하였는데 그들도 우리도 같은 심정이었을 것이다. '어두워서 별로 볼 것이 없네요.' 그런데 낮에 왔다면 더워서 케이블카에서 내려 언덕 위로 더 걷기도 힘들었을 것이다. 밤바다 위에 뜬 달도 보고 시원한 바람도 맞았다. 그래도 밤에는 별로 추천하고 싶지 않다.

내려오니 기사가 없어서 한참이나 기다렸다. 퇴근길이어서 길에 차가 많았다. 운전기사에게 조지타운을 거쳐 지나가자고 했다. 세계문화유산으로 지정된 배후엔 조지타운이 있다. 인터내셔널 음식과 역사가 유명하고 설치미술 작품도 많아 골목 하나하나가 관광명소라는데 조지타운을 샅샅이 돌아다니지 못하는 것이 아쉽다. 전에 크루즈 갔을 때 알게 된 말레이시아인 조지는 조지타운이 자기가 세운 도시라고 농담하며 길에서 맞난 것을 사 먹기 바란다고 했다. 이곳은 길거리 음식의 천국이고 바닷가 근처 쇼핑도 할 만하다 했다. 시간도 없었지만 차 안에서 몸을 비트는 어린 것들을 어르고 달랬다. 차 안에서 계속 동요를 불러 정신을 빼놓는 사이에 배로 돌아왔다. 택시기사가 못마땅했지만, 한국인에 대한 인상을 좋게 하고 싶어서 팁은 후하게 줘서 보냈다.

결론적으로 페낭에 와서 시간이 많지 않다면 조지타운 구경이 우선인데 식물원에 가고 밤에 페낭 힐 가느라 세계문화유산은 못 본 것이다. 오늘은 판단 착오다. 급히 배로 돌아오니 큰딸은 두어 시간 일하다 바닷가에서 쇼핑했다면서 티셔츠와 기념품을 보여주었다.

Day 3. 랑카위

　배 위에서 바라보는 바다는 뭐라 형언할 수 없이 다양한 푸른 빛의 아름다움으로 가슴이 부풀었다. 큰딸은 아이와 더 자고 싶다고 우리끼리 가라고 했다. 배에서 내리니 밴 수십 대가 손님을 불렀다. 나도 두어 대 값을 물어보며 싸고 운전기사 인상이 좋은 쪽을 택했는데 아무래도 우리 넷이 타는 것보다 몇 명 더 태워서 나누어 내고 싶었다. 지나가던 독일 여성 둘에게 같이 나누어 내고 구경 가자 했더니 좋다 하며 탔다. 이제 서너 명 정도만 더 태우면 되겠다 싶은데 어떤 중국 남성 한 명이 서로 닮은 자매 세 명과 지나가기에 물어봤다. 처음에는 관심을 가졌으나 독일 여자 둘을 보더니 인상을 쓰며 싫다고 했다. 두 자매가 그에게 같이 타자고 하였지만, 심히 찌푸리기에 그 여자들이 쏼라쏼라한 후 나에게 말했다. 비만인 여자들과 같이 타기 싫다 하였다. 별 이유도 다 있다.

　그래도 부지런히 다녔다. 독수리를 의미하는 '랑카위'가 상징인 공원에 가서 독수리 상을 보며 돌아다녔고, 킬림 지오 파크에 가서는 독수리가 날아다니는 것, 원숭이가 섬 절벽을 타고 돌아다니는 것과 박쥐 동굴을 방문했다. 그리고 통나무를 엮어 그물을 쳐서 물고기를 키우는 곳에서 물고기가 날아다니는 것을 구경했다. 빵을 기둥에 붙여 놓으면 물고기들이 침을 쑥 위로 쏘아서 빵이 떨어지게 만들었다.

　볏논으로 정원을 꾸몄다는 곳도 방문하여 좋은 시간을 보냈다. 독일

배 위에서 본 랑카위 항구　　　　　랑카위 킬림 지오 포레스트 공원

여성 둘은 입구 바로 옆 좌석에 앉아서 움직이지 않았으나, 그녀들이 내리고 싶을 때 빼빼장구 내 남편이 거구를 잡고 도와주었는데 그녀들이 나의 남편을 힘들게 하는 것이 싫었다.

마지막으로 들른 곳은 랑카위 파노라마 케이블카를 타는 곳이다. 그러나 랑카위 관광지 인기 1위인 케이블카를 타지 못했다. 점심시간이 지나 도착했기 때문에 입구 푸드 코트에서 가족을 먹이느라 시간이 모자랐기 때문이었다. 속이 약간 상했다. 혼자 왔다면 간단히 쿠키를 사서 먹으면서라도 산정에 올라갔을 터이다.

남편은 그저 하지 말자는 편이다. 가족끼리 다니면 배려해야 할 일이 많으나 그걸 불평할 수는 없다. 같이 오는 것만 해도 고마우니. 차로 돌아와서는 기사 옆 앞자리에 앉았다. 독일 여성들 때문에 오르내릴 때 스트레스를 받았기에 이제는 나도 편하게 앉고 싶었다.

앞자리에서 편하게 가던 호주 남성에게 말했다. 나도 무릎이 아프다고. 가족에게 암말 못하고 참았던 것을 그에게 풀었다. 왜냐하면, 그들 부부만 케이블카를 타고 산꼭대기를 갔는데 우리 모두를 무려 30분 이상 기다리게 했기 때문이다. 짜증이 났고 은근히 샘이 나서 나도 불친절하게 대했다. 자기들 때문에 사람들이 기다렸던 것이 미안했던지 그들은 아무 말 안 하고 뒷좌석으로 갔다. 배로 오니 큰딸은 아이 때문에 일도 못 하고 쉬지도 못했다고 하였다.

Day 4. 푸켓

 푸켓에서는 텐더 배를 타고 나와 파통 비치에 갔다. 오늘은 수영이 목표다. 하루 종일 3불에 천막 밑 돗자리를 빌렸다. 큰딸은 인터넷 카페로 일하러 가면서 점심때 만나자고 했다. 튜브를 빌려 둘째 딸 모녀는 바다에 가서 한참을 놀았다. 그동안 큰 딸 아이는 유모차에서 정신없이 잠을 잤다.

 남편은 바로 옆 나무 그늘에서 마사지를 받았다. 발 마사지 한 시간에 $7, 아주 싸다면서 마사지를 받았다. $3을 더 주면 30분간 온몸 마사지를 해 준다고 하여 더 하라고 시켰는데 마치고 나서 그 여성은 $20을 내라고 했다. 남편은 깜짝 놀라 그런 게 어디 있나 했더니 그 여성이 막화를 내었다. 남편과 나는 시끄러워서 돈을 $5 더 주었는데 나중에 남편 바지 안에 들어 있던 돈도 그 여자가 훔쳐간 것을 알게 되었다. 앞으로는 뭐든지 확실히 하고 여러 사람 앞에서 재차 확인하여 말썽이 없도록 해야겠다.

 자던 아이가 깨서 바다에 데리고 가서 놀다가 점심때가 되어 큰딸을 만났다. 파통 비치에서 아주 고급인 호텔에 가서 몸도 씻고, 딸이 사주는 타이 전통 음식을 먹으니 기분이 좋았다. 둘째는 이때까지 활동 중 오늘 바다에 들어가서 놀았던 게 제일 좋았다고 했다. 천국이 따로 없었다며 바다에서 나오기 싫었다고 했다. 큰딸이 해외에 나와서도 일을 하

출처: retiree diary.com

는 것이 안쓰러웠는데 자신은 "놀러도 오고 일도 하고 얼마나 좋아요?"
라고 했다. 늘 낙관적이고 긍정적으로 살며 웃는 딸이 고마웠다.

　푸켓은 전에 한번 가족들과 왔던 곳이다. 예전에 큰딸이 첫 직장, 첫
휴가 때 돈을 내서 가족 모두 패키지여행을 했었다. 그때도 파통 비치
에 왔었는데 밤이어서 수영은 못 하고 아이들은 쇼를 보고 쇼핑을 했
다. 우리는 해변에서 누워 쉬다 카페에서 음악 들으며 오랫동안 넋 놓고
있었던 기억이 난다. 오후 4시에 배로 와서도 손녀들과 수영을 했다. 오
늘은 원 없이 물에서 논 셈이다.

Day 5. 해상

　11시~1시. 손녀들은 놀이방에서 시간을 보냈다. 여기는 한 시간에 $10 주고 들어간다. 아이들이 5세 이상이면 여러 프로그램에 무료로 참여할 수 있으나 서너 살은 비용을 내야 베이비시터가 돌봐준다.

　11시 반 가족예배. 주일에 예배를 드리지 않으면 볼일 못 본 것보다 더 괴롭다. 우리 딸들은 4대째 기독교 신자다.

　오후 3~4시 아이스 쇼 관람. 유람선마다 시설이 다르다. 이 배는 가장 큰 유람선은 아니지만, 아이스링크가 있는데 러시아인의 아이스 쇼는 뛰어났다. 그러나 아이스링크조차 아주 큰 건 아니라 활동에 약간 제약이 있어 보였다. 손녀들이 처음 아이스 쇼를 보고 좋아했다.

　오후 5~7시 짐 정리. 사진 찾고 배 안에서 쓴 돈을 정산했다. 우리 모두 차려입고 가족사진을 전속 사진사에게 찍었는데 $125을 내고 찾았으니 사진 값으로 꽤 쓴 셈이다. 사진관에 가서 찍은 셈 쳤다. 식당이나 배에서 오르내릴 때나 사진사들이 계속 찍어대나 찾는 사람들이 많지 않으니 사진이 필요해서 찾는 사람들에게는 비싼 값을 매기는 것이다. 사진도 패키지가 있어서 자기 사진 전부를 찾는 데 $300 정도 했다.

　저녁 7~8시. 환송 쇼(Farewell Show).

　저녁 8~10시. 정찬식당에서 입맛에 맞는 것과 안 맞는 것 등 여러 가지를 먹으며 입맛의 경지를 넓힌 후 취침했다.

Day 6. 싱가포르 하선 후 관광

오전 10시에 마가렛을 만나 짐을 맡기고 우리는 관광을 하기로 했다. 싱가포르가 처음인 가족들을 위해 일단 하버 프론트 타워에 가서 센토 사 섬에 가는 케이블카를 탔다. 1인당 29불 50센트 싱가포르 달러. 좀 비싸긴 하지만 가는 동안 바다와 센토사 섬을 다 볼 수 있어서 한 번 타 볼 만하다.

센토사 섬에는 짚라인과 번지점프도 있고 여러 활동을 즐길 수도 있 지만 고소공포증이 있는 나는 생각도 못 한다. 깊이도, 높이도, 속도도 보통보다 높거나 세면 그때부터 죽는 줄 안다. 헤엄도 잘 치다 목보다 깊다고 생각하자마자 그냥 물에 빠지며 '사람 살려' 한다. 시간이 충분치 않아 유니버설 스튜디오도 입장하지는 못하고 밖에서 구경만 했다. 안 에 들어간들 탈 것을 못 탔을 것이다. 그저 회전목마 수준이니 스릴은 즐기지 못한다. 아이들은 다음에 기회가 있을 것이다.

센토사 섬에서도 트램을 타고 다녔다. 섬 안에는 나비 박물관, 아시 아에서 제일 크다는 수족관, 음악 분수 쇼, 난 정원, 실로소비치와 그물 다리가 있는 팔라완 비치 등 갈 곳도 많고 볼 것도 많지만, 수박 겉핥기 로 다녔다.

하버 프론트로 다시 나오면 비보 시티다. 그곳에서 점심을 먹고 동물 원에 갔다. 딸이 앱을 깔았는지 콜택시를 부르니 바로 달려와 기다릴 필요 없이 편하게 다녔다. 싱가포르 동물원에서는 충분히 시간을 보냈다. 어른 셋, 아이 둘. 택시, 동물원 입장료와 트램, 코끼리 타는 것까지 합해서 약 십만 원을 썼으나 얼마나 즐거웠는지 모른다. 손녀들이 좋아하니 돈이 아깝지 않았다. 코끼리 타면서 긴장하는 모습, 기린이나 아는 동물이 나오면 세 살, 네 살 된 어린 것들이 흥분해서 고함을 질렀다.

이번 여행은 그저 손녀들 보는 것만으로도 좋았다. 우리가 젊었을 때 아이들과 동물원도 가고 즐거운 시간을 보냈건만 이제는 우리가 그토록 사랑했던 아이들이 애들 엄마가 된 것이다. 그들의 아이들, 나의 손녀들과 오랫동안 여행 다니게 된 것도 내가 복이 많다.

그 날 저녁은 만찬이었다. 훈추와 일레인이 음식을 만들어 와서 우리를 대접하였다. 식당 밥이 아니라 그야말로 싱가포르 집밥이었다. 훈추의 남편은 중국계 말레이인이라 훈추는 말레이 음식을 만들어 왔고 안젤라도 몇 가지 음식을 만들었다. 그들의 수고가 고맙다.

싱가포르는 중국계가 77%, 말레이계 14%, 인도계 8%, 기타 1% 등 다양한 인종이 섞여 있다. 공식 언어도 4가지이다. 말레이어, 중국어, 영어와 인도계 타밀어라 한다. 마가렛도 중국계이지만 이름은 서양식이고 중국 한자는 읽을 줄 모른다 했다. 마가렛은 몇 번이나 리콴유 전 총리를 언급하면서 존경의 마음을 나타냈다. 리콴유 전 총리 때문에 싱가포르는 아시아에서 일본 다음으로 경제 번영을 이끌었고 동남아 금융 중심지가 되었다. 모든 국민은 그를 사랑하며 그가 뭐라고 해도 그의 말을 믿었다. 지금 우리나라도 그렇게 신뢰할 만한 정치가가 필요하다.

마가렛이 아이들은 두고 자기 여동생 훈추 부부와 밤 마실 가자고 했다. 자기 차로 오차드로드의 아름다운 야경을 보여주었다. 반짝이는 불빛으로 찬란하게 장식한 가로수와 거리가 꿈결같이 아름다웠다. 해마다

11월부터 크리스마스를 위해 꾸미는 것이라 했다.

거리를 구경한 후, 그녀와 함께 간 곳은 보트 키(Boat Quay)와 클라크 키(Clarke Quay). 매년 세계 음식 축제가 열리는 중심지답게 보트 키에는 수많은 레스토랑과 상점이 자리 잡고 있었다. 우리는 집에서 저녁을 먹었기에 어슬렁거리며 구경만 하고 조금 더 걸어 클라크 키 강변 카페에서 생맥주와 안주를 시켰다. 그들도 우리도 술을 즐기지 않아서 시킨 것도 다 못 마셨다. 그러나 싱가포르 밤 문화를 즐기기에 가장 좋다는 클라크 키는 강변을 따라 늘어선 건물과 식당이 불빛과 음악에 어우러져 환상적인 분위기를 자아냈다. 수많은 카페, 바, 클럽이 관광객과 젊은이를 흥분하게 만드는 것 같았다.

이 지역은 예전 19세기 말 무역업자들이 창고와 사무실로 쓰던 건물을 재단장하여 카페와 레스토랑으로 꾸며 사람을 매료시켰다. 밝은 대낮보다 덥지 않아 열대는 밤에 놀기 좋다. 세계에서 몰려온 관광객들이 다 이곳으로 온 듯, 와자지껄 떠드는 소리와 록 음악이 활기차서 덩달아 들뜨려는데 무덤덤한 남편을 보면서 내 마음을 붙잡았다. 그는 내가 흥분할 때마다 중심을 잡아준다.

그 뒤 한국으로 돌아와서 마가렛과 가끔 이메일로 안부를 전했다. 그리고 2015년 9월에 일레인과 훈추 부부가 마가렛과 함께 우리나라에 온다고 가슴 부풀었는데 일레인이 이메일을 보냈다. 마가렛이 자궁암으로 수술을 받고 병원에 입원 중이라 했다. 나중에 마가렛과 연락이 되었는데 암 치료 때문에 이제는 한동안 해외여행을 가지 못할 거라고 했다. 2016년 연말에 그녀와 전화하면서 안부를 전하는데 훈추가 유방암이 재발해 하늘나라로 갔다고 했다. 훈추는 나보다 두 살이나 어린데 믿기지 않았다.

우리가 만났을 때 훈추는 자기 집이 20억짜리고 싱가포르 정부로부터 산 것이 아니라서 약간 더 호사스러운 것이라 할 수 있다며 한번 놀러 오라고 했다. 자기 아들은 항공학 전공자라며 자랑했다. 난양기술대학(세계 13위, 카이스트 43위)을 나왔다고 했다. 모두 죽음은 멀리 있다고 생각하는데 갑자기 그 소식을 들으니 한동안 먹먹했었다. 이생의 자랑은 더 허무했다.

일자	2015년 6월 1~12일(11박 12일)
	이스탄불 출·도착
선사	로열 캐리비언
유람선	랩소디 오브 더 씨(Rhapsody of the Seas)
규모	78,878톤, 길이: 279m, 폭: 32m, 높이: 12층, 1997년 건조, 2012년 개보수
승객 수	약 2,435명(직원 765명)
일행	부부
비용	내부 선실 140만 원

일자	기항지	도착	출발	비고
1일차 2015-6-1 (월)	이스탄불 (Istanbul)		19:00	출발
2일차 2015-6-2 (화)	해상			해상
3일차 2015-6-3 (수)	에베소 쿠샤다시, 터키 (Ephesus, Turkey)	07:00	18:00	정박
4일차 2015-6-4 (목)	보드럼, 터키 (Bodrum, Turkey)	15:00	18:00	정박
5일차 2015-6-5 (금)	로도스, 그리스 (Rhodes, Greece)	10:45	21:30	정박
6일차 2015-6-6 (토)	산토리니, 그리스 (Santorini, Greece)	15:00	19:30	정박
7일차 2015-6-7 (일)	아테네, 그리스 (Athens, Greece)	10:00	19:30	정박
8일차 2015-6-8 (월)	미코노스, 그리스 (Mikonos, Greece)			정박
9일차 2015-6-9 (화)	크레타, 하니아, 그리스 (Crete, Chania, Greece)	08:00	18:00	정박
10일차 2015-6-10 (수)	해상			해상
11일차 2015-6-11 (목)	이스탄불 (Istanbul)	07:00		도착
12일차 2015-6-12 (금)	이스탄불 (Istanbul)			귀가

터키와 그리스 크루즈

(2015년 6월 1~12일)

이스탄불
ISTANBUL

그리스
GREECE

터키
TURKEY

에베소
EPHESUS

이오니아해
IONIAN SEA

아테네
ATHENS

미코노스
MIKONOS

보드럼
BODRUM

로도스
RHODES

산토리니
SANTORINI

크레타
CRETE

지중해
MEDITERRANEAN

이스탄불 도착

6시 버스로 출발해 인천공항에 8시 조금 지나 도착, 셀프 체크인을 하고 짐을 부치고 나니 8시 반이다. 아침을 먹었다. 비행기에서 주는 것 기다리느라 식사 때를 지나면 남편은 심히 괴로워한다. 기내 음식을 안 먹고 남기는 한이 있더라도 식사는 제때 해야 한다. 근데 오늘은 미리 먹을 것을 싸 왔기에 편하게 때우는 셈이다. 새벽에 음식을 챙기니 갖고 갈 건지 남편이 물었다. "응, 이만 원쯤 절약하지 뭐." 크루즈 가느라 몇 백만 원이나 쓰면서 이런 돈은 아끼며 궁상떤다고 서로 웃었다. 삶은 달걀 하나씩 먹고 요플레도 먹었다.

오전 10시 반에 떠나는 비행기는 오후 3시에 이스탄불에 도착한다. 비행시간은 12시간, 서머타임 적용하여 시차는 여섯 시간이 늦어진다. 우리는 이제 늙어서 값이 비싸더라도 국적 직항을 이용한다. 젊었을 때는 여러 곳을 들러 가는 비행기를 타면 값이 싸기에 그것을 많이 이용했다. 어느 도시를 경유하면 스톱오버를 해서 그곳을 관광하기도 했다. 지금은 재미와 돈보다는 무리 안 하는 게 낫다.

국적 비행기 안에서 영화를 무려 3편이나 보았다. 쥴리언 무어가 주연인 '스틸 엘리스', 스티븐 호킹에 관한 영화 '사랑에 대한 모든 것'과 또 하나는 '베스트 엑조틱 메리골드 호텔'. 첫 영화는 대학 언어학 교수인 엘리스가 치매로 차츰 허물어져가는 내용이었고 둘째는 스티븐 호킹이

루게릭으로 무너져 내리면서도 그런 업적을 남긴 것은 두 아내의 사랑과 보살핌 때문이라는 내용. 세 번째 영화는 주디 덴치와 그 외에 이름 있는 배우가 출연하는 영화인데 은퇴 후 퇴물이 된 영국 노인 7명에 관한 내용이다. 세 영화 다 치매, 질병과 황혼에 관한 것이라 나와도 무관하지 않아 감동적으로 봤다. 좋은 영화 세 편 본 것으로도 항공료 본전 찾은 기분이었다.

이스탄불에 도착하여 택시를 타고 예약해 둔 해이티 호텔로 갔다. 택시는 체증으로 인해 밀리고 시간을 끌었다. 값도 아주 비쌌다. 무려 $50! 그래도 호텔은 베요을루 지역 카라코이 역 갈라타 다리 옆 바닷가, 관광 중심지에 있어서 크루즈 타기도 쉽고 걸어서 트램 타고 관광 다니기 좋은 곳에 위치한다. 다음에 온다 해도 그 호텔에서 지내고 싶다.

호텔에 도착해서 피곤하지만 짐을 내려놓자마자 호텔 옆의 갈라타 다리로 갔다. 다리는 구시가지와 신시가지를 이어준다. 사람들이 북적거리고 다리 위에서 낚시도 하였다. 2층 구조인 다리를 건너 다리 아래층으로 가서 고등어 샌드위치를 사 먹었다. 여행 첫날 시차 때문에 정신도 없고 속도 편하지 않으련만 첫날부터 그 유명하다는 2불 50센트짜리 고등어 샌드위치를 안 사 먹을 수 있나? 느끼할까 봐 레몬즙을 쳐서 콜라와 함께 먹으니 먹을 만했다.

난 이스탄불이 두 번째지만 남편은 처음이라 이리저리 사람들 구경하고 이슬람 사원의 탑, 미나렛을 쳐다보느라 바빴다. 전에 친구들과 왔을 때 남편과 다시 오리라 하고 생각하긴 했지만 실제 이루어질 줄 생각도 못 했다. 감개무량하다!

한때 세계는 로마로 통한다며 오만했던 로마 제국의 수도, 정확하게는 서기 330~1453년 동안 비잔틴 제국이라고 불리는 동로마 제국의 수도, 콘스탄틴 황제가 자신의 이름을 따서 콘스탄티노플이라 명명했던 곳, 또 지중해를 주름잡았던 오스만 제국의 수도였던 곳에 우리 부부는 유네스코 역사지구와 가까운 갈라타 다리에 서 있다. 영국 시인 예이츠의 '비잔티움으로 항해(Sailing to Byzantium)'라는 시가 떠오른다.

노인을 위한 나라는 없다, 나는 바다를 건너 성스러운 도시 비잔티움으로 왔다---, 황금빛 모자이크 속의 성인들이어 내 영혼의 스승이 되어다오---, 그리고 나를 영원한 예술품 속에 넣어다오.

뭐 이런 내용이다. 예이츠가 육십이 되어 읊은 시다. 영원히 변하지 않는 것, 늙지 않는 지성 세계를 찬미하며 비잔틴을 이상화했지만, 비잔티움은 사라졌고 오스만 제국도 멸망했다. 그러나 그의 믿음대로 그 제국의 영광이 세계에서 관광객을 끌어 모으고 있다.

Day 1. 톱카피 궁전,
술탄 아흐메트 사원과 출항

　새벽 5시에 일어나 짐을 챙겨 호텔 안내에 맡기고 아야소피아와 톱카피 궁전으로 가는 표를 인터넷으로 예약하고 표를 프린트하고 싶다고 도와 달라 했다. 긴 줄에 서서 기다리고 싶지 않았기 때문이다. 리셉션 직원 페르핫이 도와주고 나도 와이파이를 켜서 이리저리 알아보았는데 예약은 했지만 지불이 불가능했다. 페르핫에게 안내를 가지고 여러 방법으로 재시도해 보기를 권유하고 나도 이런저런 방법을 써 보았지만 표를 프린트할 수 없었다. 시간이 일러서 그랬나. 당일 표라서? 인터넷 예약이 안 돼서? 한국에서 미리 표를 살 걸 그랬나. 결국 포기하고 페르핫에게 수고했다고 인사했다.

　아침을 먹으며 1층 밖, 베란다에 앉아 배에서 내리는 사람들이 직장으로 가는 것을 보았다. 일하지 않고 이렇게 이스탄불에 나와 있다니 꿈만 같다. 늘 일상은 반복되고 끝이 없었는데, 그리고 몸이 아프도록 일을 할 때가 많았는데 오늘은 일터로 가는 다른 사람들을 보니 지금 즐기는 여유가 가슴 벅차도록 고마웠다. 식사 후 크루즈로 떠날 수속하기 전까지 톱카피 궁전에 가서 한국어 오디오를 빌려 천천히 봐야겠다. 페르핫에게 안내를 가지라는 등 잘난 체한 것이 지금 생각하니 쑥스럽다.

　나가서 신문 가판대에서 교통카드를 샀다. 카드 값 7리라, 23리라 더

톱카피 궁전

하렘

충전해서 30리라. 터키를 떠나기 전까지 여러 번 이용했으니 참 유용하게 썼다. 트램을 타고 카라코이 역을 기점으로 관광지가 위치한 술탄 아흐메트역에서 내렸다.

1453년 콘스탄티노플을 점령한 황제인 메흐메드 2세는 오스만 제국 황제의 위용을 나타내려고 새 궁전을 지었다. 1475년부터 1478년에 지어진 톱카피 궁전은 1850년대까지도 계속 증축, 보수되었고 1856년 돌마바흐체 궁전 완공 후 옮기기까지 380년간 오스만 제국 군주의 정궁으로 사용했다.

톱카피 궁전에 가서 하렘을 포함한 입장료를 50리라, 오디오를 15리라 주고 빌렸다. 하렘으로 먼저 들어갔는데 방마다 아름다운 타일 장식이 훌륭했다. 금남의 구역, 술탄의 어머니와 네 명의 왕비 그리고 많은 여자들이 사는 250여 개의 방은 아름다운 아라베스크 무늬의 이즈니크 타일로 정교하게 장식되었는데 하나도 같은 무늬가 없어 창의성이 뛰어났다. 말로 표현하지 못할 황홀한 방들이었다. 한때 전성기인 술레이만 1세 시대에는 천명이나 살았다고 한다.

궁전에는 오스만 제국 황제들이 소장했던 보물을 전시한 보석 관이 있는데 세계 최대의 규모라 한다. 세계 최대 에메랄드가 박힌 단검, 86캐럿의 다이아몬드를 포함 수많은 보석이 전시되어 있었다. 또 술탄 셀림 1세가 이집트를 정복하고 가져왔다는 무함마드의 이, 수염, 망토와 무함마드가 들었던 성전기, 다윗의 칼, 모세의 지팡이도 있었다. 술탄 아흐메트 2세는 무함마드의 깃발을 흔들면서 반역을 일으킨 구시대의 군인들인 예니체리를 퇴치했다고 한다.

도자기관에는 14~19세기 중국과 일본의 도자기가 많이 전시되어 있었다. 중국산 자기를 대량 수입하여 사용하였고 일본산 자기는 군주가 직접 주문 제작한 후 가져온 것도 있었다. 그 외 궁전 안에는 엔데룬이라고 불리는 궁정 학교가 있었는데 여기서 교육받은 젊은이들은 능력과 공적에 따라 고위직 관리가 되었다. 보석 관을 지나면 테라스가 나오고 마르마라 바다, 골든 혼 해협과 보스포루스 해협이 보인다. 바람을 맞으며 햇빛이 찬란하게 비치는 바다를 보니 자유롭다. 하렘에서 왕의 총애를 받고 보석으로 치장하고 갇혀있느니 이렇게 바람맞으며 살겠다.

밖으로 나와 블루 모스크로 걸어갔다. 14대 술탄 아흐메트 1세가 건너편 성 소피아 성당을 능가하는 건축물을 만들고자 1609년부터 1616년에 걸쳐 건축했다 한다. 21,000개가 넘는 푸른 이즈니크 도자기 타일과 푸른빛의 260개나 되는 작은 창문이 빛을 받아 실내에 들어가면 전체가 푸른빛을 띠므로 블루 모스크라 한다. 초록색 카펫이 전체적으로 분위기를 어우러지게 한다. 얼마나 정교하고 웅장한지 고도의 높은 신앙과 예술의 경지를 느꼈다.

예술은 시간과 정성의 결과물이다. 물론 재주도 있어야겠고 창의적이어야 하지만 기본적으로 시간과 정성이 필요하다. 그것으로도 사람을 감탄시킨다. 내부는 보수 중이었는데 줄 친 안쪽은 신도들만 들어갈 수 있고 이슬람 여자들이 기도하는 장소는 뒤쪽에 있었다. 줄 바깥으로 관광객들이 큰 수건으로 머리도 가리고 몸도 가려 노출을 피하고 서서 둘러보았다.

우리는 입구 맞은편 사람이 없는 곳 기둥 뒤에 앉아 광장에서 사 온 빵과 물을 먹은 후 예배를 드렸다. 기도하고 남편과 성경을 읽고 묵상하였다. 입구 오른쪽 벽을 따라 긴 회랑에는 사진과 포스트로 유대인과 기독교를 반박해 놓았다. 아브라함은 유대인이 아니다, 예수는 선지자 중 하나다, 그렇게 전 세계 관광객에게 알렸다.

어떤 사람이 우리에게 정원을 지나 어디에 가면 먹을 것과 마실 것을 준다는 말과 호기심에 그를 따라갔다. 그곳은 이슬람 교리에 관해 설명

블루 모스크

해 주는 곳이었다. 쿠키와 주스가 있었고 이슬람 전도사인 이맘이 코란과 안내서를 주고 관광객들에게 열심히 이슬람에 대해 전도했다. 이슬람의 여자에 대한 근본 태도와 무함마드 자신이 전쟁으로 이슬람을 확장했던 것처럼 호전적인 것 등 질문할 것이 무수히 많았지만 잠이 쏟아졌다. 깨어보니 어색해서 질문조차 못 했다. 몇몇 서양인들이 우리와 함께 있었는데 그 중 어느 여성이 뭐라고 질문을 하는데 그것조차 아득히 먼 나라에서 꿈결에 들려오는 듯 잠에서 깨어나지 못했다.

모스크 건물의 미나렛 탑은 보통은 4개 있으나 블루 모스크를 짓는 과정에 의사소통이 안 되어 6개를 만들었기에 건축가를 술탄이 미워했다는 얘기가 있다. 이슬람은 시간이 되면 어김없이 기도를 알리는 소리가 확성기를 통해서 온 도시에 울려 퍼진다. 그건 참으로 본받을 만한 일이 아닌가. 생업으로, 딴 일로 바쁘고 정신없을 때 그렇게 알려주면 모두 엎드려 하나님에게 기도하면서 어지러운 마음을 정화하고 반성하며 바르게 사랑으로 살겠다고 하나님과 대화하면 얼마나 좋을까 생각했다. 그러나 현재 IS, 이슬람 국가라는 단체가 테러로 세계를 긴장시키니 아이러니하다.

모스크 밖 북쪽에 히포드롬, 고대 로마 경기장이었던 광장이 나온다. 처음엔 검투 경기장이었다가 4세기 비잔틴 제국의 황제였던 콘스탄티누스가 경기를 금지한 후 마차 경기장으로 바꾸었다. 길이 480m, 폭 117m로 전차 경주시엔 10만 명을 수용했다고 한다. 광장에는 세 개의 기둥이 서 있다. 이집트 룩소르에서 갖고 온 테오도시우스 오벨리스크, 콘스탄티누스 기념탑, 그리고 몸을 꼬고 얽혀서 올라갔지만, 머리가 없는 뱀 기둥이 있다.

이집트에서 가지고 온 오벨리스크는 이집트의 파라오 투트모세 3세가 기원전 1550년에 히타이트(터키) 군대를 격파한 것을 기념하기 위해 카르나크 신전에 세운 두 개 중 하나였던 것으로 4세기 후반 테오도시우스 황제 시대에 콘스탄티노플로 가져온 것이다. 높이가 원래는 30m, 지금은 운송 도중 손상되었기에 높이는 25.6m로 낮아졌다. 이집트의 태양의 신 '라'를 경배하기 위해 만든 오벨리스크가 약탈당하여 세계 곳곳에 세워져 있다. 파리의 콩코드 광장에, 바티칸 광장에 그리고 런던, 뉴욕에 세워져 있는 걸 보았다. 기원전 14세기에 이 높이로 만든 것과 4세기에 그 먼 거리를 이송한 것이 놀랍다. 그때 셀 수 없이 많은 사람들이 평생 돌을 캐고 깎아 만든 그 수고와 세월을 생각하면 그저 무심히 볼 수가 없다.

한때 난 우리나라에는 왜 기념비적인 거대 건축물이 없는가, 만리장성도 없고 피라미드도 없고 콜로세움도 없는 나라에서 왜 유홍준 씨는 보잘것없는 걸 가지고 『나의 문화유산 답사기』에서 감탄했는지 이상하게 생각한 적이 있었다. 지금은 생각이 다르다. 백성의 어려움을 생각하고 평화를 사랑하고, 전쟁광이 되어 노예를 사로잡아 오지 않았기에 그런 건축물이 없는 거로 생각하고 우리나라를 더 애틋하게 생각하고 자랑스러워하게 되었다. 광장 북쪽 끝에는 독일 황제 빌헬름 2세의 방문을 기념하기 위해 1898년 제작, 1901년 세워진 분수가 있다. 팔각형 돔 천정이 황금 모자이크로 장식되어 은근 호화롭다.

광장을 지나 사람들이 가득 찬 귤하네 공원을 걷다 전철을 탔는데 어떤 사람이 에미뇌뉴 역에서 내리라 하여 급히 내렸다. 다른 생각하다 하마터면 딴 길로 갈 뻔했다. 길거리에서 또 빵을 사서 먹었는데 먹을수록 담백하고 고소한 것에 중독이 생겨 자꾸 사 먹고 싶었다. 호텔로 돌아와 짐을 들어 주고 택시를 잡아 준 리셉션 직원에게 수고비를 주고 2시쯤 항구로 갔다. 택시 기사도 정신을 놓았는지 엄청나게 큰 유람선이 정박해 있는 항구를 지나기에 여기 아니냐 했더니 깜짝 놀라며 엉거주춤 후진하여 내려 주었다.

체크인

출항하는 날 하는 선상 안전 훈련을 마친 후 배에서 정해 준 식사 자리를 알아보니 우리 두 사람만 앉는 식탁이었다. 1977년 4월, 내가 대학

신입생, 남편이 4학년일 때 만난 지 어언 39년 세월이 흘러 이제는 로맨틱하게 둘이서만 앉아 눈만 봐도 가슴이 흔들리는 시기는 지나갔다. 물론 세월이 지났다고 그를 사랑하는 마음이 사라진 건 아니다. 그를 보면 가슴이 떨리기보다는 재미있어서 웃거나 기가 차서 웃는 사이가 되었다. 하여튼 그를 보면 많이 웃는다. 그렇지만 크루즈 와서 여러 나라에서 온 사람들과 앉아서 얘기하는 것도 새롭고 재미있다.

어쨌든 자리를 바꾸어 달라고 오후에 직원에게 요청했는데 저녁 식사 시간에 식당에 가니 우리 식탁엔 미국 부부가 앉아 있었다. 열 명이 앉는 자리인데 오직 두 사람만 앉아 있는 것이다. 첫날은 약간 어수선하다. 멀리서 비행기 타고 당일 도착한 사람들은 피곤해서 식당에 안 오기도 하고 자리 배정이 맘에 안 들어 뷔페식당에서 먹는 사람들도 있다. 또 일행과 다른 자리에 배정받았으면 자리 바꾸고 다른 테이블에 가기도 해 약간 변동이 있다.

동석한 미국 부부 밥과 라일라, 두 사람은 재미있게 얘기를 잘 했다. 라일라는 밥이 하버드 법대를 나왔다고 자랑했다. 나는 남편이 미사일 설계한다고 자랑했다. 세금 전문 변호사 밥은 조용히 있는데 라일라가 기가 살아서 자랑해 댄다. 둘은 각각 한 번 이혼했다는데 라일라가 법률사무소에서 일하는 중 밥을 만나 사랑에 빠졌다고 한다. 명랑한 라일라는 지금 너무 행복하다고 했다.

밥은 아는 게 많아 첨엔 교수냐고 물었다. 그들은 밥의 아들 장인, 장모, 즉 사돈 부부와 의사 부부 친구와 함께 왔는데 내일은 식탁 자리를 바꿔 그들과 합류할 것이라 하며 우리보고도 자기네들 자리로 합류하자고 했다. 저녁 식사 전 그들이 추천하는 와인 한 병을 사서 마시고 나머지는 보관해 두라고 웨이터에게 부탁했다. 그들과 헤어진 후 일찍 잤다. 낮에 하도 돌아다녀서인지 다리가 좀 아팠다.

Day 2. 해상

크루즈의 커피는 질이 좋지 않다. 돈을 주고 사 마시는 커피야 훌륭하지만 돈 쓰기 싫으니 방법이 있다. 반은 커피, 반은 오트밀에 부어 먹는 뜨거운 우유를 더해 마시면 된다. 적어도 내 입맛에는 훌륭하다. 그렇게 마시면 커피를 즐기지 않는 남편도 반 나눠 마시자 한다. 오늘 아침도 그렇게 마시고 시리얼에 요구르트를 섞고, 과일과 달걀 프라이 한 개를 먹었더니 배가 무척 부르다.

배부른 김에 차차차 강습에 나가 간단하게 세 스텝을 배운 후 음악에 맞춰 발을 움직였다. 라틴 음악은 경쾌해서 기분이 좋아진다. 평생에 춤 한번 안 추다가 크루즈 와서 기어이 춤 한 번 배워보겠다고 결심을 한 듯 보이는 몸집이 좋은 늙은 부부가 몇 번이나 틀리는데도 끝까지 배워 음악에 맞춰 움직였다. 춤이라기보다는 움직이는 수준이지만 그래도 재미있어서 웃는다. 크루즈의 좋은 점은 여기서 만난 사람들을 다시 볼 일이 없으니 아무려면 어때 하고 용기를 낸다는 것이다.

오늘은 바다에서 항해하는 날이다. 한가하여 방에 와서 한 잠자고 났는데도 배가 더부룩해서 극장에서 영화를 보았다. 제목은 '세인트 빈센트'. 겉으로 보기에 사람을 좋아하지 않고 타락해 보이는 그도 알고 보면 아내에 대한 지극한 사랑이 있고 임신한 젊은 외국 여자에게 호의를 베푸는 것을 보고 이웃 소년이 그를 성인으로 생각한다는 줄거리다.

2시다. 약간 출출해서 9층에 올라가서 맛있게 보이는 것을 골라 먹었다. 남편은 마른 빵 한 조각과 생야채 몇 가지를 갖고 와서 먹었다. 이왕이면 맛있고 영양이 골고루 갖춰진 것을 먹으면서 인생을 즐겨야지 몸에 좋다고 야채만 먹는 것이 그에게는 맞지 않는다. 다행인 것은 그래도 은퇴 후에는 한결 소화가 잘된다 하였다.

방에 와서 TV로 선택 관광에 관한 설명을 듣다가 둘이 다 또 잠이 들었다. 이번 크루즈는 정말 쉬는 것 같다. 남편도 누웠다 하면 코를 골며 잤다. 저녁 먹기 전 사우나를 하면 밥맛이 더 좋을 것 같다며 남편은 사우나를 갔고 나는 풀장 옆에 등 기대는 안락의자에 앉아 '리듬 폭발(RHYTHM EXPLOSION)'이라는 밴드의 라틴 음악을 들었다. 네 명의 흑인 남자들, 보컬, 드럼, 기타 둘. 그들은 실력이 뛰어나서 흥겹기 짝이 없다. 머리 좋아 많은 것을 성취한 사람들도 존경스럽지만, 이렇게 재능 있고 열심히 해서 남의 귀를 즐겁게 하는 실력을 갖춘 이들도 존경받아 마땅하다고 생각한다.

저녁 식사 시간이 되어 옷을 잘 차려입고 정찬 식당에 갔다. 어젯밤 하버드 출신 변호사 밥 부부는 자기 동행들 자리로 갔기에 우리가 앉았던 18번 식탁에 누가 앉아 있을지 궁금했다. 미국서 왔다는 다른 부부가 이미 앉아 있어서 반가웠다. 새크라멘토와 샌프란시스코 사이에 있는 폴섬이라는 곳에서 사는 브루스와 주디였다. 우리와 나이가 비슷했다. 브루스는 은퇴한 지 3년 반이 됐고 주디는 할머니라고 했다. 우리는 온갖 얘기를 하며 즐거운 저녁 시간을 보냈다.

Day 3. 에베소(Ephesus)

에베소 유적지는 오랫동안 방문하고 싶었던 곳이다. 사진과 여행기를 대할 때마다 나도 언젠가는 에베소 셀수스(케르스스) 도서관 앞에서 감탄하고 감탄하리라 하였다. 드디어 그런 날이 온 것이다. 기대에 차서 이곳에 관해 책도 읽고 안내서를 읽어 어디를 방문할지 미리 정했다. 이곳에서는 두말할 것 없이 개인 가이드를 고용해서 풍부한 역사와 바울과 사도 요한의 얘기를 들을 것이다.

에베소는 이즈미르에서 남쪽으로 74km, 쿠샤다시에서 20km 떨어졌는데, 유람선은 주로 이 두 도시 기항지를 거점으로 해서 에베소를 방문하게 된다. 이번 일정은 쿠샤다시가 기항지이다. 크루즈 선사가 제공하는 에베소 관광은 무려 $150이다. 둘이 가면 $300. 우리는 배에서 내리자마자 택시를 대절했다. 대절비가 두 사람 합쳐 $100 정도였으니 덜 부담스러웠다. 기사에게 가고 싶은 곳을 말했다. 에베소 유적지, 아르테미스 신전, 사도 요한 교회와 요한의 묘지가 있다는 사도 요한 성(셸축 성), 그리고 마리아 교회였다.

에베소 유적지는 남쪽과 북쪽 입구가 있는데 남쪽 입구로 들어가 북쪽으로 나간다. 매표소에서 표를 사자마자 영어 가이드가 가까이 다가와서 $100 들여 자신을 고용하면 상세히 설명해 준다고 하였다. 내가 원하던 바였으나 옆에서 남편이 반대하였다. 안내 오디오를 빌리면 되는데 쓸데없이 돈 쓴다고 하였다. 예전 아테네 갔을 때 아레오바고 광장, 사도 바울이 서서 설교하던 곳에서 만난 가이드를 따라가면서 안내를 받고 싶었다. 그러나 그때는 돈이 없었다. 그게 두고두고 후회스러워 이번에는 꼭 내 소원을 풀어보리라 하였지만, 또 포기했다. 물론 내가 강력하게 고집하고, 남편이 그러자고 순순히 동의했다면 가이드를 따라다녔을 것이다. 그러나 그가 반대하고, 오디오를 들으면 안 될 것도 없다고 생각하였다. 내가 선택한 거지만 이럴 때 꼭 한마디 해서 그에게 원망을 돌리기도 한다.

유적지를 길게 관통하는 대로는 당시 중심가를 따라 로마 황제 아카디우스가 395년에 만들었다. 마차가 지나다녔던 이 거리는 현재 수많은 관광객의 걸음으로 닳아서 표면이 반질반질해졌지만 건설된 지 이천여 년이 지난 지금도 여전히 포장도로 역할을 한다. 대로 밑에는 하수도 시설까지 만들었다 하니 그 시대의 토목 기술이 현재보다 뒤떨어지지도 않았다. 당시 양초로 가로등까지 밝혀 에베소 시민들은 발에 흙을 묻히지 않고 살았다 한다.

유적지는 하루 종일 시간을 보낸다 해도 모자랄 정도로 많은 유물들이 있었다. 당시 인구가 20만이 넘고 부유했던 도시에는 아고라(광장), 신전, 우물, 목욕탕, 시장, 수세식 공중변소와 목욕탕, 창고 심지어 유곽까지 있었다. 유곽으로 가는 포장도로 위에는 발이 새겨져 있었다. 이 발 크기보다 작은 남자는 들어오지 말라는 뜻이었다고 한다.

크고 작은 공연장과 더불어 도서관도 있는데, 그 시대 가장 아름다운 건축물, 유적지의 하이라이트인 셀수스 도서관 앞은 사람들이 몰려 있었다. 이천 년 전에 어떻게 이렇게 지을 수 있었는지 감탄하지 않을 수 없었다. 웅장, 화려, 섬세했다. 건물은 무너져서 앞 벽면만 서 있는 것이

에베소 유적지   셀수스 도서관

지만 1, 2층을 지탱하는 대리석 기둥 18개와 조각상들은 고대 건축물의 최고라고 평한 것이 과장이 아님을 보여주었다. 서기 110년에 시작하여 135년에 건축이 완공되었다 한다. 만권 이상의 도서가 소장되어 있어서 그 당시 에베소 사람들은 자신의 도시가 학문의 중심지라는 자부심이 있었다.

많은 관광객들이 그 앞에서 한참이나 서서 바라보았다. '지혜, 지식, 우정, 이해'를 나타내는 여인 조각상을 비롯하여 여기 눈에 보이는 모든 것은 모조품이다. 진품은 비엔나 박물관에 있는데 오스트리아가 발굴하여 갖고 갔다고 한다. 사실 약탈해 간 것인데 이런 진품들이 서구 열강의 박물관에 들어있는 것이 어디 이곳 유물뿐일까?

로마 시대 에베소는 소아시아 500여 개 도시의 수도로 무역으로 부유하고 찬란한 역사를 자랑했지만, 강 상류에서 떠내려 오는 흙으로 항구가 메워지고 지진과 화산으로 지형이 변하면서 도시가 쇠락하기 시작하였다. 유적지의 끝에 반원형 야외극장이 있다. 2만4천 명을 수용할 수 있는 거대한 극장은 무대 위에서 작은 소리로 말해도 수많은 관객이 그 말을 알아들을 수 있도록 자연 에코 시설이 잘되어 있다. 맨 꼭대기에 올라가서 저 아래 무대를 내려다보니 사람들이 까마득하게 멀리 보였다. 이 극장에서 사도 바울은 예수를 믿으라고 설교했다.

에베소는 당시 유방이 24개인 풍요와 다산의 여신 아르테미스와 제우스의 신정지기 도시였다. 성경 사도행전 19장에 보면 아르테미스 여신상을 만들어 파는 장인들이 돈을 많이 벌었는데 바울이 사람이 만든 것은 신이 아니고 숭배하지 말라고 하니 예수쟁이들에 대한 반감이 아주 커졌다. 자신들의 돈벌이가 위협 당하자 장인 대표가 이러다가는 여신 아르테미스의 신전도 무시당하고 그의 위엄도 떨어질까 걱정된다 하자 장인들의 분노가 가득했다. 아르테미스는 위대하다며 외치고 사람들도 가세하여 '에베소 사람의 아르테미스여' 하고 흥분하여 두 시간이나 외치며 원형극장으로 걸어가며 시위를 하였다. 그들은 바울과 같이 다니는 두 사람을 잡아 극장으로 끌고 갔으나 도시 지도자인 서기장이 이들이 도둑질도 안 하고 여신을 비방도 안 했는데 붙잡아 왔으나 재판을 하든지 정식으로 민회에 고소하라고 하니 사람들이 흩어졌다고 성경에 적혀 있다.

그것을 생각하니 하마터면 그 소동 가운데 목숨을 잃었을지도 모르는 제자들의 절박함이 느껴졌다. 신앙이 무엇이기에 이렇게 순교할 각오로 담대하게 도를 전한다는 말인가? 성경의 이천 년 전 사건 현장이 현존하여 내 눈앞에 펼쳐졌다. 그 사건은 그 시대에 끝난 것이 아니라 지금까지 연결되어 내 앞에 보이니 마음이 숙연해졌다.

반원형 대극장을 나와 항구로 빠지는 큰 대로 옆 야산에는 양귀비가 지천으로 피어있어 어디선가 불어오는 바람에 흔들렸다. 한참을 앉아서 바람을 맞다가 건너편의 대극장을 바라보았다. 극장 맨 꼭대기에서 웅대함을 느꼈다면 바람이 살랑대는 들판에서는 휴식과 편안함, 그리고 세월이 무상함에 대한 애잔한 허무감이 느껴졌다.

유적지를 나와 마리아 교회 가는 길에 아르테미스 여신의 신전 터에 들렀다. 높이가 10m에 불과한 파르테논 신전보다 기둥 높이가 8m나 더 높은 아르테미스 신전은 파르테논보다 네 배 이상의 규모로 장대했다고 한다. 한때 그 아름다운 위용을 보려고 각처에서 방문했는데 기원전 2세기 비잔틴의 수학자인 필론은 그의 저서에서 '세계의 7대 경관' 중 하나로 아르테미스 신전을 꼽았다.

물론 시대와 지역, 사람에 따라 몇 대 불가사의니 몇 대 경관이니 하는 것이 달라지겠지만, 당시에는 굉장한 규모였음은 확실하다. 기원전 580년에 건축했으나 에베소 앞 강물 토사로 덮여 땅 위에서 사라졌다가 1874년에 발굴되었는데 지금은 습지같이 물이 찬 빈터에 덩그러니 기둥만 하나 높이 서 있었다. 저것도 무너진 돌기둥 조각을 찾아 이어서 세운 것이다. 폐허 주위는 잡풀로 덮여있고 새들이 무심하게 날고 있어 찬란했던 그 시절을 더욱 허무하게 만들었다. 실제 아르테미스 신전의 큰 기둥은 에베소 박물관에 있다.

에베소에서 11km 거리의 산에 '성모 마리아의 집'이 있다. 예수가 십자가에 죽기 전 자신이 사랑하는 제자 요한에게 어머니인 마리아를 돌봐 달라고 부탁하였다. 마리아는 요한을 따라 에베소로 갔으며 이곳에서 여생을 보냈다. 이 집이 발견된 것은 기적이었다. 캐더린이라는 독일인 수녀가 꿈에 예수와 마리아의 환상을 본 후 마리아가 살던 집과 그 주변을 생생하게 말했다. 이즈미르의 성직자들이 그가 묘사한 곳과 비슷한 곳을 살펴 조사해 보고 발굴하여 1891년 마리아의 집을 발견하였다. 그전에는 마리아가 예루살렘에서 죽은 줄 알았던 것이다.

이 유적을 보려고 여러 나라에서 온 수많은 사람들이 줄을 서서 기다

에베소 원형대극장

아르테미스 신전터

성모 마리아의 집

출처: turkeyculturaltour

셀축 성

리고 있었다. 홍콩인, 대만인들을 만났으며 브라질에서 온 관광객들도 있었다. 성경을 믿지 않는 사람은 황당하게 여기겠지만, 처녀인 자신을 성령의 씨로 예수를 잉태시킬 몸으로 헌신한 것은 하나님을 향한 믿음과 순종이 없다면 이루어질 수 없는 일이었다. 그래서 마리아는 예수의 육신의 어머니로 추앙을 받는 것이고 지금 우리도 이곳을 방문하게 된 것이다.

한편 예수는 제자들이 당신의 어머니와 형제들이 당신을 찾으러 왔다고 하니 누가 나의 모친이며 나의 형제인가, 하나님의 말씀대로 행하는 자가 나의 모친이며 나의 형제라고 하였다. 또 예수의 행적을 보고 감동한 어느 여인이 당신을 밴 태와 당신을 먹인 젖이 복되다고 했을 때 예수는 하나님의 말씀대로 행하는 자가 더 복이 있다고 하였다. 육신의 어머니인 마리아보다 하나님의 말씀대로 행하는 자를 더 높인 것이다.

에베소는 바울이 추방되어 마케도니아(마게도냐)로 가기 전 유대인 회당에서 3개월, 두란노 서원에서 2년 동안 예수에 대해 강론하고 전파하였던 곳이다. 그리고 사도 요한은 에베소 근처의 일곱 교회를 지도하고 요한복음과 요한 1, 2, 3서를 이곳에서 기록하였다. 박해와 고난을 견딘 요한을 위해 유스티니아누스 황제는 사도 요한 교회를 건축했다. 요한의 무덤이 교회 옆에 있고 현재는 그곳 셀축 성(사도 요한 성이라고도 불림)을 쌓아 교회와 무덤을 둘러싸고 있는데 우리가 가니 성문이 잠겨서 출입을 막았다. 에베소 지역은 초대 교회와 신약 성경 안에 중요한 위치를 차지하고 있어서 성지 순례 시에 방문하는 곳이다. 이곳에 오니 성지 순례하고 싶은 그동안의 소원 중 일부가 이루어진 기분이다.

Day 4. 보드럼(Bodrum)

　에게해 연안의 중요한 관광도시, 역사가 헤로도토스의 고향인 보드럼에선 그냥 나가서 걷기로 했다. 유람선을 댈 만한 항구가 구비되어 있지 않아 배에서 제공하는 작은 텐더(tender) 배를 타고 와서 항구에 내렸다. 도시가 작아 걸어 다니고 버스 타고 다니기에 좋아 굳이 선택 관광을 신청할 필요가 없다. 그런데 선사에서는 선택 관광으로 수입 올리려고 도시 교통편에 대해서는 정보를 안 주므로 이렇게 미리 알게 되면 돈이 절약되는 것이다.

　항구 바로 옆 해양고고학 박물관을 갔다. 영불독으로 구성된 성 요한 기사단이 1406년에 축조한 보드럼 성은 의외로 볼 게 많았다. 다섯 개의 영국, 독일, 프랑스, 스페인, 이탈리아 탑의 이름으로 알 수 있듯이 이들은 한때 그곳의 주민이었으나 오스만 제국이 1523년 보드럼을 정복한 후 탑에는 각 나라의 특징을 보여주는 유물만 있을 뿐이었다. 기원전 14세기에 침몰한 배를 복원하고 수중 파산된 배에서 건진 도기, 유리, 부엌 기구와 동전 등 유물이 전시되어 볼만했다.

　카안 공주 방 등 여러 곳에서 시간을 보내다 나와서 바다가 보이고 온갖 꽃들이 지중해의 해풍에 흔들리는 아름다운 정원에서 산책하였다. 하여튼 난 바깥 바람맞고 돌아다니는 걸 좋아한다. 출구에서 재미삼아 터키 왕족 복장을 하고 사진을 찍었다. 남편은 물담배를 손에 쥐

보드럼 성

머셀리엄 영묘 터

는 척하고.

　박물관을 나와 해변 레스토랑에 앉아 참치 샐러드와 샌드위치, 그리고 생맥주를 시켰다. 고양이가 발밑에 앉아 나를 빤히 쳐다본다. 하도 삐빼하여 불쌍한 마음에 종업원에게 뭘 좀 줘도 되냐고 물어보았다. 빵조각을 줘도 안 먹어서 참치를 묻혀주니 먹었다. 해안가를 쭉 따라 걸어서 이곳의 대표적 관광 명소인 머셀리움이라는 큰 무덤에 갔다.

영묘(머셀리엄)라는 것은 왕이나 지도자의 엄청나게 큰 무덤을 뜻한다. 기원전 370년경 마우솔로스 왕의 능 높이는 46m, 거대한 묘대 위에 대리석 돌기둥을 세우고 피라미드 형태의 지붕으로 마감된 거대한 건축물이었으나 지진과 십자군 원정으로 완전히 파괴되었다.

한때 세계 7대 불가사의한 건축물로 이름을 날렸으나 이젠 흔적만 남아있다. 아래로 내려가서 극히 일부인 내부를 볼 수 있을 뿐이다. 영묘를 마우솔룸, 머셀리엄이라고 단어를 만든 것도 왕의 이름을 본떠서 만든 것이다. 날은 쨍쨍 덥고 무릎이 약간 아파 앉아 쉬는 동안 MD 혼자 아래로 내려가서 자세히 살피고 나왔다.

한가하게 영묘에서 시간을 보내다 나와 미니버스 정류장에서 버스를 탔으나 의사소통이 안 되어 엉뚱한 곳에서 내리게 되었지만 좁은 도시라 조금 더 걸어 내려오니 바다가 보였다. 시장 과일 가게에서 푸짐히 쌓여 있는 살구와 복숭아, 체리를 보고 15리라어치 사서 먹었다. 어찌나 달고 맛있는지 절제하지 못하고 과일로 배를 채웠다. 배로 돌아와서 한잠 자고 나니 저녁 식사 시간이 되었는데도 도저히 저녁을 먹을 수 없었다. 식당에 가서 브루스와 주디에게 배가 불러서 나중에 먹겠다 하였는데 얘기할 게 많은지 않지도 않은 나를 보고 이런 저런 얘기를 하였다.

밤에 흑인 가수 4명이 나오는 모타운(Motown) 쇼를 보았다. 키와 풍채 모든 면에서 확연히 다른 가수들의 모습만 봐도 재미있었다. 뚱뚱한 이, 가냘픈 이, 키 큰 이, 작은 이, 늙은이, 젊은이, 얼굴이 크고 작은 것까지 어찌나 다른지 한참 웃었다. 그래도 최선을 다해 한결같은 자세로 움직이는 것까지도 우스꽝스러웠다. K-pop을 많이 보지는 못했지만, 그들과 비교가 되면서 춤에도 순진한 춤이 있다는 걸 알게 되었다. 그들의 목소리는 감미로웠다.

모타운이란 미국의 자동차 도시 디트로이트, 모터 타운이었는데 모타운으로 줄였고 여기서 생산된 흑인 음악 소울의 레코드 스튜디오를 말한다. 음악을 즐기고 나자 배불러 저녁을 못 먹을 줄 알았는데도 8시가 넘자 배가 고팠다. 9층에 올라가 풀장 옆의 간이 샌드위치 대에서 햄, 치즈 베이컨 샌드위치와 샐러드, 피자, 아이스크림까지 많이 먹었다. 음, 나는 살찌면 안 되는데. 남편이 쪄야 하는 데.

저녁 먹고 나오다 무료해서 풀장에서 영화를 보았는데 노출이 심하고 F자가 나오는 R 등급이었다. 어찌 공공장소에서 아이들이 다니는데 이런 영화를 상영하는지 의아했다. 춤추는 데 가서 룸바와 차차차, 왈츠를 연습했다. 그 넓은 홀에 사람이 많지 않았는데 중국인 여섯 사람이 나와서 기계적으로 움직이고 있었다. 크루즈에 가면 표정 없이 춤추는 중국인들이 눈에 띈다. 우리도 잘 못 추고 때로는 춤을 학습으로 여길 때도 있었지만, 이들은 모두 같은 스텝으로 움직인다. 더구나 그중 한 사람, 강사가 낀 그룹이면 처음부터 끝까지 매스게임 같이 움직이는 것을 볼 수 있다.

저쪽에선 서양 여성 네 명이 라인 댄스를 하여 홀이 춤 학습장이다. 춤으로 운동하기 좋아하는 나는 눈치 안 보고 서양인 팀에 끼어 라인 댄스를 배웠다. 더 쉬워 보였기 때문이고 그들은 웃으며 춤을 추었기 때문이다. 한 남성도 합류하여 모두 재미있게 운동 한번 잘했다.

Day 5. 로도스(Rhodes, Greece)

로도스는 사도 요한이 복음을 전했다고 하는데 그 이름을 딴 성 요한 의료기사단의 본거지가 된 곳이다. 중세도시 유적의 보존 상태가 좋아 1988년 유네스코 세계문화유산에 등재되었다. 그러나 우리나라에 잘 알려진 섬은 아니다. 그리스 본토와 키프로스 섬 중간, 아테네 남동쪽 363km, 터키 남쪽 해안에서 18km라 터키에서 가깝다. 제주도의 4분의 3 정도 크기로 해안 길이 137km, 포도와 올리브 산지로 유명하고 미네랄이 풍부한 샘이 많아 치료 목적으로, 또 아름다운 자연과 기후로 유럽인들에게 인기 있는 관광지다. 문화유산 성채는 7세기에는 비잔틴 성으로, 의료기사단이 그리스와 로도스를 정복할 14세기 당시는 행정 본부와 궁전으로, 오스만 제국 통치 시엔 지휘센터로, 이탈리아 정복 당시엔 빅터 임마누엘 왕의 휴가지로 심지어 파시스트 무솔리니가 별장으로 사용하기도 했으니 세월에 따라 역사의 변모가 뚜렷한 곳이다.

우여곡절 끝에 1947년에야 그리스로 돌아온 후 기사단장의 궁전은 박물관으로 사용된다. 통계에 의하면 관광객들이 로도스에 오면 평균 8일간 머문다고 한다. 우리처럼 하루 잠깐 들려 보는 건 번갯불에 콩 구워 먹는 식이 된다. 하루를 알차게 보내기 위해 계획을 짜서 시간을 아껴야지.

로도스에 오면 린도스를 가야 한다. 지난 번 고교 동창들과 지중해 크루즈를 왔을 때도 그녀들과 린도스를 왔었다. 항구에 내려서 십 분쯤 걸어 린도스 가는 버스를 탔다. 거리는 50km, 가는 길 내내 아름다운 경치를 감상했다. 린도스가 가까워져 오자 새하얀 집들이 활같이 휜 해변을 따라 앉아 있어서 멀리서 봐도 환상적이었다. 아크로폴리스는 버스 정류장에서 멀리 보였다. 왼쪽으로 가면 바다, 오른쪽으로 가면 가게들과 주택, 우리는 직진하여 아크로폴리스로 갔다. 올라가려면 가파른 길을 이십 분쯤 걸어야 한다.

날은 덥고 지치고 자신이 없어 또 당나귀를 탔다. 남편은 오늘도 타지 않겠다고 했다. 당나귀가 힘들어 보인다고 했다. 계단과 좁은 길을 당나귀들은 익숙한지 재빨리 걸어간다. 똥을 누면서도 잘도 걸어간다. 꼬불거리는 골목길을 돌 때마다 아슬아슬, 발이 벽에 부딪힐까 조마조마, 떨어질까 봐 고삐를 꼭 잡았다.

가파른 절벽 위에 기원전 4세기에 세워진 아크로폴리스는 성 요한 기사단이 세운 성벽으로 보호받아 건재해있다. 그곳의 입장료는 12유로, 높은 곳의 고대 신전과 유물도 훌륭했지만, 그곳에서 바라보는 경치도 아름다웠다. 무너진 기둥과 유물 사이에 앉아 가만히 오랫동안 바다를 보았다. 걸어서 내려온 후 버스 종점 근처 식당에 오니 밤에는 조명이 둘러싸고 있어 우뚝 솟은 성채가 천상에 서 있는 것 같다고 주인이 말했다. 오는 길에 레이스와 가죽 가방, 이국적인 무늬의 장식 접시를 파는 아기자기한 가게가 많은데 하나하나 예술작품이다.

버스 타고 항구 근처의 중세시대 유적지로 갔다. 성 요한 의료 기사단은 1309년부터 1523년까지 로도스 지배 시절에 성벽을 건설했는데 성벽의 폭이 10m 넘는 곳도 있고 성벽 안쪽에 호를 판 후 벽 하나를 더 만들어 완벽하게 방어되도록 했다. 콘스탄티노플이 이슬람에게 허무하게

로도스 그랜드 마스터 궁전
출처: 위키피디아

기사단장 궁전

성 요한 성

성 요한 성채

무너지는 걸 보고 튼튼하게 건축한 것이다.

내벽 안쪽은 기사단장의 궁전(Palace of the Grand Master of the Knights of the Rhodes), 기사단의 거주지, 교회, 숙소, 병원이 있고 남쪽은 일반인 거주지와 시장, 교회, 공공시설이 있다. 고대 극장과 스타디움 터가 보이며 유대인 지역엔 회당도 있었다. 오스만 제국 시대의 유적인 공중목욕탕도 눈에 띈다. 기사단의 거리를 걸으면 타임머신 타고 과거로 돌아간 듯, 유럽의 중세 시대 기운을 느낀다.

기사단은 예루살렘 순례자를 위한 병원이 시초가 되어 예루살렘을 방어하고 이슬람과 맞섰지만, 예루살렘 멸망 후 로도스에 자리 잡게 된다. 결국, 이슬람 술탄의 공격으로 쫓겨난 후 몰타에도 갔다. 나중에는 의료구호기사단이라기보다는 해적처럼 무기로 이슬람 배를 탈취하고 부를 쌓았다고 한다. 성전기사단이든 구호기사단이든 십자가를 내세워 정복과 약탈을 일삼는 십자군에 대한 인상이 좋지 않아 개인적으로는 기독교 역사 안에서 그들의 존재를 불명예스럽게 생각한다.

그렇지만 지금도 성 요한의 의료기사단이 존속하고 있다. 이탈리아 안에서 NGO의 단체로 탈바꿈하여 의료봉사단체로 구호와 봉사가 목적이라 한다. 당시 그랜드 마스터는 신앙의 수호자를 자처하였다. 의료기사단의 내부 회랑의 아치 위에는 '유복한 출신, 지력, 미모를 갖고 태어났다면 좋은 것이다. 그러나 그것 때문에 오만하고 건방지다면 문제가 된다. 오만과 건방짐은 네 자신뿐 아니라 네가 관계하는 모든 사람을 해치고 더럽힌다.'며 겸손을 미덕으로 가르치는 문구를 새겼다.

가르침은 훌륭하다. 그러나 인간은 탐욕스럽다. 호사로운 옷을 입고 계급 사회의 정점에 있는 신앙인을 누가 신뢰할 것인가? 멸시받고 침 뱉음을 당하고 밟히기 위해 온 예수를 우리는 왜 닮지 못하나? 유적지를 더 자세히 보고 싶었으나 남편이 피곤해서 짜증을 내므로 다섯 시쯤 유람선으로 돌아왔다. 하루 종일 걸었으니 당연히 피곤하다. 샤워하고 자다 8시에 깨서 뷔페식당에서 저녁 먹고 또 잠이 들었다.

Day 6. 산토리니(Santorini, Greece)

산토리니 섬은 티라 섬이라고 한다. 원래 큰 섬 하나였는데 화산 폭발 후 동쪽에 남은 섬은 사과 세 입 먹다 남은 우둘투둘한 모습이다. 섬의 화산 파편이 125km 떨어진 크레타 섬을 덮쳐서 당시 미노아 문명을 자랑하던 궁전과 건축물을 다 파괴했다고 한다.

1966년에 화산 폭발물에 묻혀있는 B.C. 1450년 당시의 도시를 발굴했는데 튼튼한 집의 벽화로 이곳과 크레타 섬이 관계가 있다는 것을 알게 되었다. 현재도 화산 활동의 중심지라 하는데 우리는 화산 지대를 가지 않고 오늘은 티라(Thira, 현지에선 피라) 시와 이아(Oia) 지역을 가기로 했다. 섬 이름 산토리니는 수호성인 이리니, 산타 이리니에서 나왔단다.

남편이 일찍 나가지 않으면 텐더(tender) 배 타기 복잡할 것 같아 빨리 나가자고 했다. 그렇게 결정하는 순간 그는 일찍 나가기 위한 상태로 바뀌더니 내가 시간을 끌면 짜증을 냈다. 그리고 먼저 방 밖으로 나가 있겠다고 재촉하여 "제발 그러지 말아요, 일찍 나간다고 오래 삽니까? 좀 느긋하게 기다려 주세요"했다. 오늘 하늘을 보니 쨍쨍 해가 강렬할 것 같아 그에게도 햇빛 차단제를 많이 발라주고 나도 덕지덕지 발랐다.

산토리니의 피라 항구에 도착하니 8시 30분쯤 되었다. 남편은 당나귀는 절대 안 탄다며 5유로 드는 케이블카 타러 갔고 나는 같은 값 주고 당나귀를 탔다. 오늘 당나귀는 어제보다 훨씬 크고 힘이 있어 보인다.

열 사람 중 제일 끝이었는데 내 당나귀는 힘이 세고 성질이 급한 데다 남 뒤따라가는 게 적성에 안 맞는지 앞질러 가느라 속도를 내니 아슬아슬해서 여간 긴장이 되는 게 아니다. 그런데도 짜릿짜릿 재미났다.

남편은 당나귀 타는 것도 힘들고 당나귀 고생시키는 게 싫어 안탄다고 했다. 난 당나귀는 이렇게 적응이 되었고 마부들이 먹고살기 힘든데 우리가 도와줘야 한다고 했다. 사실 당나귀 타고 언덕을 오르내리는 문제에 대해 동물 애호가들이 이런 동물 학대를 중지하라고 항의를 했다. 당나귀 운송업자들이 그 점에 대해 해명해 놓은 게시판을 보았다. 이 지역 당나귀는 수백 년 동안 이 일에 단련이 되었다, 하루에 두세 번 언덕을 오르내리는 일은 운동이다, 당나귀들에게 잘 먹이고 있으며 휴식을 잘 취하게 한다, 당나귀 소유자들이 이런 일을 해서 먹고 산다, 당나귀가 나이가 들면 이런 일을 시키지 않으며 절대로 학대하지 않으니 염려 말라는 안내문이었다.

그래도 남편은 당나귀가 불쌍해서 차마 못 타겠다고 했다. 난 어제도 그랬고 오늘도 당나귀가 주인을 위해 고생하는 게 기특해서 목덜미를 만져주었다. 당나귀를 두 번 타니 정이 들었나, 산토리니 섬 가게에 진열된 당나귀 인형을 볼 때마다 하나 사고 싶었지만 참았다.

피라 마을 꼭대기에서 케이블카 타고 내린 그를 만나 버스를 타고 이아 마을로 갔다. 차비는 1.6유로, 20분 정도 걸려 이아 마을에 도착했다. 부겐빌레아와 제라늄, 그리고 갖가지 꽃과 야생화가 아름답게 핀 이아 마을은 방문자를 기쁘게 해 주었다.

시원한 바람을 맞으며 자갈이 박혀있는 길을 걸으면서 쳐다보는 파란 하늘과 옥빛 바다가 얼마나 아름다운지 쳐다만 봐도 상쾌해졌다. 흰 벽과 흰 지붕(여기 집들은 기와나 아스팔트 싱글 같은 지붕이 없다), 파란 창틀, 파란 문, 파랗고 하얀 화분 등 하양과 파랑의 경쾌한 조화로 눈을 즐겁게 해

주는 곳곳을 누비고 돌아다녔다. 하양과 파랑은 그리스 국기 색이다.

나는 두 번째 방문이지만 남편은 처음인데 이아 마을이 독특해서 마음에 든다 하였다. 가게에 걸린 그림과 물건을 자세히 쳐다보며 모든 게 예술적이라 했다. 나는 장인이 직접 만든 십자가 몇 개와 하얀색 셔츠와 하얀색 치마를 샀다. 근데 주름이 많이 잡힌 이 목면 치마를 언제 입는다는 말인고. 사고 보니 아무래도 하얀 마을에서 하얀색 주문이 걸렸나, 그리스 여신이라도 되고 싶었나, 어쩐지 치마는 충동구매를 한 것 같다.

바다와 마을이 보이는 근사한 레스토랑에 가서 산토리니 샐러드와 그리스 스파게티, 그리스 맥주와 빵을 시켜 맛나게 먹었는데 남편은 지금껏 먹은 스파게티 중 제일 맛있다 했다. 집에 가면 양파, 토마토 등 야채를 잘게 다지지 말고 약간 크게 썰고 호박과 피망 같은 것도 섞어 스파게티에 넣어 만들어야지. 예전 같으면 이렇게 전망이 좋은 호사스러운 식당은 비싸다고 가지 않았을 것이다. 나이가 드니 이런 호강이 가능하다.

내려올 때는 케이블카를 타고 왔다. 어제처럼 힘들게 돌아다니지 않으려고 2시쯤 와서 사우나를 하고 잠을 한 시간쯤 자고 나니 다시 몸이 가뿐해졌다. 여행하면서 적당히 걷고 쉬고 좋은 음식을 먹으니 건강해진다. 여러 곳을 다니려면 오랜 시간 버스나 자동차를 타고 다녀야 하지만, 크루즈는 자고 나면 다른 곳에 이동해 있으니 나이 든 사람에게 맞는 여행이다. 게다가 여러 호텔로 옮겨 다니느라 짐 쌀 필요가 없어서 편하다.

저녁 식사 후에는 배 중앙 홀에서 하는 줄타기 공중 쇼(Acrobat)를 봤고 극장에서는 영국인 게리 레비니의 바이올린 쇼를 보았다. 바이올린 연주라고 하면 클래식이 지루하다고 아무도 안 올까 봐 엔터테이너 쇼라고 소개했다. 영국 여왕 앞에서 연주한 것을 비롯해 화려한 경력의 소유자인 그가 연주하는 모든 음악은 우리 귀에 익숙한 것이었다. 미국 국가, 프랑스, 영국, 중국 국가도 연주하고 베토벤의 운명부터 비발디 사계, 어메이징 그레이스부터 누구나 다 아는 행진곡까지 수많은 종류의 멜로디를 걸으면서, 뛰면서 1층에서 2층 베란다까지 돌아다니며 연주했다.

그냥 바이올린 연주하는 것도 힘들 텐데 그는 잠시도 가만히 서서 연주하지 않았다. 깡충깡충, 폴짝폴짝, 다리를 흔들며 걸으며 신나게 연주했다. 거의 한 시간 이상을 쉴 새 없이 연주해 청중의 혼을 빼놓았고 클래식을 즐기지 않는 사람일지라도 그에게 큰 박수를 보내고 환호를 했다. 흥거운 연주였다. 근엄한 바이올리니스트가 아니라 그는 클래식 음악을 연주하는 엔터테이너였다.

Day 7. 아테네(Athens, Greece)

아테네에 대한 기대가 큰 것은 서양의 모든 정신적인 뿌리가 되기 때문이다. 소크라테스, 플라톤, 소포클레스, 아리스토텔레스, 히포클레스, 피타고라스 등 학교 다닐 때 외워 시험 쳤던 위인들이 모두 그리스인이다. 이들 이전의 그리스 세계는 신화로 가득 차 있었다. 제우스, 헤라, 아프로디테, 디오니소스, 포세이돈, 아폴로 등. 셀 수도 없는 신화의 신들이 역사인지 신화인지 헷갈릴 때가 있다. 스토리가 진짜같이 생생하기 때문이다.

서울도 삼국시대까지 포함하면 이천 년의 역사지만 아테네는 삼천 사백 년의 긴 역사다. 서양 문명의 모태로 문화가 찬란하여 지중해 연안을 지배했지만, 로마, 비잔틴, 오스만 튀르크 제국의 침략으로 기울기 시작했고 1829년 3월 25일 터키로부터 독립했다. 우리가 일본 침략에 대해 좋지 않은 감정을 가지고 있다면 그리스는 터키에 대해 감정이 상해 있다.

1896년에는 1회 근대 올림픽 경기가 열렸고 108년 만에 2004년 28회 올림픽이 아테네에서 열렸다. 인터넷 트립어드바이저에 들어가면 아테네 명소 334군데의 306,000개의 리뷰가 나와 있다. 시간은 없고 볼 것은 무진장. 우리는 세계 문화유산 1호인 파르테논이 있는 아크로폴리스 주변과 국회의사당이 있는 신타그마 광장 주변을 가 볼 것이다. 떠나기 전 남편과 함께 예배를 드리고 한국에 있는 가족을 위해 기도했다.

파르테논 신전

아테네 헤로데스 아티쿠스 음악당

에레크테이온

고대 아고라

제우스 신전

배에서 내려 조금 걸어 나오니 어떤 남자가 아테네 시내 가는 버스표를 사라고 했다. 4유로를 주면 하루 종일 버스와 지하철을 자유롭게 타고 다닐 수 있다 하여 표 파는 데 가서 일일권(A Day Pass)을 샀다. 일요일이라 그런지 차가 막히지 않아 30분도 되지 않아 아크로폴리스 남쪽 입구에 닿았다. 12유로를 주고 표를 사서 디오니소스, 헤로데스 아티쿠스 음악당과 프로필레아, 니케 신전, 에레크테이온, 아테나 여신에게 헌정된 파르테논 신전을 보았다.

파르테논 신전은 15년에 걸쳐 기원전 438년에 완공하였다. 2500년 지난 후 지금 내 눈앞에 서 있다. 여기도 예외 없이 약탈의 역사가 있다. 신전 정면 중앙부를 장식한 부조 등 주요 유물이 콘스탄티노플의 영국 대사였던 토마스 엘긴 경이 약탈해 가서 '엘긴 마블스'라는 수집품으로 대영박물관에 전시되고 있다.

아크로폴리스 언덕 주위에서 발견된 선사시대부터의 유물을 보관하는 아크로폴리스 박물관은 이번에는 시간이 없어 못 갔다. 휴우, 왔노라, 보았노라, 지쳤노라. 몇 년 전 백화점에서 크루즈 강의를 할 때 아테네에 대해 책을 읽고 정보를 수집하다 보니 그리스와 아테네에 대해 참 많이 배웠다. 아는 걸 다 쓰려면 책 한 권이 나오겠다. 패키지여행은 가이드가 다 설명을 해 주지만 자유 여행이라면 혼자서 정보도 찾고 역사, 문화, 지리 공부를 많이 해야 한다.

아크로폴리스에서 보니 산지로 둘러싸인 분지에 있는 아테네와 아테네 중앙에 있는 리카베투스 언덕이 있었다. 한때 아테네가 갑자기 팽창한 인구와 분지의 특성상 매연이 심했을 때 아황산가스가 에레크테이온의 여신상 대리석 기둥을 부식할 정도였다 하나 지금은 공해방지 규제 때문에 나아지고 있다 한다. 제우스 신전은 보지 못하고 멀리서 사진을 찍었다.

내려와서 아고라 근처에서 문화관광해설사들이 손님을 부르고 있었다. 몇 시간에 얼마 하며 불렀으나 남편은 단호하게 거절했다. 해설사로부터 바울에 대한 얘기도 듣고 소크라테스의 무덤과 그의 최후의 날 얘기도 듣고 싶었으나 필요 없다고 했다.

아크로폴리스와 아고라의 중간에 있는 아레오바고에는 바울이 설교하던 바위가 있다. 이천 년 전 사도바울은 아덴(아테네) 사람을 보니 범사에 종교심이 많다, 심지어 '알지 못하는 신'에게 라고 새긴 단도 보았다면서 그 알지 못하는 것을 내가 알게 해 주리라고 하며 예수의 부활에 대해 말했다. 그를 말쟁이라고 조롱을 하는 사람도 있었고 당신 말을 다시 듣고 싶다는 사람들도 있었다. 당시 아테네 사람들이 가장 새로운 것을 말하고 듣는 것 외에는 달리 시간을 쓰지 않았지만, 우상이 가득한 것을 보고 바울이 격분했다고 성경에 나와 있다. 아테네의 역사와 건축물, 조각과 미술로 인해 국립아테네대학은 고고학, 조각 미술학과가 세계 최고라 한다. 고대 유물이 많아 지하철역에도 발굴 현장을 전시했고 당연히 건축 토목 공사도 제한된다.

1998년에 아테네를 왔을 때와 오늘 남편과 하루 방문한 것과는 비교가 되었다. 그때 친구 네 명이 십만 원씩 몇 년을 모아 이집트와 터키, 아테네 여행을 했었다. 아테네에서는 비록 삼일이었지만 더 알차게 관광했다. 필로파포스 언덕에서 노을을 보고 빛과 소리(Light and Sound) 공연을 보았는데 아크로폴리스 곳곳에 빛을 비추며 역사와 신화를 얘기했다. 페르시아 전쟁 당시의 해전 상황을 함성까지 곁들여 극적인 목소리로 들었다. 그러나 강렬한 불빛이 대리석을 상하게 한다 하여 10년 전에 그 쇼가 취소되었다 한다.

그 공연을 보고 난 후 내려오는데 사람들이 어디론가 몰려가기에 따라가서 언덕 뒤의 야외극장에서 도라 스트라투 민속 무용 공연을 관람하였다. 무용단은 2,500벌의 민속 의상을 가지고 다양한 춤과 음악으로 관객을 황홀하게 만들었다. 만돌린 비슷하게 생긴 그리스 전통 악기인 부조키로 때로는 애절하게 때로는 흥겹게 그리스 전통음악을 연주하니 원이 없을 정도로 만족스러웠다.

노을을 좋아하는 친구가 수니온 곶(Cape Sunion)에 노을을 보러 가자고 했다. 일몰 두 시간 반 전에 아테네를 출발하면 포세이돈 신전에서 일몰을 볼 수 있지만, 왕복 다섯 시간의 교통이 부담스러워 가지 않았다. 지금도 300유로를 내면 하루 종일 아테네와 수니온 두 곳의 투어를 안내받을 수 있다.

다른 얘기지만 그때 잊지 못할 에피소드는 아테네 근해의 세 섬 에기나-히드라-포로스 섬을 들르는 1일 크루즈를 갔을 때였다. 히드라 섬을 둘러보고 나무 그늘 아래서 잠시 쉬다 잠이 들었던 탓에 배를 놓쳐버린 것이었다. 잠결에 뱃고동 소리를 듣고 언덕을 뛰어 내려갔으나 배는 떠났고 망연자실 배를 바라보며 괴로워하는 내게 어떤 이가 '걱정하지 마라. 다음 배 타면 된다'고 하여 안심시켰다. 배 놓치는 사람이 많다면서. 시간이 남아 당나귀가 주 교통수단인 그 섬을 구경하고 해변 카페에 앉아 호젓한 시간을 누렸다.

한편 포로스 섬에선 일행 중 한 명이 엉뚱한 배를 탔기에 나처럼 다른 배를 타고 아테네의 피레우스 항구에 오게 되었다. 흩어졌다 항구에서 만난 우리는 아주 오랜만에 만난 친구처럼 좋아하며 서로 놀려 먹기 바빴다. 서로가 더 좋은 시간 보냈다고 자랑했다.

아탈로스 스토아라는 아고라 박물관, 아드리아누스 아치와 가게가 즐비하게 서 있는 플라카 지구를 돌아 길 끝에서 음악 소리가 들렸다. 모나스티라키 역 주변의 광장에서 라틴 음악을 연주하는 악사들과 경쾌한 음악에 맞춰 춤을 추는 댄서들이 구경꾼을 모았다. 구경꾼 몇 사람이 나와 그들과 함께 춤을 추고 몸을 흔들었으나 아무도 CD를 사주지 않았다. 밴드에 딸린 사람들이 적어도 여덟 명은 되겠구먼. 가수, 드럼,

기타, 흔드는 악기 등 춤을 추는 사람까지. 동전은 몇 십 센트짜리 밖에 안 보인다. 그 많은 구경꾼들이 매정해 보였다. 이 세상에 공짜가 어디 있나, 이들도 먹고살아야지. 언제나처럼 음악가를 보면 듣든 말든 일단 CD를 산다. 6유로 들었다. 언젠가 6유로 본전을 찾으려고 음악을 듣고 혼자서라도 몸을 흔들며 땀 흘려 운동할 것이다.

광장에서 체리와 살구를 사서 먹으며 일요일 오전에만 열리는 뒷골목 벼룩시장으로 갔다. 골동품, 잡동사니, 레코드와 페인트 벗겨진 오래된 나무 의자, 장신구와 식기에 이르기까지 없는 게 없었다. 그곳에서 챙이 넓은 흰 모자를 샀다. 그리고 골목을 다니며 식당을 찾았다. 사람들이 줄 서서 주문해 가는 식당에 들러 케밥 두 개, 샐러드와 맥주를 시켜 먹었는데 값이 싸고 맛있었다.

일일 패스를 샀으니 돈이 아까워 걸어가도 되는 거리를 일부러 지하철을 타고 국회의사당이 있는 신타그마 광장에 갔다. 짧은 하얀 치마와 긴 모자 쓴 근위병이 서 있는 것을 보고 옆에 있는 국립공원에 가서 원숭이도 보고 걷다 쉬다 했다. 배에 돌아와서는 피곤하여 샤워하고는 잠자다 일어나 보니 8시 40분, 부리나케 일어나 저녁 먹으러 9층 원저머 뷔페식당에 가서 배불리 먹고 또 잤다.

Day 8. 미코노스(Mikonos, Greece)

아침 8시에 밥과 라일라를 만나 정찬 식당에서 함께 식사했다. 델로스를 가고 싶었으나 남편이 가기 싫어하니 이럴 땐 어떻게 하느냐고 밥에게 물으니 동전을 던져 정하라고(Flip the coin) 했다. 하지만 그게 가능할까 한 번도 생각해 본 적이 없는 방법이다. 의견이 다를 때 우리는 어떻게 해결하나? 오늘은 내가 이렇게 생각하기로 했다. 안 가면 어때. 남편이 싫어하는데 안 보면 어때.

그런데도 미코노스에 왔으니 선택 관광으로 델로스를 가고 싶다. 델로스는 아폴론의 고향이다. 그의 엄마인 레토가 제우스와의 사이에서 쌍둥이를 임신했는데 제우스의 아내인 헤라가 질투해서 누구든 아기를 해산할 장소를 제공한다면 그 땅을 영원히 불모지로 만든다고 하니 모두 레토에게 매정했다. 해산할 장소를 찾지 못하다가 파도를 따라 바다 위를 떠다니는 바위섬인 델로스에서 해산했다고 한다. 그것도 바다의 신 포세이돈이 도와줘서 섬을 사슬로 바다 밑바닥에 묶었다고 한다.

신화란 인간들과 같은 성정의 신들이 불가능한 것을 가능케 해 자칫 평범해서 지루해지기 쉬운 이야기를 흥미진진하고 드라마틱하게 만든다. 그렇게 해서 아폴론과 아르테미스가 태어났고 아폴론은 위대한 태양의 신이 되었다 한다. B.C. 425년에 델로스 섬에는 아폴론 외에는 그 누구도 죽거나 태어날 수 없다고 아테네인들이 정해놓고 섬을 차별화시커 성역화했다. 그 후에 미케네인, 이오니아 동맹국과 마케도니아인, 이집트인에 이르기까지 꽤 많은 사람들이 살았고 무역으로 번영했었지만 오토만의 약탈로 한때 경쟁적으로 지었던 여러 신전의 대리석은 다른 건물의 건축 자재로 헐리고 채취당해 이제 흔적만 남아있을 뿐이다.

때로 오래전의 유적을 보면서 인간사 흥망성쇠가 서글프게 느끼는 건 내가 우울질이래서 그런가? 1873년에 프랑스 대학의 고고학 팀이 델로스 섬의 유적을 발굴했는데 유물의 방대함과 풍부함, 그리고 살아 숨 쉬는 많은 신화와 전설과 다양한 신전이 존재했음을 보고 매우 놀랐다고 한다.

신화와 역사, 이야기를 좋아하는 내가 책을 읽고 사진으로 알게 된 내용을 델로스 섬에 직접 방문하여 눈으로 확인하고 싶었으나 남편은 가지 말자고 했다. 그는 대부분 가지 말자, 하지 말자, 사지 말자 한다. 그와 반대로 나는 하자, 가자, 사자고 한다. 많은 부분에서 나와는 달라 그는 내게 적응하기 힘들고 나는 그에게 적응하기 힘들다. 그러나 나 혼자 여행 다니면 어디선가 나를 부르는 그의 목소리가 들리고, 손잡고 지나가는 한 쌍을 보면 그가 보고 싶어 눈물까지 날 지경이니 함께 다니는 게 좋겠다. 그래, 그가 싫어하면 안 가는 거지.

그 대신 배에서 내리자마자 1.6유로 주고 버스를 타고 마을을 돌아다녔다. 풍차와 교회, 민속 박물관, 미술관과 가게를 구경하였다. 바람이 심하게 불었으나 기분 좋은 산책이었다.

내일 크레타 섬에서는 크노소스 궁전과 헤라클레온이 있는 곳을 가려고 선택 관광을 신청했으나 예약이 마감되었다고 한다. 대기자 명단에 올려놓고 만약의 경우에 대비해 홍콩인 디디와 빈센트에게 혹시 우리가 선택 관광 못 가게 되면 택시를 타든지 버스를 타든지 함께 가자고 했다.

Day 9. 크레타(Crete, Greece)

크레타는 미노스 문명의 발상지다. 예전 아테네 박물관에서 크레타 섬의 유적을 보았는데 크레타 인은 손재주가 뛰어나서 금을 천 조각 다루듯이 섬세하게 세공한다고 소개했다. 크레타는 사오천 년 전의 역사와 유물이 있으며 미노타우로스와 이카로스의 신화가 있는 곳이다. 대기자 명단에 이름을 올려놓고 아침에 7시 15분까지는 알려 준다 했으나 연락이 오지 않았다. 그런데도 준비를 해서 15분에 내려가니 다행히 나타나지 않은 사람들이 있어서 일행에 끼어들 수 있었다. 같이 구경하자 했던 디디에게 미안하다고 전화했더니 오히려 좋아했다.

급히 오느라 아침을 못 먹어 휴게소에서 2유로 주고 샌드위치를 사서 버스에서 먹고 두 시간 반을 달려 이라클리온에 도착했다. 가는 길 내내 언덕에 빨갛고 흰 꽃이 피어 있었다. 나중에 가이드에게 꽃 이름을 알아보니 서양협죽도(oleander)라 한다. 누군가 심었겠지만 황량한 산자락의 도로 옆이니 돌보는 사람이 없을 것 않은데 이렇게 아름답게 피어서 사람들의 마음을 기쁘게 한다. 크레타에서 제일 높은 산이 2,400m. 산 이름이 화이트 마운틴인건 산꼭대기에 흰 눈이 덮여 있어서다. 지금은 눈이 녹았지만, 지중해에 눈이라니 어울리지 않는다.

섬의 서북쪽 끝인 항구 하니아(Chania)에 배는 정박해 있고 우리는 동

크노소스 궁

쪽 끝인 수도 이라클리온을 가는 것이다. 오늘 방문하려는 크노소스 궁전은 사천 년 전에 지어진 것인데 1900년대 초에 영국의 고고학자 아서 에번스 경이 35년간 발굴했다 한다. 그는 당시에 오토만 제국으로부터 발굴 허락을 얻지 못해 그 땅의 일부를 사기까지 했다. 축구장 두 개 크기인 땅에 지어진 궁전에는 왕과 여왕의 방 이외에도 여러 방이 있었는데 경사진 지형을 이용해 3층으로 지었다. 배수구와 화장실, 벽화 등 이 모든 것이 사천 년 전의 것이라고는 상상을 못 할 정도였다. 특히 채색된 벽화는 여인들의 보석 장신구, 잘 다듬어진 머리와 의상을 섬세하게 보여주었다. 열 마리 이상의 고래, 원숭이와 긴 뿔이 달린 소 등 동물의 색깔이 생생해서 예술적인 가치가 뛰어났다. 원형은 이라클리온 고고학 박물관에 있다고 해서 그곳을 방문하고 싶었다. 그러나 유적지 관람을 하고 나서 한 시간의 자유 시간이 있었지만, 박물관엔 못 갔다.

이라클리온 시내 베네치안 분수에서 가이드가 "자유롭게 하고 싶은 대로 하세요" 했을 땐 너무 배가 고파 쓰러질 지경이 되었다. 광장 근처

식당에서 오징어와 감자튀김, 샐러드를 먹고 나니 10분도 남지 않았다. 서둘러 아이스크림 한 개를 사서 먹으며 버스로 겨우 맞추어 돌아왔다. 금강산도 식후경이라는데 굶주림은 지적인 호기심을 이긴다. 돌아오는 내내 버스에서 잠을 잤다.

나중에 그곳을 다녀온 밥 부부가 아이패드로 사진을 찍어 보여 주었는데 한마디로 놀라움 그 자체였다. 도자기와 채색 벽화와 부조, 금장식과 여러 보석 장신구 등이 사오천 년 전 것이라고는 믿지 않을 정도였다. 그들은 거기서 간단히 샌드위치를 사 먹었다고 했다. 그 사진들을 보니 나도 그곳에 갔었어야 했는데 후회스러웠다.

크노소스 궁전 가이드에 의하면 미노스는 사실 한 왕의 이름이 아니고 이집트의 파라오(Pharoh, 바로)처럼 왕의 타이틀이라 했다. 책을 통해 아는 것과 오늘 가이드의 이야기는 여러 가지로 달랐다. 제우스와 유로파 사이에서 태어난 미노스 왕은 천재 건축가인 탈로스에게 미로 같은 궁전을 지어 달라 한 후 그 궁전의 비밀을 지키기 위해 그와 그의 아들 이카로스를 감옥에 가둔다. 이것을 예측한 탈로스는 양초로 만든 날개를 아들에게 달아 주어 하늘로 날아올라 함께 탈출한다. 그러나 아들 아카로스가 날아보니 너무 신기해서 멈추지 못하고 계속 높이 날아 태양까지 오른다. 그러다 날개가 녹아 추락하고 만다는 신화가 있다. 아버지의 경고를 무시하고 주체할 수 없는 욕망으로 파멸에 이르는 이카로스는 시와 그림, 이야기의 주제로 등장한다.

또 다른 신화도 재미있다. 미노스 왕은 바다의 신 포세이돈이 보내준 하얀 수소를 탐해 포세이돈을 진노케 한다. 포세이돈은 미노스 왕의 아내인 파시파를 수소와 사랑에 빠지게 만들어 머리는 황소, 몸은 사람인 괴물 미노타우로스를 낳게 한다. 미노스 왕은 아들인 괴물이 부끄러워 몰래 숨기려고 미로 같은 궁을 탈로스에게 만들어 달라고 한다. 그리고 선남선녀 7명씩을 아테네로부터 데리고 와서 괴물 아들에게 제물로 준다. 아테네 왕자인 테세우스가 제물인 것처럼 함께 왔는데 공주 아리아드네가 그를 보고 사랑에 빠진다. 그래서 그를 도와 열쇠로 궁전의 미로로 들어가 미노타우로스를 처치하게 한다는 것이다.

계속되는 이야기는 아테네의 아크로폴리스 입구에 있는 니케 신전에서 만날 수 있다. 귀국하는 배에 깃발을 달아 생존과 승리의 여부를 알려 달라는 아버지의 부탁을 테세우스가 잊어버렸기 때문에 그의 아버지 아이게우스는 아들이 죽은 것으로 알고 너무 슬퍼 니케 신전이 있는 데서 바다로 뛰어들어 죽어버린다. 그래서 그 바다 이름이 에게해가 되었다는 전설이 있다.

어떻게 니케 신전에서 뛰어내릴 수 있단 말인가? 거기는 바다에서 멀고 아래는 바위 언덕일 뿐이다. 신화를 현실로 혼동하면 안 되는데도 자꾸 헷갈린다. 미노아 문명이 고대 유럽의 시작이 될 만큼 사오천 년 전에 만들어졌고, 현실적으로 믿기지 않을 정도로 섬세한 건축물로 인해 미노스 왕 이야기가 신화가 되기에 부족함이 없었을 것이다. 혹자는 전설에 나타난 미노스 왕이 크노소스 궁전의 발굴로 인해 신화가 현실로 존재했다는 걸 입증한다고 했다. 설마 신화가 현실일까? 그리스 신들은 완전무결하지 않고 세속적이며 질투할 뿐 아니라 권모술수가 능하다. 때로는 신화인지 역사인지 경계가 모호했다.

오늘 가이드는 고고역사학 전공으로 전설이나 신화보다 유적지의 구조와 객관적인 사실에 입각해 고고학적인 측면에서 설명했다. 그녀는 뿔 달린 소 벽화와 수많은 방을 연결하는 미로와 같은 통로를 보고 후세의 사람들이 상상으로 신화 같은 이야기를 만들었을 뿐이라고 일축했다.

밤에는 코미디 마술사의 쇼를 보러 갔다. 그는 재능이 뛰어났지만, 고무풍선을 씹어 먹어 내 속까지 불편했다. 꾸역꾸역 목에 넣는데 보는 내가 고통스럽다 못해 구토가 나올 지경이 되었다. 실컷 씹어 먹다 손으로 줄줄 그 긴 고무줄을 끄집어내는데 별로 재미있지 않았다. 마치 서커스 하는 어린 여자아이가 아래위 몸을 겹쳐 묘기를 부리면 불편해지는 느낌이었다. 몸을 학대하는 기분? 이건 마술이다, 눈속임이다 하면서도 속이 울렁거렸다.

Day 10. 해상

바다 위에서 쉬는 마지막 날, 오늘은 아무것도 하지 않아도 된다. 아침 식탁에서 암스테르담, 몰타, 텍사스에서 온 부부들과 미국인 밥 부부와 한자리에 앉아 재미있게 인사하며 얘기를 나누었다. 텍사스 사나이는 아내가 멕시칸인데 자기는 세계로 출장 다니느라 75만 마일이 쌓여 있지만 바빠서 놀지 못하고 대신 아내와 장모가 함께 여행 가는 데 마일리지를 쓴다고 했다. 암스테르담 부부는 35년 전에 스페인에서 여행 중 만났다 했고, 몰타에 사는 부부는 십자군 원정 당시 성 요한 기사단이 몰타 로도스에 건축한 성채와 성당이 유네스코 세계문화유산이라는 얘기를 했다.

12시에 댄스 챔피언이 가르쳐주는 탱고 레슨을 받았다. 혼자 온 나이든 여인이 외로워 보여 누가 좀 같이 춰주면 좋을 텐데. 남편에게 말해서 그녀와 춤 좀 춰주면 좋겠는데 했다. 그녀는 자기와 친구가 되어 주는 우리 부부에게 감사 인사를 했다. 바비큐를 점심으로 먹었는데 풀장은 신나는 음악과 좋은 음식으로 즐거움이 넘쳤다.

배가 너무 불러 9층 구석에 있는 탁구대로 갔더니 30대 부부가 치고 있었다. 치고 싶으면 같이 쳐도 되냐고 묻고 점수를 부르면 된다. 그녀의 남편을 떨어뜨리고 나의 남편이 그녀와 치게 되었는데 그녀는 남편을 물리치더니 나에게는 10점을 더해 주고도 이겼다. 며칠 전 만났던 아르헨티나 남자애가 오더니 신발까지 벗어 던지고 열심히 치고 그녀를 이겼다. 옆에서 보고 있던 나이 든 남자도 이겼다.

이제는 노인과 남편, 그녀와 소년이 팀을 짜서 복식을 치는데 이건 올림픽 게임보다 더 치열한 게 아닌가? 코트 방향을 바꿔가며 신발까지 벗어 던진 그녀도, 노인도, 소년도 미친듯이 쳤다. 여성과 소년 팀이 2대 1로 노인 팀을 이겼다. 아주 재미있는 게임이었다. 점수만 부르는 나도 땀이 흠뻑 났다.

땀을 식히러 11층 갑판에 올라가니 어떤 여자가 유람선을 열 바퀴나 돌았다며 자랑했다. 풀장 옆에서는 '리듬폭발' 밴드가 이름대로 가슴이 터질 듯이 흥거운 라틴 음악을 연주하기 시작했다. 비틀스의 '오브라디 오브라다', 오 인생은 그렇게 흘러가는 거에요, 즐겁고도 여유롭게. 남편은 수건 덮고 기대는 의자에 앉아 한잠 자고 나는 음악을 들으며 글을 썼다. 내일이면 크루즈도 이스탄불에 도착하고 정박한 유람선에서 하루를 더 머물면서 못다 한 이스탄불 관광을 할 것이다.

Day 11. 이스탄불 아야소피아와 호자파샤

아야소피아

항구에 내리자마자 트램을 타고 아야소피아(소피아 성당)에 갔다. 이스탄불은 동로마 제국 시대 콘스탄티노플이라는 이름으로 천 년 이상 존재했던 유서 깊은 도시였고, 오스만 제국과 함께 이천 년 이상 두 제국의 수도였으므로 유물이 찬란하다. 그 중 비잔틴 제국의 건축을 대표하는 것, 그리스어로 하기아 소피아(신성한 지혜)였다가 오스만 제국 이후 이름이 바뀐 아야소피아이다. 비잔틴 황제 유스티니아누스에 의해 532~537년에 건축 후 예루살렘 대 성전을 지은 솔로몬보다 더 뛰어난 건축물을 지었다고 자랑스러워했다 한다.

1453년 오스만 제국이 콘스탄티노플을 정복한 후 메흐메드 2세가 이 성당의 아름다움에 매료되어 파괴하지 말도록 명령하였고 벽화를 회칠하여 덮어버렸다. 그리고 그 위에 금으로 코란을 새기고 문양을 덧붙여 모스크로 썼다가 1934년에 박물관으로 개관했다. 콘스탄티누스 1세와 유스티아누스 1세가 콘스탄티노플과 성소피아 성당을 마리아와 예수에게 봉헌하고 있는 모자이크 벽화를 비롯하여 여러 성화 아이콘의 회칠을 아직도 벗겨내고 있는 중이다.

아야소피아

　우리는 숨겨졌다가 드러나고 있는 성화를 바라보며 그 정교함과 아름다움에 감탄하였다. 1,500년간의 세월에 견뎌온 것을 찬탄하는가? 두 종교가 평화롭게 어울려 있음을 다행으로 여기는가? 정복 후 다 파괴하고 존재를 전멸시키는 것보다 이렇게 남겨 놓는 것도 정복자가 실속 있게 관대함과 우월함을 나타내고 있는 것이라는 생각도 했다.

　아야소피아에서 시간 가는 줄 모르게 천장과 벽의 예술품을 감상하고 나와 길 건너 예레바탄 사라이(지하 궁전)에 갔다. 입장료 20리라. 궁전에 물을 공급하기 위해 532년에 유스티니아누스 황제에 의해 완성된 지하 저수지로 336개의 기둥이 나란히 서서 대칭을 이루고 황금색 조명으로 신비한 아름다움을 더했다. 기둥 두 개는 메두사의 머리가 조각되어 거꾸로 박혀 기단으로 사용되었는데 사람들이 그곳을 보지 않으면 입장할 이유가 없다는 듯이 모두 그곳으로 향했다. 그리스 신화에 나오는 메두사는 아름다운 머리카락이 뱀으로 변했고 그의 눈으로 보는 것은 다 돌로 변하는 저주를 받았다.

이제는 돌마바흐체 궁전, 공교롭게도 오늘 목요일 휴관일이다. 월요일도 휴관일이라 한다. 17년 전 여기 친구들과 왔을 때 찬찬히 둘러보아 기억이 난다. 285개의 방과 46개의 홀을 금 14톤과 은 40톤으로 장식했다. 이즈니크 타일을 사용한 톱카피와 달리 금, 은과 크리스털로 궁전을 꾸몄고 세상에서 제일 큰 샹들리에와 6개의 욕실, 68개의 화장실이 있다. 내부는 보물과 각국에서 보내온 선물로 화려하다.

19세기 쇠락하기 시작하는 오스만 튀르크의 옛 영광을 찾기 위해 베르사유 궁전을 본떠 1856년에 궁전을 완성했지만, 이것 때문에 국가 재정이 어려워졌고 1차 세계 대전 때는 패전국이 되어 결국 쿠데타를 일으킨 무스타파 케말에 의해 왕실은 사라진다. 15세에 브라질로 추방되었던 비운의 황태자 오르한은 83세가 되어서야 이스탄불에 5박 6일 여정으로 방문한 후 파리에서 1년 후 생을 마감했다.

초대 대통령 케말의 대통령 궁으로 사용하다 그의 서거 후는 박물관과 영빈관으로도 사용된다. 우리는 바깥 정원을 산책하다 궁전 바로 옆의 보스포루스 해협을 바라보며 카페에 앉아 쉬었다. 보스포루스 해협을 건너 바람의 언덕으로 배를 타고 가자 하니 남편이 가기 싫다 하였다. 한가하게 옥수수도 사 먹고 먹을수록 고소한 빵도 사 먹고 시간을 보낸 후 호자파샤에 갔다.

호자파샤(Hodjapasha)

시리케이 역에서 내려 터키 과자, 후식 파는 가게 둘을 지나 조금 올라가면 왼쪽으로 들어가는 첫 골목이 나온다. 식당을 지나 다시 좌회전하면 조그만 극장이 나오는데 여기가 트립어드바이저에서 가장 인기 있는 공연으로 뽑힌 호자파샤 극장이다. 호자파샤 공연은 크루즈 가기 전 헤이티 호텔에서 70유로 주고 예약해 둔 것이다. 신나고 열정적인 리듬에 맞춰 아나톨리아, 발칸, 코카서스 지역의 민속춤과 밸리 댄스를 1시간 15분간 보여준다.

리듬 오브 더 댄스(Rhythm of the Dance) 공연, 선정적인 의상과 섹시한 안무에 시간 가는 줄 모른다. 이 공연이 어린이에게 적합할지는 모르겠다. 관객 중에는 한국 부모가 초등학생 자녀와 함께 왔다. 화, 목, 일요일에 밤 9시부터 공연한다.

또한, 화이트 로즈(White Rose)라는 공연은 보지 못했지만 소개된 내용은 이러하다. 18세기 오스만 제국시대의 하렘에 사는 술탄의 첩이 자유의 몸이 된 후 독일 공사를 진정으로 사랑하게 된다는 내용이다. 이것은 토요일만 9시부터 1시간 45분 공연에 어른 80 터키 리라이다. 목요일이어서 우리가 본 공연은 두 가지, 저녁 7시에 하는 세마 공연과 밤 9시의 리듬 오브 댄스 공연이다.

세마는 공연이라기보다 종교의식이다. 이슬람 종파의 하나인 수피의 데르비시(Dervishes)들이 신과의 합일을 위해 그들의 종교 음악에 맞춰 기도하면서 빙글빙글 돌아가며 최면상태에 빠지며 무아지경이 되는 영적인 춤이라고 할 수 있다. 이것은 2005년에 무형문화재로 지정되었다. 수염이 난 노인에서 청년에 이르기까지 하얀 긴 옷과 위가 약간 좁아지는 원통형의 하얀 모자를 쓰고 입으로는 중얼중얼 기도문을 암송하면서 눈을 감고 손을 천천히 올리며 한없이 돌아가는 데 쳐다보는 내가 머리가 빙빙 돌며 저들이 머리가 아프면 어쩔꼬 걱정되었다. 어떤 이는 이 의식이 지루했다 했다. 내가 보니 영적인 의식으로 그들이 심취하는 태도를 이해하지 못하면 아무런 감흥도 없을 것 같다.

불교에서는 무아지경, 참 자아를 찾고 열반에 이르려고 명상한다. 기독교에선 하나님을 만나려고, 하나님의 음성을 듣기 위해 침묵 가운데 조용히 묵상하고 관상한다. 정신을 바로 차리기 힘든 혼동 가운데 인간들은 신과 조용히 만나기를 원한다. 그렇게 생각하니 그들의 태도가 순수한 신앙의 발로로 여겨졌고 숙연하게 여겨졌다. 나는 하나님께 기도하면서 경건하게 관람하였다.

호자파샤 극장은 술탄 메흐메트의 대신이자 스승이었던 호카 시난 파사가 1470년대에 건축하였는데 2008년에 극장으로 리모델링하였다. 건물 하나가 몇 백 년의 세월로 언급되니 감이 안 잡힌다.

여기 말고도 톱카피 궁전 옆, 앞서 언급한 시리케이 역에서 세마 의식을 볼 수 있다. 예전 오리엔트 특급열차의 시발역으로 아가사 크리스티의 『오리엔트 특급 살인』의 무대가 된 시리케이 역에서의 공연은 짧고 무료다.

돌아오는 길에 세계적으로 유명하다는 터키 후식(Turkish Delight)을 샀다. 쫀득쫀득 젤리 같은데 석류 말린 것, 피스타치오와 아몬드 같은 건과류를 적당히 섞어 영양이 뛰어나고 생각보다 그리 달지 않아 자꾸만 먹게 되는 중독성이 있다. 밤늦게 트램을 타고 유람선으로 들어가서 밤참을 먹고 잤다.

Day 12. 그랜드 바자르와 귀국

오늘 선사에서 공항에 데려다주는 서틀버스를 탔다. 공항에 가기 전 향신료 시장(Spice Market)과 그랜드 바자르를 들렀다. 가이드는 버스 안에서 이스탄불에 대해 자세히 얘기해 주었다. 보스포루스 해협의 동쪽은 아시아, 서쪽은 유럽, 해협의 폭은 1km에서 2.5km, 길이는 30km다. 일 년에 흑해로 가는 6만 5천척의 배가 통과한다. 많은 배가 한 번에 통과하지 못해 항구 밖에서 기다리는데 그 중 만 척이 석유를 실은 선박이라고 했다. 공항으로 가는 길은 해저 터널 공사 중이어서 복잡했다. 아시아 쪽이 길이 넓고 집도 넓은데 값이 싸서 주로 거주는 동쪽, 일은 유럽 쪽에서 한다 했다. 유럽 쪽은 교통이 혼잡하기 짝이 없었다.

향신료 시장 앞 주차장에 버스가 기다리는 동안 우리는 생선, 감자, 밥과 샐러드에 뿌리는 소스를 샀고 유기농 장미 차와 애플 티, 여러 과일 차를 샀다. 그런데 관광버스가 그랜드 바자르 가는 데 골목처럼 좁은 도로에 노란 택시가 가로막으며 으르렁대고 차들이 뒤엉켜 있어서 빠져나가기가 힘들었다. 차들은 경적을 울리며 운전기사끼리 서로 양보하라고 버티고 있으니 답답했다. 가이드는 술탄 아흐메트 사원과 아야소피아 박물관에는 일 년에 650만의 관광객이 방문하고 그랜드 바자르는 350만 명 정도 온다 하였다.

오늘은 크루즈 배 세 척이 도착해서 시장 안과 밖이 관광객 인파로 가

그랜드 바자르
출처: dailyistanbultour

스파이스 마켓
출처: dailyistanbultour

득 찼다. 그랜드 바자르 안은 미로와 다름없었다. 입구가 스무 개, 오천 개 이상의 점포가 있다. 금은 세공품부터 가죽 제품, 향신료까지 없는 게 없다. 그러나 자기가 가는 길을 잘 살피지 않으면 길을 잃기 좋은 곳이다. 나도 눈을 부릅뜨고 머리를 굴러가며 오고 간 길을 추적하며 걸어 다녔다.

스테인드글라스로 된 촛대와 램프 세 개, 컵 받침과 냄비 받침을 샀다. 좀 무겁고 깨지는 것들이라 잘 포장하여 조심스럽게 공항에 갖고 갔다. 남편이 없었다면 생각지도 못 할 선물을 산 것이다. 그가 들어 줄 거니까. 남의 편이라는 남편이지만 진심으로 고마웠다. 성탄절에 불을 밝힐 것이다. 과연 딸들과 손녀들이 참 예쁘다며 가지고 싶다고 했다. "걱정하지 마라. 다 유품으로 남겨줄게."

일자		2016년 10월 11~16일(5박 6일)
		부산 출발, 도쿄 도착
선사		로열 캐리비언 크루즈
유람선		셀레브리티 밀레니엄(Celebrity Millennium)
규모		91,000톤, 길이: 29.7m, 폭: 32m, 높이: 11층
승객 수		2,138명(직원 975명)
일행		6명(남1, 여5)
비용		오션 뷰 60만 원, 기차 요금과 항공료 17만 원

일자	기항지	도착	출발	비고
1일차 2016-10-09 (일)	상해(바오산), 중국 (SHANGHAI, CHINA)		19:00	출발
2일차 2016-10-10 (월)	해상			해상
3일차 2016-10-11 (화)	부산, 대한민국 (BUSAN, SOUTH KOREA)	07:00	15:00	정박
4일차 2016-10-12 (수)	해상			해상
5일차 2016-10-13 (목)	오타루, 일본 (OTARU, JAPAN)	09:00	21:00	정박
6일차 2016-10-14 (금)	하코다테, 일본 (HAKODATE, JAPAN)	11:00	21:00	정박
7일차 2016-10-15 (토)	해상			해상
8일차 2016-10-16 (일)	도쿄, 요코하마, 일본 (TOKYO, YOKOHAMA, JAPAN)	07:00		도착

일본 홋카이도 크루즈

(2016년 10월 11~16일)

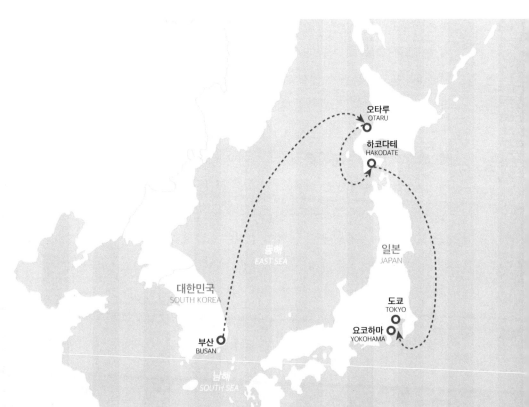

떠나기 전에

　로열 캐리비언 선사에서 크루즈 $200 할인한다고 이메일이 왔기에 친정 오빠들에게 연락을 했다. 오빠들이 함께 해외여행 가자며 가족 당 월 10만 원을 적금하여 400만 원쯤을 모으고 있었다. 그러나 오빠들은 사정이 생겼다. 칠십이 넘은 큰 오빠는 교통사고로 발목이 골절되었고, 큰 올케는 무릎 연골 교체 수술을 받은 지 얼마 되지 않았다. 둘째 오빠는 크루즈 기간 중에 무슨 시험 친다고 못 간다고 했다. 둘째 오빠는 칠십이 되어 가는데 지금까지 무슨 임원, 자문이니, 심지어 전공도 안 했는데 상담교사로 계속 일을 하고 있다. 셋째 오빠 네는 언니가 참으로 바빴다. 경기민요학원 원장이 서른 명의 강습생을 두고 갈 수도 없었고 10월은 공연이 많아 불가능하다고 했다. 그 언니는 아파서 병원에 입원해 있는 동안에도 컴퓨터를 보며 막대기로 장단을 맞추고 민요를 중얼거리더니 50이 넘어 꿈을 이루고 민요학원 원장이 되었다.

　오빠들이 못 가서 포기하려다가 가격이 싸니까 남편과 둘이서 가려고 설득했다. 그는 토요일에 하루 종일 강의가 있다며 못 간다고 했다. 진짜 포기하고 잊을 즈음에 친구들 모임에 갔더니 친구들이 가고 싶다 하였다. 친구 한 명은 자기는 몇 번 크루즈를 가보니 좋아서 자기 여동생 둘도 데리고 가고 싶다고 했다. 그 와중에 남편이 합류하게 되어 여자 다섯 사람과 남자 한 사람이 가게 된 것이다.

로열 캐리비언 선사에는 5성급인 셀레브리티와 6성급인 아자마라 유람선도 있다. 그동안은 값이 약간 더 싼 계열의 유람선으로 다녔는데 셀레브리티로 예약하니 기대가 되었다. 가격은 크루즈 비용이 팁과 세금 합쳐서 약 60만 원, 오션 뷰 선실이다. 5박 6일 크루즈가 60만 원이라 횡재한 심정이다.

보통은 예약하면서 선실을 선택할 수 있는데 이건 값이 싼 대신 선사에서 골라 주는 선실에서 머물러야 한다. 보통은 6, 7층 선실에서 있었는데 이번에는 2층 선실이라 어떨지 모르겠지만, 긍정적으로 생각하기로 했다. 식당과 공연장이 가깝고 더구나 오션 뷰 치곤 값이 싼데 어때? 이 배는 직원 대 고객의 비율이 1대 2, 선내엔 가운과 구비품목도 완벽해서 더 나은 서비스를 받게 될 것을 예상했다.

9일 상해에서 떠나 이틀 후 부산에 들러 홋카이도 오타루와 하코다테, 도쿄, 요코하마 항구에서 마치는 7박 8일 여정이지만 우리는 부산에서 승선하여 5박 6일 여정으로 간다. 상해가서 며칠 구경하고 거기서 배를 탈까 했지만 짐 들고 다니기 거추장스럽고 우리 부부를 포함한 일행 중 몇 명이 상해를 다녀온 터라 부산에서 떠나기로 했다. 상해와 부산 출발 여정은 비용이 똑같다. 대신 팁은 머무는 날만큼만 내면 된다.

우리는 도쿄에서 하루 더 지낼 생각을 하고 부산으로 떠나는 기차표를 예매했다. 그리고 10만 원으로 도쿄에서 부산 오는 항공표도 구입했다. 부산 김해공항에서 가까운 구포에서 대전 오는 기차표도 샀다. 패키지가 아니니 각자 일본 여행에 대한 정보를 알아 와야 한다. 일본 출장을 자주 가는 큰딸에게 물어 요코하마에서 가 볼 만한 곳과 도쿄 호텔을 소개받았다. 요코하마에선 일본 3대 정원 중 하나인 산케이엔에 가보라 했다. 정보를 얻기 위해 도서관에서 일본에 관한 책을 빌려 읽기 시작했다.

Day 1. 부산 출항

오전 10시 부산역에 내려 6명이 택시 2대에 나눠 타고 영도의 크루즈
국제 터미널에 도착했다. 두 팀 다 택시 기사들 운전이 위험했다고 말
했다. 우리 차 기사는 어떻게 택시 운전을 하게 되었는지, 이 차를 사게
된 경위까지 장황하게 얘기했고 모든 지나가는 차를 걸고 한마디를 했
다. 저러면 안 되지, 이러면 안 되지, 택시에는 손님이 타고 있는데 왜 양
보 안 하노 하면서 진한 사투리와 우렁찬 목소리로 계속 시끄럽게 말했
다. H는 기사가 화끈하다고 했고 뒤차의 E는 곡예 운전하는 기사 때문
에 마음을 졸였다 했다. 부산 영도 항구에서 크루즈 탄 한국 사람들은
300여 명이라 했다.

드디어 승선절차를 마치고 유람선에 올라타니 이미 상해서 떠나 배에
서 이틀 머문 승객들이 부산 시내 구경을 하고 돌아오기도 하고 뒤늦게
산책을 하려고 나가기도 했다. 우리는 선내를 구경하고 점심을 먹었다.
선실이 2층이라 어떨지 걱정했으나 바다도 잘 보이고 항구에 오르내릴
때도 편해서 앞으로는 2층도 괜찮을 것 같았다. 다만 10층 뷔페식당 갈
때는 시간이 좀 걸렸다. 4층 극장에 갈 때는 편했으나 후미 쪽 정찬 식
당은 멀었다. 일행 모두 선실에 대해서는 대체로 만족한 듯. 배의 크기
가 9만 톤, 손님 이천 명에 직원 천 명 정도로 뷔페식당이 붐비지 않았

고 줄도 길지 않았다.

점심 후 스윙 댄스를 배웠는데 생전 처음 추는 두 자매도 재미나게 추는 듯했다. 첫날 정찬 식당에서 머리 짜 가며 저녁을 주문했으나 음식 온 것을 보니 너무 구워 딱딱해진 스테이크, 피 흐르는 스테이크, 연어구이와 칠면조 구이였다. 우리 입맛에 썩 맞지는 않았으나 포도주 한 병을 시켜 같이 먹으니 이럭저럭 목으로 넘어갔다. 음식을 잘못 선택한 것 같다.

식사 후 보러 간 쇼는 필리핀 출신 호주 가수의 공연이었다. 처음엔 키가 작고 목소리도 그저 그래서 어떻게 한 시간 공연을 이끌어나갈까 걱정이 되었는데 곧 박력 있는 매너와 힘찬 목소리로 장내를 흔들어 놓아 환호 가운데 쇼를 마쳤다. 그런데 영어로만 사회를 해서 의아스러웠다. 전에 싱가포르에서 떠났던 유람선은 영국인과 중국인 사회자 두 사람이 쇼를 이끌었다. 상해에서 떠났으니 중국인 승객들이 참으로 많았다. 그런데 중국인 사회자가 없으니 의아했다. 이 배에는 44개국에서 온 승객들과 35개국에서 온 직원들이 있다 하나 다수인 중국인을 위한 배려가 모자란 듯했다.

오늘 선상 안내서를 보니 완벽하게 파스타 요리하는 법, 버번 위스키와 베이컨 시식, 발 모양 진단 후 걷는 자세 살펴서 등과 다리 통증 감소하는 방법, 러시아 제국의 보석 세공사 역사 강의, 아이폰과 아이패드 사용법, 카지노의 블랙잭 토너먼트, 심지어 침묵 디스코 파티까지 사람들의 취향에 따라 시간 보낼 수 있는 프로그램이 많았다.

우리는 저녁 쇼가 끝난 후 밤 열 시 즈음에 80년대 음악 퀴즈와 파티에 갔다. 듀란 듀란, 보니 M, 휘트니 휴스턴과 마이클 잭슨, 스티비 원더 등 80년대 유행했던 가수의 음악을 알아맞히는 퀴즈가 끝난 후 그 음악을 연주하는 밴드에 맞춰 춤을 추었는데 피곤해서 10분만 추고 자러 갔다.

Day 2. 해상

오전 10시에 극장에서 불과 얼음을 주제로 강의가 있었다. 지구를 구성하고 있는 대륙판이 만나 충돌하면서 지각이 변동되고 산맥이 형성되는 것, 지진, 화산과 빙하가 생기는 원인과 과정을 보여줘서 흥미진진했다. 모든 승객이 영어를 알아들으면 좋겠지. 아니라면 영어를 배우는 기회?, 영상으로 상상의 나래를 펴는 기회? 생각보다 많은 영어권 사람들이 초빙 강사인 라다코비치 박사의 강의를 듣고 즐기고 있었다. 그는 코미디언같이 사람을 웃기는 재주까지 겸비했다. 아프리카와 남아메리카 대륙 해안선을 붙이면 퍼즐처럼 맞춰지는 사실 외에도 많은 지식을 얻었다. 배우고 때때로 익히면 이 또한 기쁘지 아니한가(學而時習之면 不亦說乎아).

점심 먹기 전 살사를 배웠다. 어제와 같은 남녀 강사가 세 스텝을 무대 위에서 가르쳐줬다. 서른 명 이상 초보들이 극장 무대에서 심각하게 배우는데 어느 부부는 이미 살사를 출 줄 아는지 우리가 모르는 동작으로 음악에 맞춰 온갖 스텝을 밟아가며 재미나게 몸을 흔들었다. 지금도 백화점 문화센터에서 왈츠를 배우고 있는 E는 문화센터에서 살사를 오랫동안 배웠다고 했다. 그녀의 남편이 왔다면 둘이 무대를 휘젓고 다녔을 것이다.

우연히 클래식 음악 소리가 들리는 곳으로 가서 세 자매와 함께 앉아

한 시간 동안 음악을 즐겼다. 우크라이나에서 온 바이올리니스트와 첼리스트가 진지하게 2중주를 연주했다. 우리가 열심히 듣자 그들은 더 열심히 연주했다. 그 뒤에도 시간이 날 때마다 노을이 지는 바다를 배경으로, 어두워지는 밤바다를 배경으로 허브차를 마시며 그들의 연주를 감상했다. CD를 통해 듣는 유명 연주자의 음악은 아니었지만 바로 1~2m 앞에서 현의 떨림까지 느낄 수 있음은 행운이었다.

오늘 프로그램 중 제일 볼만했던 건 저녁 7시에 하는 볼룸 댄스 쇼다. 선사 소속 무용수 10명과 가수 4명이 나와 차차차, 자이브, 룸바 같은 라틴 댄스를 훌륭하게 보여줬고 우리에게 춤을 가르쳐줬던 남자 강사가 여럿 가운데 단연 돋보여 우리는 그가 주인공이라고 하였다. 삼바를 출 땐 나도 덩달아 추고 싶을 만큼 흥겨웠다. 라틴뿐 아니라 모던 댄스 종목인 왈츠, 폭스트롯, 퀵스텝과 심지어 파소도블레까지 노래에 맞춰 멋들어지게 보여주었다. 우리나라에서는 모던 댄스와 라틴 댄스 전공 분야가 다르다고 비전공 종목은 추지 않는데 여기 무용수들은 두 종목을 어렵지 않게 췄다.

밤 10시엔 60년대 음악 퀴즈와 댄스가 있었다. 비틀스와 밥 딜런, 엘비스 프레슬리, 사이먼 & 가펑클, 피터 폴 메리, 클리프 리처드, 닐 다이아몬드, 소울의 대가 레이 찰스의 주옥같은 팝송을 참 좋아한다. 비트가 빠른 노래보다 60년대 팝송, 낭만적이고 서정적인 가사가 좋은데 나이 들수록 기운이 빠져 하루 종일 놀고 밤까지 놀 생각은 못하겠다. 분수를 알자, 무리하지 말자하고 잠자리에 들었다.

Day 3. 오타루

오늘은 오타루에 간다. 아침 일찍 나가면 많은 것을 볼 수 있다고 생각하여 8시 반부터 출구 쪽으로 나갔지만, 대기 번호가 22번 그룹이라 한참을 기다려야 했다. 1, 2번은 선택 관광 팀, 3번은 단체관광 팀 이렇게 되니 우리는 천명 이상 중에서 뒤로 밀려 출입국 심사하는 데만 약 2시간 이상 서서 기다려야 하는 거다.

온갖 수다를 떨며 재미있게 얘기했지만, 아직도 한 시간밖에 지나지 않아 직원에게 얘기했다. 우린 6명인데 저기 있는 나의 남편이 지팡이 짚고 있는 것 보이느냐 말했다. 그는 무릎이 좋지 않다고 했다. 놀랍게도 그녀는 22번 대기번호를 무시하고 금방 내보내 줬다. 일행들이 무슨 말을 했기에 이렇게 빨리 보내주는지 이상하게 여겼다. 그냥 지팡이를 보라 했다고 하니 재미있어했다. 사실 남편은 무릎을 보호하기 위해 갖고 다니며 무리하면 아프기도 하니 거짓말도 아니다.

오타루엔 역이 세 군데 있다. 오타루 역, 미나미오타루 역, 오타루 치코 역. 유람선이 내리는 곳에서 가까운 역이 오타루 치코 역인데 항구 왼쪽, 윙베이 오타루라는 쇼핑센터와 연결되어 있었다. 10분쯤 걸어 역에서 삿포로 가는 쾌속 기차를 탔다. 640엔, 배차 간격 매 20분, 바다 옆을 달려간다. 누군가 정동진 가는 열차보다 더 바다와 가깝다고 했다. 삿포로는 30분 정도 걸리니 반나절 동안 다녀올 만했다. 조그맣고 깔끔해 보이는 단독주택들을 스쳐 지나갔다. 갑자기 이어령 선생의 축소 지향의 일본인이라는 말이 생각났다. 지진 때문인지, 인구가 많아서인지, 아니면 개인이 관리할 수 있는 만큼의 크기를 선호해서인지 몰라도 집들이 아주 조그맣다.

일본 홋카이도는 도시라 해도 공기가 맑았다. 오도리 공원 가는 길에 발견한 홋카이도대학 식물원에서 입장료 420엔을 내고 가볍게 걸어 다녔다. 대학 부속 식물원이지만 1890년부터 조성해서 이끼가 낀 커다란 전나무와 각종 식물들이 예사롭지 않게 자라고 있었다. 동물 박제관은 특히 인상적이었다. 많은 종류의 동물들이 마치 살아있는 듯 생생해서 아이들에게도 좋은 교육 자료가 될 것이다.

거기에서 나와 조금 걸으니 도심 한가운데 길게 뻗은 오도리 공원에 닿았다. 꽃과 분수를 구경하다 720엔 주고 높이 약 148m 되는 텔레비전 전망대로 들어가 보니 삿포로가 한눈에 다 들어왔다. 오도리 공원은

홋카이도대학 식물원
출처: 홋카이도대학 제공

밑에서 걸을 땐 공원치고는 꽃과 나무 배치가 어딘지 모르게 허술하다 했는데 위에서 아래로 보니 훨씬 더 짜임새 있어 보였다. 겨울에는 공원에서 눈 축제가 열려 백설과 얼음 조각, 반짝이는 불빛으로 인해 황홀해진다 했다. 몇 그루 단풍든 예쁜 나무들도 있지만 아직은 본격적인 단풍철이 아니라 눈을 유혹할만한 건 없어도 날씨 좋은 10월 중순은 참 걷기 좋았다.

삿포로에서 잘한 것은 호텔 식당에서 좋은 음식을 싼값에 먹은 것이다. 식물원 가는 길에 열 가지 음식에 1,300엔이라는 광고를 봤다. 무조건 들어가 보니 연어와 구운 생선 조각을 덮은 밥과 우동, 무우 생선 조림, 샐러드와 싱겁게 절인 야채와 해초 등 값에 비해 여간 알찬 게 아니라 유람선 음식과 다른 종류의 호사를 누린 셈이었다. 입과 배, 눈이 만족스러웠다. 남편에게는 살찌게 하려고 덴뿌라가 포함된 천팔백 엔짜리 밥을 시켜줬는데 맛있다 했다.

우리가 탄 기차에 같은 유람선 승객인 한국 부인 둘이 탔는데 그들은 쇼핑하러 삿포로 역 앞 백화점에 간다 했다. 우리가 한 일은 쇼핑보다는 먹고 한가롭게 걸은 것이었다. 지옥 계곡과 에도 시대를 체험할 수 있는 민속촌 다테지다이무라가 있는 노보리베츠 온천은 삿포로에서 30분이 걸리나 거기를 방문할 시간은 없었다. 또한 삿포로 맥주가 유명하다 해서 맥주원이나 맥주 박물관에서 무료로 시음도 하고 오만 원쯤 들어 무제한 털게 요리도 먹을 수 있겠지만 털게는 차서 먹는 게 부담스러워 그것도 포기했다. 이렇게 어슬렁거리며 한가롭게 지내다가 오후 3시쯤 역으로 가서 오타루행 기차를 타는 것이 편했다.

오타루 운하와 오르골당이 있는 상점거리에 가려면 미나미오타루 역

오르골당

오르골당 내부

출처: 오타루트레블

출처: cruise.com

오타루 운하

에서 내리면 편하다. 주택가 골목을 10분쯤 걸어서 운하 가까운 사카이 마치혼도리 거리에 갔다. 그곳에는 오르골당과 유리 공예품, 크리스털과 각종 그릇, 장식품, 과자, 빵, 음료 파는 곳과 카페테리아 등 아기자기한 가게들이 죽 늘어서 있어서 가게마다 들리게 되면 하루가 후딱 지나갈 판이다.

우리는 먼저 오르골 가게에 가서 아이들에게 줄 선물을 골랐다. 음악이 다르니 귀에 대고 하나씩 비교하며 들었다. 그리고 무거운지, 가벼운지, 잘 깨지는지, 튼튼한지, 그리고 가격까지 따지니 선택이 쉽지 않았다. 그곳은 오르골 본당이었는데 이곳 외에도 오르골 골동품 박물관, 동물 주제관, 캐릭터 하우스에 여러 분점까지 있으며 각기 개성이 있어 모두 방문하면 다 좋다 하였다.

남편은 한 곳만으로도 지겨운지 저만치 홀로 앉아있었다. 오래 시간을 끌 수도 없어 대강 골랐지만 벌써 몇 십 분이 지났다. 남편은 따로 여기서 쉬고 있겠다며 한 시간 반 뒤에 만나자 하고 헤어졌다. 우리는 과자 가게 가서 선물로 한두 상자 사고 노랗고 예쁜 호박 아이스크림을 사 먹으며 운하 쪽으로 걸어갔다.

이삼백 미터도 안 되어 보이는 짧은 거리지만 잘 정비하여 산책하고 배까지 타고 다닐 수 있게 만들어 놓았다. 한 때 십 수 년 간 매립과 보존을 둘러싼 논쟁이 있었다고 하지만 머리를 맞대고 의논하여 이곳을 수입까지 올릴 수 있는 아름다운 장소로 만든 건 오타루 시민의 자랑거리일 것이다. 그 좁은 운하에서 배를 타는 관광객들이 보였다. 어둑해지자 가스등이 켜지기 시작했다. 산을 향해 옛 애인을 생각하며 "오겡끼데스까"를 외치는 영화 '러브레터'의 배경이 된 오타루 지도엔 그 영화를 촬영했던 거리가 표시되어 있다. 운하는 깊은 밤이 되면 더 아름답다고 한다.

그러나 배 떠날 시간이 되어 우리는 레스토랑으로 변한 창고를 지나 택시 타고 항구로 돌아왔다. 유람선 앞에서 아침에 삿포로 기차역에서 봤던 여인들을 만났는데 우리더러 명함을 달라고 하면서 다음에 자신들도 크루즈 데리고 가 달라고 얘기했다. 패키지로 오나 자유 여행을 하나 장단점이 있으니 무조건 자유 여행이 좋다고 할 수는 없는 것이다. 우리같이 자유 여행을 오면 자유롭게 다닐 수 있고 비용은 좀 싸게 먹힐지 모르지만, 다리도 아프고 많은 곳을 못 보는 단점이 있다.

배에 오니 너무 피곤해서 쇼도 보기 싫고 밥도 먹기 싫었다. 그래서 피로를 풀려고 혼자 사우나를 하러 갔지만 수리 중이어서 자쿠지라도 하자며 거품 욕조 안에서 눈 감고 조용히 쉬었다. 좀 누워있다 배가 고파 뷔페식당에서 가서 국수와 볶음밥, 어묵을 먹었더니 기운이 났다.

저녁 쇼 타임에는 대만 마술사 마이크 차오의 마술 공연이 있었다. 우리나라 이은결과 최현우 마술사는 현란한 기술로 관객의 마음을 빼앗는데 대만인 마이크의 기술은 뒤떨어졌다. 나중에 마술의 비밀까지 알려주니 마술사의 기초가 모자란다. 완전 실망이었다. 이은결과 최현우의 에이전트가 되어 세계 각국 유람선이나 라스베이거스에 소개해 주고 싶은 마음까지 들었다.

밤에 록 음악도 있고 라틴 댄스홀도 있지만 피곤하여 일찍 잠자리에 들었다. 선상 안내서를 보니 오늘 오타루에 나가지 않고 배에서 지내는 승객들을 위해 탁구, 농구와 가라오케, 게임 시간이 있었고, 홀마다 종류가 다른 밴드가 음악 연주를 많이 했다.

선사 제공 선택 관광 중 오타루의 서쪽 끝 샤코탄 반도와 카무이 곶 방문을 추천했다. 주변 해안선이 국립공원으로 지정될 정도로 웅장하고 거친 해변 경치가 뛰어나다고 했으나 우리는 기차 타고 삿포로 가느라 시간이 없어 갈 생각도 못 했다. 삿포로 가기 싫으면 오타루에서 하루 종일 지내도 좋을 장소가 많다. 오타루는 바다와 산으로 둘러싸여 언덕도 많고 아름다운 곳이다. 750엔 주고 일일승차권을 사서 무제한 돌아다닐 수 있다.

오타루의 대표 음식이라 할 수 있는 스시, 생선 초밥을 스시 거리에 가서 100채 이상 있는 가게 중 골라잡아 맘껏 먹을 수도 있고, 영화 '러브레터'에 나오는 장소를 따라 다니며 추억에 잠길 수도 있다. 항구에서 오른쪽으로 약 6km 떨어진 슈스코 지역에 가면 귀빈관과 별장 같은 문화유산과 등대, 전망대에서 아름다운 경치를 감상할 수도 있다.

Day 4. 하코다테

　오늘은 출입국 심사가 없어서 바로 나가니 셔틀버스가 있었다. 하코다테는 홋카이도의 남서쪽에 있는 항구로서 일본 중심 섬인 혼슈와 홋카이도를 연결해 주며 19세기 말 서양과 물자 교역을 시작한 곳이다. 서양과 동양의 문화와 건축물이 혼재한 곳이라 했다.

　셔틀을 타고 항구에서 7km, 20분 걸려 하코다테 역에 도착하니 비가 조금씩 내리는데 교사 인솔 하에 교복을 입은 여학생들이 짝을 지어 외국인 관광객들을 위해 통역 봉사를 하고 있었다. 어제 오타루에서도, 오늘 하코다테에서도 시민들이 관광객들에게 적극적으로 친절을 베풀었다. 우리도 여학생 둘한테 모닝 마켓(아침 시장)의 위치, 고로카쿠 성과 하코다테 산의 로프웨이 가는 교통편을 물어본 후 가까운 모닝 마켓부터 갔다.

　400여 개의 조그만 가게들이 큰 건물 안에 다닥다닥 붙어서 신선한 해산물, 털게, 건어물과 과일 등을 팔고 있었다. 우리는 불 위에 구운 조가비 2개를 사서 나누어 먹었다. 손바닥보다 큰 거라 두어 조각 맛을 보고 트램(전차)을 탔다. Day Pass를 사려다 별로 많이 사용할 것 같지도 않았고 더구나 오늘은 철도의 날이라 거리와 관계없이 매번 200엔을 내고 탈 수 있었다. 아까 셔틀버스 안에서 만난 일본인이 일러 준 대로 고료카쿠 사적지 가는 길에 있는 마루이 이마이 백화점에 내려 점심을 먹으러 갔다.

우리나라 백화점과 다를 바 없었는데 지하 슈퍼에는 반찬과 음식 재료가 많았다. 김밥과 오뎅, 생선회 등이 있어서 한 접시 천 엔 하는 생선회와 따뜻한 어묵을 샀으나 따뜻한 우동은 없었다. 그곳을 나와 사적지 가는 길의 국수 전문집에 가서 750엔짜리 나가사키 짬뽕과 미소 라멘을 시켰는데 식당이 좁아서인지 손님이 가득 찼다. 노인이 요리를 하니 우리는 그가 평생 국수 요리를 했을 것이다, 그래서 단골손님이 많다, 보나 마나 맛은 있을 것이다 짐작했다. 기름지고 찰진 밥 한 공기도 줬는데 정말 국수가 맛있었고 밥도 맛있었다. 그러나 약간 짜서 국물은 먹지 못했다.

식당에서 조금만 걸으면 고료카쿠 사적지였다. 입구 앞 높이 100m 정도인 전망대에 올라가 보니 해자로 둘러싸여 있는 오각형 별 모양 사적지가 한눈에 들어왔다. 사진을 보니 봄이 되면 벚꽃 1,600그루가 오각형을 돌아가며 흐드러지게 피고 한여름 밤엔 해자와 돌담을 화려한 무

고료카쿠

대로 삼아 별 모양 해자 주위를 이천여 개의 전등으로 장식하고 야외극 축제를 연다고 했다.

고료카쿠의 역사를 읽어보니 조선 말 개항을 둘러싸고 개국이냐 쇄국이냐 사이에서 수구파와 신진파와의 갈등이 비슷하게 일어난 것을 알 수 있었다. 1854년 신정부가 미국과 개항 체결장소를 하코다테 항구로 정했는데 개항을 반대하는 막부 구세력과 명치 신정부 군이 1869년 전쟁까지 벌어서 일진일퇴 치열하게 뺏기고 탈환한 장소였다.

그곳을 나와 다시 트램을 타고 하코다테산 입구에 내려 로프웨이로 334m 산 정상에 올랐다. 하코다테 시내가 한눈에 들어오면서 눈 아래 러시아 정교회의 초록색 양파 같은 교회 탑이 보이고 노란색의 공회당 건물도 보였다. 해가 기웃기웃 수평선으로 넘어가는 중이었는데 바람이 엄청나게 심하게 불고 추워서 실내로 들어왔다. 전망대 식당에 들어가 핫 초코와 허브차를 마셨다. 안락하게 쉼을 주니 찻값이 오히려 싸게 여겨진다.

아주 어두워지기 전 내려갔는데 그때부터 일본 3대 야경의 하나라는 유명한 하코다테 야경을 보러 관광버스들이 몰려오고 수많은 사람들이 로프웨이 입구에서 긴 줄을 서고 있었다. 그렇게 많은 사람을 보니 갑자기 보아도 보아도 만족이 없고, 먹어도 먹어도 모자라는 끝없는 탐욕에 대한 잠언 구절이 떠올랐다.

밤에는 호주 여자 가수 니키 베넷의 쇼가 있었다. 같은 시간 3층 부티크 거리에는 롤렉스 시계와 색깔 있는 다이아몬드 소개와 할인 판매, 옥, 향수, 금 장신구 세일을 했다. 이것들뿐 아니라 아이패드, 아이폰, 맥북 등 애플사의 제품과 무선 스피커를 면세로 팔았다. 카지노에는 180개의 잭 포트가 유혹하고 소믈리에가 와인 시음을 추천했다.

Day 5. 해상

　마지막 밤이라 쇼를 보기 전에 우리는 턱시도와 드레스를 입고 사진을 찍었다. 오늘의 쇼, 브로드웨이 뮤지컬과 춤은 공연 중 가장 훌륭했다. 땀을 비 오듯이 흘리며 공연하는 무용수들은 과연 프로였다. 그들은 쉴 새 없이 다양한 춤과 의상으로 승객의 귀와 눈을 즐겁게 해 줬다. 공연 감상 후 정장을 잘 차려입은 김에 춤도 좀 추고 싶어서 댄스홀로 갔다. 홀 앞줄에 앉으니 어떤 여자가 얼굴을 찡그리며 손을 흔들며 저리 가라는 표시를 해서 기분이 상했다. 그녀에게 네 의자냐, 자리 돈 주고 샀느냐 하며 쏘아붙였으나 몇 명의 남자, 여자가 들어와 그 자리를 차지했다.

　일행들이 우리를 보는 것 같아 기분이고 뭐고 한 번 춰보자며 홀에 나갔으나 그동안 배웠던 스텝들이 하나도 생각이 안 났다. 이리저리 발이 엇갈려 밟히고 밟으며 엉터리로 추다 들어왔다. 배운 사람이나 안 배운 사람이나 춤은 흥을 내며 리듬을 탈 줄 아는 사람이 잘 추게 되어 있다.

　크루즈 마지막 밤, 그동안 매 $50 쇼핑할 때마다 받은 응모권에 당첨되면 $500짜리 시계를 준다 하여 기대감을 가지고 H가 갔으나 11층 선실 사람이 시계를 가져갔다고 했다. 처음 이름 불린 자가 안 나와 두 번째 이름이었으니 그는 오늘 확실히 운이 좋은 사람이다. 우리는 짐을 싸고 내일 하선을 준비했다.

Day 6. 요코하마, 도쿄

　요코하마 항구에 도착하여 가방을 직접 끌고 나오니 시간이 절약되었다. 전날 밤 10시 전까지 선실 문 앞에 가방을 내놓으면 직원들이 항구 터미널에 옮겨 주지만 이천 명 승객의 가방을 옮기려면 시간이 걸린다. 어느 때는 오전 7시에 배가 도착한다 해도 10시가 넘어 찾는 수도 있다. 요코하마에서 더 많은 시간을 보내기 위해 짐 들고 미리 나와 터미널에서 짐 보관 로커에 400엔 주고 가방을 맡겼다. 직진하여 버스정류장 가서 큰딸이 일러준 대로 산케이엔 가는 8번 버스를 타니 20여 분 만에 도착했다.

　산케이엔(三溪園)은 제사, 생사 무역으로 부를 이룬 요코하마의 실업가 산케이가 1902년부터 20년 걸쳐 조성한 53,000평 크기의 정원이다. 외원과 내원이 있는데 교토와 가마쿠라 등지에 있었던 역사적 가치가 있는 17개의 사원이나 집을 이축하여 아름다운 자연과 조화롭게 배치하니 볼거리가 많았다.

　춘하추동, 분재, 매화와 벚꽃, 수국과 반딧불, 연꽃, 단풍과 동백에 이르기까지 전시와 행사가 많아 그것을 감상하러 많은 사람들이 방문하는 곳이다. 음력 8월 보름(우리나라 추석 때)에는 5일간 보름달 감상회도 가진다 했다. 이제는 국가 지정 명승이 되어 입구는 관광차에서 내린 많은 사람들과 우리 같은 개별 여행자들로 복작거렸다.

요코하마 항구
출처: 로얄 캐리비언 크루즈 한국총판

요코하마 산케이엔

　연못을 둘러싼 외원은 1906년부터 일반에 공개된 구역으로 꽃을 많이 심었고 550년 전 교토 도묘지 절에서 이축된 3층 석탑과 3채의 찻집이 있었다. 내원에는 개인 정원으로 1500년대부터 1600년도 사이에 짓고 이곳으로 이축된 옛 건물 6채와 1900년대 초에 지은 5~6채의 건축물이 조화롭게 앉아 있었다. 이곳을 자세히 둘러보려면 3시간은 걸릴 것이나 우리는 두어 시간 산책 삼아 걸어 다녔다.

주일이라 조용한 벤치에 앉아 남편이 시편 23편과 시편 139편을 읽고 간단히 성경에 대해 나눈 후 기도로 짧은 시간 예배드렸다. 산케이엔을 나와서 버스 정류장으로 가는 골목에 석류가 많이 달린 나무를 보고 사진을 찍었다. 주택가 조그만 화분에서 키우는 꽃들이 벽을 따라 앉아 있는데 골목이 참으로 예뻤다. 사람은 화장을 하고 집과 마을은 꽃으로 단장한다.

다시 8번 버스를 타고 나와 츄카가이 이리구치(中華街 入口)에서 내렸다. 일본에서 제일 크다는 차이나타운이다. 휴일 점심때라 골목골목 많은 사람들로 붐볐다. 삼백 엔에서 오백 엔 정도 하는 어른 주먹보다 큰 만두를 사서 길에 서서 먹는 젊은이들이 많았다. 우리는 식당으로 들어가서 국수와 마파두부를 먹었다. 국수류는 800엔에서 1,200엔 정도면 먹을 수 있었다. 중국 관광객들이 우르르 몰려오더니 북경 오리가 많이 매달려 있는 식당으로 들어갔다.

점심을 먹고 야마시타 해변공원을 지나가는데 그곳 역시 많은 사람들이 해풍을 맞으며 거리 공연도 보고 10월의 햇살을 즐기고 있었다. 짐 찾으러 터미널로 갔는데 마침 10인승 합승차에서 사람들이 내리기에 시나가와 역까지 얼마인지 물으니 여섯 명에 15,000엔, 큰 맘 먹고 그것을 탔다. 1인당 2,500엔이 들었지만 넓고 안락한 밴에서 쉬니 피로가 풀렸다. 타길 잘했다. 시나가와 역 앞의 게이큐 엑스 인은 30층 건물로 26층 프리미움 더블룸 금연실이 14,300엔인데 큰딸 덕분에 교통 편리한 곳, 좋은 방에서 지내게 된 것도 다행이다. 호텔은 아주 만족스러웠다.

짐을 객실에 두고 역으로 나가 딸이 말한 대로 스이카 카드(SUICA

CARD)를 500엔 보증금으로 충전하여 3,000엔짜리를 사서 아사쿠사에 갔다. 센소지 절로 들어가는 길옆으로 기념품과 찹쌀떡, 일본 과자 가게가 줄지어 있는데 많은 사람들이 골목에 꽉 차서 부딪히며 걸었다. 길 끝 절은 그저 평범하였다. 하얀 실크를 베일같이 옆으로 내려 얼굴을 약간 가리는 모자를 쓴 기모노 여인과 사무라이 복장을 한 외국인 남자가 절에서 결혼식을 마치고 나오고 있었다.

아사쿠사는 서울의 인사동 같다. 시장해서 길에서 튀긴 찹쌀떡과 오뎅, 오코노미야끼를 사 먹었다. 남편은 아사쿠사에 닿자마자 따라 다니며 구경하기 싫다고 했다. 혼자서 쉬든지 알아서 시간을 보내겠다고 하여 홀로 두고 우리끼리 먹으니 걱정이 되었다. 그는 한 시간 이상 혼자 있다 우리를 보자마자 배고프다고 저녁을 사 먹자고 했다. 네 명은 오므라이스를 먹고 두 명은 우동을 먹었다

아사쿠사 구경 후 지하철을 타고 환승하려고 긴자에 내리니 가부키 공연하는 극장이 바로 옆에 있었다. 일행에게 물어보고 극장으로 갔다. 800엔, 서너 시간 걸리는 전체 공연 중 마지막 23분간 하는 단막극을 공연장 맨 꼭대기 4층에서 서서 보는 것이었다. 일행들도 좋다 하여 예매를 했다. 그런 조건으로 보는 공연 표 예매자가 백 명이 넘는다. 우리는 4층으로 올라가서 기다리는 동안 가부키에 대해 알아보고 줄거리도 읽어 보았다. 글로만 보고 영화로만 봤던 가부키 공연을 직접 보게 되다니 감개무량이다. B는 가부키 한 번 보는 게 소원이었노라 했다.

가부키는 1603년 에도 시대부터 400여 년간 음악, 무용, 연기를 합해 민중들이 보던 연희였다. 애초엔 여자 배우였으나 음란한 연고로 미풍양속을 해친다 하여 도쿠가와 막부가 공연을 금지 했는데 배우들이 먹고 살기 어려워 남자들만 출연시킨다는 조건으로 공연이 계속되었다 한다.

남자들이 여성 역할을 하면서 남자라는 걸 속이기 위해 얼굴에 흰 칠을 하고 독특한 발성법과 과장된 동작을 한다. 우리가 서양 뮤지컬과 오페라, 발레를 보면 뭔가 있어 보이듯, 서구 사회에서는 가부키에 대해 알고 공연까지 봤다면 문화적으로 격이 있어 보이는 사람으로 여긴다. 속물적인 허영심으로 가부키 공연을 보고 싶었다기보다는 일본 문화 공연의 하나인 가부키가 뭔지 궁금해서 진정으로 보고 싶었던 건 사실이다. 서서 보는 좌석이었는데도 4층 맨 꼭대기에 다행히 좌석이 남아 대부분 다 앉을 수 있었고 예매를 가장 나중에 한 열댓 명은 서서 보았다.

우리가 본 공연의 내용은 이렇다. 등꽃의 요정인 어느 여인이 사랑스러움을 우아하게 춤으로 표현한다. 그러다 옆에 서 있는 소나무를 자신의 연인으로 생각하고 약간 취한 듯이 넋을 잃고 춤에 빠지게 된다. 그러나 밤이 되어 조용히 떠난다는 내용이었다. 일행은 참 잘 왔다, 좋은 경험이다, 잘 쉬었다, 졸기도 했다며 저마다의 후기를 나누었다. 그러면서도 가부키는 우리나라 사람들 정서에 맞지 않는다고 했다. 단음으로 부르는 남자들의 노랫소리, 조그만 원통 모양의 북을 무릎 위에 놓고 규칙적으로 손을 아래에서 위로 들어 올리며 탁탁 치는 모습, 일본 악기 샤미센의 단조로운 음, 하얗게 칠한 얼굴의 남자가 조용히 움직이는 모습 등이 낯설다고 했다.

현란하면서 애절한 음으로 현 위에서 정신없이 노는 가야금, 거문고와 해금의 소리와는 비교가 안 된다고 그들의 악기를 폄하하였다. 사물놀이 타악기의 흥이 나는 힘찬 소리와도 도무지 비교가 안 된다고 하였다. 한일 축제 한마당 때 요시다 형제가 연주한 샤미센은 다양한 소리에 힘찬 연주였는데 가부키의 음악 자체가 조용한 편인지 우리가 본 단막극이 조용한지 모르겠다. 어쨌든 우리는 다 경험하지도 않았고 잘 모르면서도 눈감고 코끼리 등 한번 만지고 평가하듯 단번에 별거 아니다 하였다.

　독일 영화 '사랑 후에 남겨진 것들'을 보고 울었는데 주요 배경이 일본이었다. 그때는 가부키가 뭔지 잘 몰라 배우가 흰 칠한 얼굴로 춤을 추니 같은 종류인 줄 알았다. 알고 보니 그 영화에서 추는 춤은 부토 댄스라 하였다. 언젠가 잡지에서 읽은 바로는 가부키와 부토 댄스를 보고 우는 서구인들이 많다 했다. 그들의 절제된 움직임과 음악은 영혼을 울리는 몸짓이라 했다. 그런데 우리는 20여 분 보고 별거 아니다 했다.

　아는 만큼 보이고 보는 만큼 느낀다고 했는데 아는 것도 없으면서 다 경험한 듯 판단에는 빨랐다. 가부키자 좌석은 21,000엔부터 4,000엔까지 있었으나 우리는 800엔 주고 그야말로 맛보기 한 것이다. 누가 그랬다. 그래도 일본 가서 가부키 봤다 하면 사람들이 놀랄 거라고. 마음먹지 않으면 보기 힘든 건 사실이었다.

귀국, 도쿄서 부산으로

　게이큐 엑스인 호텔의 조식은 훌륭했다. 식당 3면이 연못과 키 큰 나무로 둘러싸여 숲 속에 온 듯했다. 목이 긴 황새 한 마리가 바위 위에 서 있었다. 연못 위에 떨어지는 빗줄기를 바라보며 한가롭게 차 한 잔 마시면서 그곳에 오래도록 있고 싶었다. 일행들은 아침 식사의 질이 좋다고 만족스러워했다. 찰진 밥과 골파가 송송 들어간 두부 미소국, 적절히 짭짤한 밑반찬과 김치, 게다가 서양식 조식도 갖추고 있었다. 자몽조차 먹기 좋게 잘라서 손님이 먹기 쉽게 했다. 그들의 배려로 기분이 좋았다.

　입맛에 맞는 아침을 든든히 먹고 황거로 갔다. 유라초코 역에서 내려 빗속을 걸어갔으나 내원은 개방이 안 되어 보지 못했고 다만 내궁을 둘러싼 해자 주위의 외원은 공원 같아서 걸어가며 둘러보았다. 잘 가꾼 잔디밭에 서 있는 소나무 한그루 한그루가 분재 작품같이 전지가 잘 되어 있었다. 여기서는 인증 사진만 찍었다.

　왜 교토나 나라를 가는지 알겠다. 도쿄의 궁은 그저 왕의 거주지일 뿐이다. 차라리 신주쿠 가이오엔 국립 정원에나 갈 걸 그랬다. 시나가와 역 근처도 쇼핑센터가 많으니 호텔 근처에서 선물이나 사자면서 돌아왔다. 캐시미어 스웨터와 선물 등 각자 1시간 반쯤 구경하다 사고 점심을 해결한 후 로비에서 만나자고 했다. 그들은 근처 한국식당에서 비빔밥을 먹었다는데 갈수록 맛있는 음식을 먹었다고 했다. 우리도 비빔밥과 덮밥을 먹었다.

스이카 카드로 나리타 공항까지 가려다 비가 오는데 큰 가방을 끌고 역까지 가기 번거로워 호텔 앞에서 셔틀버스를 타기로 했다. 3,100엔. 비싸다 해도 우리 나이에 지나친 고생과 궁상맞은 행동은 못 하겠다며 셔틀로 결정했다. 스이카 교통카드에 남은 돈을 돌려받아야 하는데 수수료 220엔을 제하니 약 1,300엔이 남아 있다. 만약 수수료가 아깝다면 끝까지 써 버리면 되는데 편의점에서도 사용할 수 있다. 공항에서는 과자를 선물로 샀다.

후기

일행들에게 이번 크루즈 여행에서 좋았던 것을 꼽으라 하니

1. 쇼가 볼만했다.
2. 춤 강습이 좋았다.
3. 사우나와 기항지 관광이 좋았다.

처음 온 사람들은 모든 게 좋았다 하고 여러 번 크루즈를 가본 사람들은 음식과 쇼 등 여러 가지를 비교했다. 어느 미국인 부부가 자기들이 크루즈를 열 번쯤 가 봤는데 이 크루즈는 음식이 비교된다 하였다. 그들과 같이 우리도 음식 질은 확실히 안 좋다고 얘기했다. 김밥과 김치까지 나온 동남아 크루즈도 있었는데 이번 크루즈는 상해 출발 도쿄 도착이고 반 이상이 아시아인이었는데도 아시아인을 위한 배려가 너무 부족했다.

사실 크루즈 셋째 날 리셉션에 가서 컴플레인(불만) 접수를 했었다. '여기 아시아인이 얼마나 많은데 중국과 일본인 요리사도 없나, 한국인, 일본인 요리사를 고용해라, 김밥이나 찰진 밥, 김치와 미소 된장국이라도 제공하라, 국수 볶는 요리사는 혼자밖에 없나, 기다리는 사람들 수는 너무 많다, 이렇게 배려를 안 하는 배는 처음이다' 등으로 강하게 표현했

더니 그 다음 날 입술이 얄팍한 일본인 요리사가 히히 웃으며 어묵 뒤에 서 있었다. 그 어묵은 질이 좋아 백화점에서 사 먹은 것과 똑같았는데 아마도 선사에서 나의 불만을 보고 기항지에 내려 비싼 돈 주고 구입한 거라고 생각했다. 그 날 국수 볶는 곳은 사람들이 많지 않았다.

나를 제외한 일행은 정찬 식당에서 먹었다. 난 너무 힘들어서 혼자 쉬다 배가 고파 따로 먹었기에 그들은 두텁고 통통한 어묵 맛도 못 본 것이다. 나중에 얘기한들 무슨 소용이 있나. 크루즈 값이 쌌기에 더 좋은 음식을 먹으려면 스페셜티 식당에서 돈 주고 사 먹으면 되겠다. 떠나는 날 아침에 옆 테이블에서 일흔쯤 된 한국인 두 부부가 깻잎, 고추조림과 김치, 김을 갖고 와서 냄새나는 것도 개의치 않고 맛있게 먹고 있었는데 나도 옆에서 입맛을 다셨다.

도쿄 지하철과 그 외 장소에서 공공 예절에 대해 쓴 것을 보았다.

1. 여행 가방을 눕혀서 끌지 말고 세워서 바로 옆에서 끌 것. 가방이 비스듬히 끌리면 뒤에 오는 사람이 가방에 부딪히기 쉬워 폐를 끼치기 때문이다(그러려면 바퀴 네 개 달린 가방이 필요하다).
2. 줄 설 때 사람이 많은 곳에 몰려서지 말고 골고루 사람이 분포되도록 나누어 서기
3. 백 팩을 등 뒤에 두지 말고 앞으로 돌려 안고 있기(뒤 사람에게 폐를 끼친다고 생각함).
4. 줄 설 때 인내 있게 기다리기
5. 에스컬레이터는 손잡이를 쥐고 서기

그 외 기차에서는 조용히, 휴대폰은 진동이나 묵음으로. 하여튼 다

일리 있는 말이다. 백 팩을 뒤에 두지 말고 앞으로 돌려 가슴에 안고 있는 것은 괜찮은 매너이다.

끝까지 탈이 없다면 여행이 아니다. 대전에서 내릴 준비를 하는데 B가 얼굴이 하얘서 달려왔다. 그녀의 가방이 없어졌다고 했다. 몇 사람 가방은 저쪽 객차 입구 짐칸에, 우리는 객차 이쪽 짐칸에 두었는데 우리가 달려 가보니 과연 그녀의 가방은 안 보였다. 이럴 수가. 그녀 남편이 매 역에 도착할 때마다 짐칸으로 가서 가방을 확인하라 해서 동대구, 김천역에서 확인했다는데 대전역에 내리려고 나가보니 사라진 것이었다. 나도 가방을 도난당할까 봐 아주 크고 무거운 가방은 짐칸에 두었고, 기내 가방은 아예 안으로 들고 와 불편해도 다리 밑에 보관했었다. 어쩐지 나도 불안해서 조심했는데 이런 일이 발생하다니.

우리는 순간 우왕좌왕하며 승무원 불러라, CCTV는 어디 있니 하고 진정하지 못하고 있는데 남편이 급히 왔다. 그가 짐칸을 살피는 대신 좌석 안으로 들어가 보더니 갑자기 여기 있다고 하였다. 들어가는 입구 바로 옆 좌석과 벽 사이 좁은 틈에 가방이 숨어 있었다. 찬찬히 살피지 않으면 보이지 않았다. 몇 초안에 내려야 하는데 마음은 급하지 가슴은 뛰지 정신이 혼미한데 그쪽이 보일 리가 없었다. 누가 가져가려고 숨긴 것일까?

그가 찾아내자마자 가방을 들고 대전역에 내렸다. 모두 떨리는 가슴을 쓸어내리며 나의 남편을 존경하기 시작했다. '어떻게 거기까지 보셨냐', '대단하다', '예사 분이 아니시다', '역시 당신은 최고여' 등 칭찬을 쏟았다. 남편은 어제 예배를 드려서 하나님이 봐 주셨다 하고 나는 그가 성령으로 인도받았나 보다 했다. 하여튼 有朋이 自願同行하니 不亦樂乎아, 친구들이 있어서 자원 동행해주니 이 또한 기쁘지 아니한가.

십오 년 전쯤 태국 치앙마이에서 1박 2일 트레킹을 한 적이 있다. 두어 시간 걷다가 조그만 폭포가 보이면 뛰어들어 물놀이를 했다. 또 한참 땀 흘려 걷다 시냇물 넓은 곳이 보이면 몸을 적시고 물을 튀기며 놀다가 해거름에 전기도 없는 고산족 마을에 도착해서 소박한 저녁을 먹었다. 그때 잠잤던 곳은 흙바닥에서 몇 계단 올라가면 마루가 깔린 넓은 방이었는데 깔개 하나 위에 모기장을 쳐서 한 사람이 자도록 만들었다. 그런 것이 두 줄로 나란히 서른 명은 잘 수 있게 만들어 놨다. 내 옆은 네덜란드에서 온 젊은 여자였다. 나의 딸 또래였는데 잠자기 전 각각의 모기장을 사이에 두고 많은 이야기를 나누었다. 그녀는 휴가를 이용해, 한 달은 태국 남쪽 지방 마을과 학교에서 자원봉사를 하고 한 달은 이렇게 돌아다니며 즐겁게 논다고 했다. 그녀는 어린 시절부터 학교에서 '한 사람이 온 세상을 바꾼다'는 내용을 무수히 배웠다면서 비록 완벽하지 않지만 자기 한 사람이 세상을 바꿀 수 있다는 것을 믿는다고 했다. 그래서 이렇게 자원봉사 다닌 지가 몇 년째라 했다.

나도 그녀와 같이 한 사람의 영향력을 믿으며 살아왔다. 작은 불꽃 하나가 큰 불을 일으키듯이 모든 건 작은 행동, 보잘것없는 존재로부터 시작된다는 것을 마음속에 새기며 가능하면 쓰레기 하나라도 줍거나 하수구에는 친환경 발효액인 EM을 흘렸다. 그런데 여행기, 그것도 크루즈 여행기를 내면서 이 책이 영향력이 없다고 생각하고 싶지는 않다. 누군가 이 책을 보고 나도 크루즈를 가야지 하는 마음을 먹게 할 수도 있다.

그렇지만 누구는 집을 팔아, 회사를 그만두고 세계 여행을 떠난다고 하면 별로 바람직하다는 생각이 안 들었다. 젊은이들이 부모 돈으로 해외여행 와서 잘 먹고 잘 놀다 간다면 그것도 좋아 보이지 않았다. 어디까지나 여행은 일하다 시간이 나면, 의식주와 교육 문제까지 해결한 후에 자기가 번 돈에서 남으면 가야 한다고 생각했다. 물론 여행으로 경험을 쌓고 더 나은 현재와 여생에 도움을 준다면 누가 뭐라고 말할 처지는 안 될 것이다. 그저 나의 개인적인 생각일 뿐이다. 하여튼 이 책이 알뜰히 살고 남은 돈으로 계획하는 누군가의 여행, 실속 있는 크루즈 여행 계획에, 또는 꿈꾸며 사는 인생에 도움을 줄 수 있기를 바랄 뿐이다.